U0166768

永恒的象征
人民英雄纪念碑研究

殷双喜 著

河北出版传媒集团
河北美术出版社

图书在版编目(CIP)数据

永恒的象征 : 人民英雄纪念碑研究 / 殷双喜著. --
石家庄 : 河北美术出版社, 2022.3
ISBN 978-7-5718-1828-9

Ⅰ. ①永… Ⅱ. ①殷… Ⅲ. ①纪念碑－研究－北京
Ⅳ. ① TU251.1 ② K928.8

中国版本图书馆 CIP 数据核字 (2022) 第 111952 号

总　策　划：曹征平
出　品　人：田　忠
项 目 执 行：田　忠　张　静
责 任 编 辑：杨　硕　杜丞轩　郑亚萍　张青艳
责 任 校 对：李　宏
封 面 设 计：张　涛
整 体 设 计：守望者设计工作室　张志伟　郝　旭
版 式 整 理：翰墨文化　翟　蕾　郭祎霏

出　版：河北出版传媒集团　河北美术出版社
发　行：河北美术出版社
地　址：河北省石家庄市和平西路新文里 8 号
邮　编：050071
电　话：0311-87060677
网　址：www.hebms.com
印　刷：北京雅昌艺术印刷有限公司
开　本：787 毫米 ×1092 毫米　1/16
印　张：21.625
字　数：340 千字
版　次：2022 年 3 月第 1 版
印　次：2022 年 3 月第 1 次印刷

定　价：198.00 元

河北美术出版社

淘宝商城

官方微信

质量服务承诺：如发现缺页、倒装等印制质量问题，可直接向本社调换。
服务电话：0311-87060677

学术简历

殷双喜 江苏泰州人。1991年毕业于西安美术学院，美术理论硕士；2002年毕业于中央美术学院，美术史博士。

曾参与策划“中国现代艺术大展”（1989）、“美术批评家年度提名展（水墨画）”（1993）、“美术批评家提名展（油画）”（1994）、“东方既白：20世纪中国绘画展”（2003，巴黎）等展览。曾任第11届、第12届“全国美术作品展览”评委（2009，2014），“第6届AAC艺术中国·年度影响力评选”评委会主席（2011），第55届、第58届威尼斯双年展中国国家馆评委（2013，2019），CCAA中国当代艺术奖评委（2014），“历史的温度：中央美术学院与中国具象油画”策展人（2015），“语言之在——第4届中国油画双年展”（2018）策展人。

出版专著《现场：殷双喜艺术批评文集》（2006）、《对话：殷双喜艺术研究文集》（2008）、《观看：殷双喜艺术批评文集2》（2014）、《殷双喜自选集》（2014）。主编《吴冠中全集·第4卷》《周韶华全集·第7卷》《黄永玉全集·第2卷》、国家重点图书《新中国美术60年》（分卷副主编）、《20世纪中国美术批评文选》（2016）等。目前正参与王朝闻任总主编、邓福星任副总主编的《中国美术史（20世纪卷）》的写作，担任新中国雕塑部分的主撰稿人。

现为中央美术学院教授、博士生导师，《美术研究》执行主编，国家近现代美术研究中心研究员，文化和旅游部国家主题性美术创作项目专家指导委员会委员，上海大学上海美术学院特聘教授，中国雕塑学会副会长。

为人民英雄纪念碑立传　（代序）

邵大箴

天安门广场上的人民英雄纪念碑是一座纪念1840年以来，为反对内外敌人，争取民族独立和人民自由幸福，在历次斗争中牺牲的人民英雄的丰碑。作为天安门广场艺术综合体不可分割的一部分，已经成为中国近现代光辉革命历史的象征。它具有时代特色和民族气派的形象，深深地刻印在人们的心中，潜移默化地发挥着巨大的教育和审美功能。对人民英雄纪念碑这件宏伟艺术品的酝酿、决策和创作过程，在我国艺术文献中虽有反映，但很不充分，且一些史实随着时间的推移被遮掩，甚至以讹传讹。至于从艺术角度，从建筑与雕塑合为一体的纪念碑的角度，从广场艺术、公共艺术的角度来分析其特色和价值的研究工作做得也极不充分。人们期待有一本真实、客观论述人民英雄纪念碑创作过程和从学术高度讨论其艺术特征的专著问世。殷双喜君的大作《永恒的象征——人民英雄纪念碑研究》，就是在这种情况下写成的。这本著作史料翔实，在写作过程中作者除查阅了大量的原始档案及文献资料外，还访问了与纪念碑创作有关的各方面人士，包括建筑、雕塑、绘画、设计领域的专家和国家机关工作人员，同时搜集了大量显示纪念碑创作过程的珍贵的、鲜为人知的图片。作者以严格尊重历史的态度，不带任何主观成见地忠实记述参与纪念碑酝酿、设计、制作的人和事，竭力清晰地呈现创作这一重要艺术品的过程。当然，作者在这本著作中很费心力的是用社会学、艺术学的理论分析和评价这一纪念碑，从纵向和横向两个方面，用比较的方法阐释其创造意义。阅读这本著作，重温纪念碑的创造过程，我们会为以梁思成、刘开渠等前辈艺术大师在继承优秀民族传统基础上表现出来的创新精神，为他们完成重大艺术创造工程发挥出来的集体合作精神所感动，所激励，集建筑与雕塑于一身的大型艺术综合体人民英雄纪念碑之所以能以自己充实、高尚的思想内容及其生动、质朴的艺术品格感染着我们，不仅是因为有充沛的革命热情、有高度社会责任感的创作者们（包括艺术家和工程技术人员）具有敏锐感受时代理想和广大群众审美需求的能力，而且还因为他们尊重艺术规律，懂得如何从民族传统文化和世界文化中吸收营养，做适应时代的创造。人民英雄纪念碑是中国革命永恒的象征，创作者们为创造这座丰碑所做的无私奉献，以及在他们身上反映出来的新中国一代艺术家们的精神面貌和创新胆识与勇气，对后世也具有永恒的启示意义。

《永恒的象征——人民英雄纪念碑研究》一书的出版，充实了我国现代雕塑史、现代建筑史和现代公共艺术史研究的内容，相信会受到学界、艺术界和广大读者的关注与欢迎。

是为代序。

邵大箴 中央美术学院教授、博士生导师，中国美术家协会理论委员会名誉主任

The Eternal Emblem : A Research on the Monument to the People's Heroes

SUMMARY

Monument, as architecture, is an important type of public art in the history of art and architecture. We can go into the system of a nation's history, culture and humanism. The Monument to the People's Heroes is the first grand monument constructed by the state since the founding of New China in 1949. It's the most important super–huge construction of public art in the art history of New China in terms of time, location, measurement, shape, organization and financial investment.

As a large–scale public art construction, the Monument to the People's Heroes is a combination of architecture, painting and sculpture. The thesis intends to make a dialectic observation of it in which all kinds of social, cultural and artistic factors interact, and also a comparative study and considerate analysis under a much broader social and historical circumstances. The traditional thread about the monument, the relationship between the monument and the city's public space, between sculpture and construction of the monument, the organization, management, economy and technology of a large–scale public art project, are all the objects of study of this thesis in addition to the study and analysis of the designer and work in traditional art history.

The first chapter discusses the public nature of a monument as an art of architecture, the ethical function of architecture, the effect of a monument on mankind's spiritual life and conception of national value and cohesion. A necessary explanation is also provided here about the methodology of art history, of which the thesis is composed. Chapter 2 is mainly to the condition of domestic study on the Monument to the People's Heroes. From the angles of historical threads of architecture and environment and the planning of modern cities, Chapter 3 reflects the history and changes of

Tian An Men Square where the Monument to the People's Heroes is located. There of the thesis explores the important, indicative meaning of the exposure and the location of the Monument to the People's Heroes in the central area of capital city Beijing. The study on the public art's organizational and managerial model of the Monument to the People's Heroes in Chapter 4 can give us a better understanding about the historical root of the common managerial model for large public art projects in China now. The main parts of the thesis are from Chapter 5 to Chapter 7. From thc historical and cultural angles of architecture, Chapter 5 explores the design of the Monument to the People's Heroes, the traditional stone tablet system of China and the architectural threads connection of ancient China, with the attempt to expose the prototype of the form and style of art history on which the shape design of the Monument to the People's Heroes is based. Chapter 6 and Chapter 7 bring in the historical changes in the art design group of the Monument to the People's Heroes, then discuss its art creation process,the method and the characteristics in style in embossment art from the aspects of painting, sculpture and their relationships with architecture. Chapter 8 studies the project management of the Monument to the People's Heroes from the economic and technical sides and supplies more detailed basic materials of the Monument. The last chapter, from the angle of comparative study, discusses the external effect on China's sculpture art in the 1950s and the effect of the Monument to the People's Heroes has on New China's commemorative public art. The author here tries his best to sum up some essential characteristics of the Monument to the People's Heroes and the immense significance it has in the art history of New China.

It's my hope that this thesis, as a monographic study on the Monument to the People's Heroes, will broaden our knowledge and understanding about the monument and provide a detailed, reliable idiographic groundwork for the study on New China's art history, especially on 20th century's sculpture history of China.

目 录

绪　论

天安门广场是世界上最大的广场之一，占地达 44 公顷。在北京城和天安门广场的中轴线上，天安门广场的中心，矗立着中国自古以来最大的一座纪念碑——人民英雄纪念碑。它与北面的天安门、西面的人民大会堂、东面的中国国家博物馆、南面的毛主席纪念堂，共同组成了代表国家形象的标志性建筑，成为对全国人民进行革命传统教育和爱国主义教育的重要场所。纪念碑碑基占地 3000 多平方米，碑高达 37.94 米，由 17000 多块坚固美观的花岗石和汉白玉砌成。人民英雄纪念碑的全部建筑，加上地下 30 米见方的钢筋混凝土基础在内，总重约 10000 吨。人民英雄纪念碑的台基分两层，上层长宽各 32 米，下层台基东西长 61.54 米，南北长 50.4 米。两层台基四周都有宽敞的台阶和汉白玉护栏。碑身台座为大小两层须弥座，下层大须弥座束腰部分，四面镶嵌 8 块巨大的汉白玉浮雕和两块装饰浮雕，这 8 块浮雕反映了从鸦片战争到解放战争中国人民反帝反封建的革命历史，浮雕高 2 米，总长 40.68 米，共刻画人物 172 个。碑身由大小不等的 413 块花岗石组成，碑身正面最醒目的部位装着一块高 14.4 米、宽 2.72 米的巨大花岗石，上面镌刻着毛泽东题的“人民英雄永垂不朽”8 个镏金大字。碑身另一面由每块 2.4 米高、4.62 米宽的 7 块大石组成，镌刻着周恩来书写的毛泽东撰写的三段镏金碑文。碑身中部收分，使碑形更显挺拔。碑顶采用上有卷云下有重幔的小庑殿古典建筑式样，庄严凝重。在碑身第 2 层和第 6 层的大须弥座上下枋、第 8 层和第 12 层的小须弥座上下枋，以及第 13 层，均雕刻有具有鲜明民族特色的装饰花纹。在第 10 层的正面、背面、侧面束腰，雕刻有红旗和牡丹、荷花、菊花组成的花圈，表达了对人民英雄的永久敬仰。在碑身上部的东西两侧，也有红星、松柏和旗帜组成的“光辉永照”装饰浮雕。

自 1949 年 9 月 30 日毛泽东同志奠基，1952 年 8 月 1 日开工到 1958 年 5 月 1 日揭幕，人民英雄纪念碑是新中国成立后第一个由国家兴建的大型纪念碑，无论是时间、地点、体积、造型、组织还是经济投入等方面，都是新中国美术史上最为重要的大型公共艺术工程。它既有浓郁的民族风格，又有鲜明的时代特征，代表了新中国纪念性建筑与雕塑艺术的最高水平。本书是对人民英雄纪念碑的专题研究。

对于这样一个综合了建筑、绘画、雕塑的大型公共艺术工程，由于资料收集的困难和当事人的先后去世，国内外尚无深入和全面的研究，使得这一专题的综合研究基本上处于空白。本书试图将人民英雄纪念碑作为社会、政治、文化、艺术等各种因素相互影响的一个整体加以辩证考察，在一个更为广阔的社会历史条件中对其观照分析和比较研究。除了常见的对于作家、作品的研究分析，有关纪念碑的传统文脉、纪念碑与城市公共空间的关系、纪念碑建筑与雕塑的关系，大型公共艺术项目的组织、管理、经济、技术等也成为本书研究的对象。作者希望通过本书，拓宽我们对纪念碑艺术的认识，拓展对纪念性建筑和雕塑以及城市公共艺术的学科研究，以具体的艺术史案例研究作为基础，展开中外艺术的比较与分析，研究 20 世纪西方艺术对中国艺术的影响，为新中国建筑史特别是 20 世纪中国雕塑史的研究提供一个较为可靠而详备的个案，进而对当代中国的城市公共艺术发展提供历史借鉴和经验。

第一章

纪念碑及其作为建筑艺术的公共性

一、建筑的伦理功能

在讨论纪念碑之前，我们有必要研究作为公共空间中的建筑或具有公共性的建筑所内含的社会功能。也就是说建筑的公共性，除了其所必备的实用的功能之外，最重要的在于建筑对人类精神生活的影响。海德格尔在《人诗意地栖居》和《筑、居、思》两篇论文中十分重视“栖居”(Wohnen)的概念，正是因为它比较贴近“存在”之意。他在《艺术作品的起源》一文中，称希腊神殿“作为艺术作品开启了一个世界，同时又反置这一世界于土地”。作为具有纪念性的神殿，它“首次把各种生命及其关联方式聚拢起来，合成一体，在这潜在的关联中，生死、祸福、荣辱等，俱以命运的形态展现在人类面前。而这一关联体系包容的范围，即是这一历史民族的世界”[1]。建筑构成了人类生存的环境，人通过与建筑的亲身接触，才获得了生存的经验与存在的意义。耶鲁大学哲学系教授卡斯滕•哈里斯在《建筑的伦理功能》一书中讨论到建筑的公共性问题，他认为“宗教的和公共的建筑给社会提供了一个或多个中心。每个人通过把他们的住处与那个中心相联系，获得他们在历史中及社会中的位置感”[2]。哈里斯所使用的“伦理的（ethical）”一词，不是我们通常所理解的“ethics（伦理、道德）”，而是与希腊语中的 ethos（精神特质）相关，“建筑的伦理功能”就是指它帮助形成某种共同精神气质的任务。这种共同的精神气质可以称之为对神圣、崇高等精神价值的信仰。人们正是通过对传统文化的信仰，从传统价值观中汲取必要的力量。当海德格尔在谈到希腊神殿时，与我们在具有纪念碑性的公共性建筑面前所感到的那种共享的东西是一样的。建筑的精神功能就在于“它把我们从日常的平凡中召唤出来，使我们回想起那种支配我们作为社会成员的生活的价值观。它召唤我们向往一个更好的、有点更接近于理想的生活”[3]。为什么一个民族要在最为重要的地点如城市中心广场为死者留出空间？“纪念碑”（monument）一词源于拉丁文 monumentum，本意是提醒和告诫。它可以是一座碑，也可以是一个雕像，一个柱子，一座建筑。“纪念碑性”（monumentality）在《新威伯斯特国际词典》中定义为“纪念的状态和内涵”，它不仅有巨大的、持久的、艺术中的超常尺寸的含义，也指在历史中那些显著的、重要的、持续的价值。面对城市广场中的纪念碑，市民不仅会想起自己的祖先，也会想到先他而去的几代人，想到民族的杰出人物，想到那些为了祖国而战斗并牺牲的英雄们，“铭刻碑文的纪念柱给死者以荣誉，令生者不仅记住了牺牲了的英雄，而且直面自己永存的死亡的可能性。面临那种可能性，他们会问他们是谁。通过思忖牺牲了的英雄的生命意义来度测他们自己生命的意义。不只是记住英雄，生者还应把他当作榜样，继承他的遗志——使自己被死亡束缚的生命隶属于城市的生命”[4]。

东南大学建筑系的童寯教授，对纪念性建筑有一个概括的诠释：“纪念建筑……顾名思义，其使命是联系历史上某人某事，把消息传到群众，俾使铭刻于心，永矢勿忘……以尽人皆知的语言，打通民族国界局限；用冥顽不灵金石，取得动人的情感效果，把材料与精神功能的要求结为一体。”[5]

现代主义建筑的代表人物柯布西耶认为：“建筑这一行就是要利用未处理过的材料，建立感情上的联系。”[6]由于纪念性建筑的功能要求，“这类建筑大都有一个共同的特征，即它们的‘表情’（建筑的形式、体积、质感、光影、空间、环境……）要能够唤起或保持人们的思念、回顾、敬仰和膜拜心境的持续性。因此，它们的建筑图像语汇一向被人们认为应该是既富个性、严肃性，又要具有文化脉络和超常的尺度”[7]。在这里，建筑的表情或建筑的意味（相对于诗意而言，也可称之为“建筑意”）成为建筑上升为艺术的决定性原则。像柯布西耶设计的朗香教堂那样，建筑通过发挥其超越日常实用功能的精神性功能，成为精神的家园和灵魂的圣殿。纪念性建筑的文化脉络与超常尺度，成为历史维度与现实空间维度作用于人的心灵的前提。

二、建筑、雕塑作为纪念碑的公共性

讨论纪念碑的公共性，在于纪念碑对于世界各民族所具有的某些共同的精神价值与社会功能。

在建筑史家佩夫斯纳（Nikolaus Pevsner）的《建筑类型历史》一书中，将民族纪念碑及天才人物纪念碑作为首先论述的建筑形式。对于大部分西方人来说，建筑史始于金字塔及纪念碑式的陵墓。作为公共建筑的纪念碑，它的公共性体现在哪里？从建筑的哲学与精神意义上来说，陵墓与纪念碑以及纪念碑性的建筑使我们注意到本质的东西，即我们只有一次的被死亡束缚的生命。德国建筑理论家鲁斯（Adolf Loos）从“艺术不具有实用的功能”出发，认为真正的艺术使我们回想起海德格尔称作真实性的东西，这种真实性使我们离开日常的现实，认识自我并让我们回到真实的自我。从这一意义上来说，他不无夸张地认为建筑中只有非常小的一部分属于艺术，即陵墓与纪念碑。[8] 在世俗的、社会的意义上，为死者建造的纪念性建筑物，不仅是为死者的，更多的是为了满足活着的人（尤其是有权力的人）的需要。就金字塔、凯旋门、纪功柱、先贤祠、纪念堂、秦始皇陵、武则天墓这些纪念性建筑物来说，它们的构筑耗费了大量的集体劳动，通过给予那些为它建造基础的杰出人物和英雄以荣誉的方式，为统治者提供了表现他们统治权的合法化证明，通过承诺过去所建立的不会成为时间流逝的牺牲品来帮助维护统治权。通常，陵墓与纪念碑也是一个举行仪式的场所，一个祭坛，它将公众召集到它的周围，看似召集到一种神与命运的周围，实际上就是召集到建筑与掌管它的统治力量的周围，通过仪式的举行，在宗教与世俗的不同层面上，使公众以陵墓与纪念碑为中心，形成民族的、社会的、城市的或集团的精神文化向心力，强化某一时代的思想、信仰与价值观。所以，一座纪念碑或具有纪念碑性的建筑，总要承担保存记忆、构造历史的功能，总是力图使某位人物、某些事件或某种制度不朽。在这里，陵墓与纪念碑以及所有具有类似功能的纪念碑性的建筑物，成为某一社会共同体世代相传的精神纽带，成为人类永恒的精神中介物，以及沟通生死两界、过去与现在、现在与未来的桥梁。作为仪式场所和祭坛的建筑物，是一种象征的符号，它最大的艺术功能就是精神意义的生成，以其崇高和理想的价值召唤与公众进行心灵的对话沟通，正如赫伯特•里德所说："艺术总是一种象征性的对话，一旦没有象征，也就没有了对话，也就没有艺术。"[9]

另一个值得我们重视的现象是，雕塑，特别是处在公共空间中的雕塑，更具有艺术的非实用性，它们在传统中也具有纪念碑性质。罗沙林•克劳斯在《后现代主义雕塑新体验、新语言》一文中写道："雕塑在传统上被看作在纪念碑的逻

（图 1–1）爱尔兰石阵

（图 1-2）墨西哥玛雅文化纪念碑　此为塔瓦斯科州的拉本塔出土的第四号绿玉供品，为前古典中期（前1300—前 300）的礼仪用品，16 个奥梅克人聚集在 6 块饰有阴刻线图案的斧状石碑前，举行与供奉美洲虎神灵有关的重大宗教活动

辑中。作为某个祭典场地的标志，它是神圣的，又是世俗的。它的形式是具象的（不是人就是动物）或抽象的、象征的。就其功能的逻辑而言，一般要求它能独立于环境，要有垂直于大地的底座，易于辨识。作为一种实在，有许多雕塑作品能被人们毫不费劲地认出来，道出名字并举出其意义所在。”[10]通常，在纪念性建筑总体中，雕塑与建筑物具有天然的亲和关系，它们共同构筑了人类的精神生活空间，以其材料的永恒、形式的多样、内涵的深刻对一个民族的历史和文明产生绵延不断的影响。

在人类的历史上，不同的文明、民族都修建了许多纪念碑性质的建筑或构筑物，它们以不同的方式显示了纪念碑对于民族凝聚力和文化价值观的重要作用。例如，公元前 3000 年爱尔兰的通道陵墓与石阵（图 1-1）就可以视为纪念碑性质的构筑物[11]。同样，在墨西哥玛雅文化的历史中，很早也产生了纪念碑（图 1-2），它们更多的与宗教祭祀有关[12]。

中国的纪念碑石刻有着悠久的历史，战国时期就已使用了刻石记事的方法，金石学家马衡先生在《凡将斋金石丛稿》中这样概括："刻石之风流衍于秦汉之世，而极盛于后汉，逮及魏晋，屡申刻石之禁，至南朝而不改。隋唐承北朝之余风，事无巨细，多刻石以纪之。自是以后，又复大盛，于是刻石文字，几遍中国矣。"[13]

我们现在所能见到的最早的刻石真迹，是陕西咸阳博物院收藏的两个春秋时期的石鼓，被称为石刻之祖（据说共有 10 个，今余 9 个）。每个石鼓上均刻有大篆文字，称之为"石鼓文"，此石鼓据记载在唐代被发现于陈仓石鼓山（今陕西宝鸡石嘴头）。石鼓文是 10 首记述秦国君猎祭活动的四言诗，意在刻石表功，这是否可以视为一种碑石？从较为宽泛的意义上来看，这些石鼓都可以视为中国现存最早的纪念碑。而秦代的《琅琊》《泰山》两刻石，是秦 7 件刻石中幸存的两件真品，记载了秦始皇巡幸各地的情况，也充分体现了纪念碑所具有的刻石记事、传之久远的特征。

三、纪念碑研究中的方法论问题

在 1903 年出版的《纪念碑的现代崇拜：它的性质和起源》一书中，奥地利艺术史家李格尔（Alois Riegl）认为纪念碑性不仅仅存在于“有意而为”的庆典式纪念建筑或雕塑中，所涵盖对象应当同时包括“无意而为”的东西（如遗址）以及任何具有“年代价值”的物件。

1980 年，马萨诸塞大学出版了美国学者约翰•布林克霍夫•杰可逊（John Brinckerhoff Jackson）的《对于废墟的需求》一书。杰可逊注意到美国国内战争后出现了一种日渐高涨的要求，即希望将葛底斯堡战场宣布为“纪念碑”，这使他得出“纪念碑可以是任何形式”的结论。这一观点强调“类型学和物质体态不是断定纪念碑的主要因素；真正使一个物体成为一个纪念碑的是其内在的纪念性和礼仪功能”[14]。这是一种“泛纪念碑”的观念，它拓展了人们对“纪念碑性”的认识，但也使纪念碑的研究面临着更为复杂的形式与样式，从而突出了纪念碑研究中的方法论问题。

1992 年，华盛顿大学召开了一个以“纪念碑”为题目的学术研讨会，会议提出了这样一些问题：“什么是纪念碑？它是否和尺度、权力、氛围、特定的时间性、持久地点以及不朽观念有关？纪念碑的概念是跨越历史的，还是在现代时期有了变化或已被彻底改变？”会议的组织者试图建立起一种在交叉原则和多种方法论基础上来解释纪念碑现象的普遍理论。

艺术史研究不仅要描述一个历史时段总体上的艺术演变过程，同时也要发现某些偶然事件并确定它们对美术和建筑的影响。芝加哥大学的巫鸿教授认为，“纪念碑和纪念碑性的发展不是受目的论支配的一个先决历史过程，而是不断地受到偶然事件的影响。有时某一特殊社会集团的需求能够戏剧性地改变纪念碑的形式、功能及艺术创造的方向”[15]。以林璎设计的美国越战阵亡将士纪念碑为例，它的设计受到不同社会集团的影响和压力，不得不对原设计做出较大改变，它证实了艺术家对于处在公共空间中的雕塑艺术并没有画家对室内绘画那种绝对的支配权，许多室外公共艺术项目的完成是各种社会集团不断调整、改变与妥协的结果。[16]

对于艺术史研究而言，无论是纪念碑还是具有纪念碑性的建筑，最重要的是要把握“纪念碑的地位和意义体现于其具体形象中的特征，如材质、形体、装饰和铭文”。研究人民英雄纪念碑的建筑设计，要注意它与传统纪念碑不同的重大变化，如纪念碑的位置确定、形体高度、朝向调整、浮雕内容、碑顶形式、材质选用等。在这里，形象的分析与图像的阐释，成为艺术史区别于一般历史的文献分析方法的重要特征。也就是说，应该将纪念碑与雕刻作为象征的图像进行研究，在这里，作品考察与图像分析的重要性是不言而喻的。挪威的建筑理论家 C. 诺伯格·舒尔茨在《居住的概念》一书中认为，“建筑语言”包含形态学的、拓朴学的、类型学的三方面要素，并把这本书称为“走向象征的建筑学”。清华大学的汪坦教授认为，象征原文为 Figurative，也可译为图形的，三个要素都是解释形象的属性。[17]本篇论文中大量运用作品图片与历史照片，正是基于这样一种艺术史方法论的认识。

以往对于古代美术史的研究，比较多地运用文献比较的论证方法。而关于人民英雄纪念碑的研究，则属于现代美术史范畴，由于原始材料的保存以及一些当事人的存在，使我们有可能根据原始史料，努力回溯当时社会的特定氛围，重构（reconstuct）历史语境（context），在此基础上展开具体研究。笔者将收集到的史料分为原始史料与二手史料[18]，有关当年纪念碑兴建过程中的档案（archival）是原始史料，将当事人的口述与回忆录作为二手史料，与原始史料结合起来加以谨慎分析。这是由于年代久远，当事人的陈述往往已经按照自己的想象和主观愿望重新组合，其中不乏当事人的视野局限、记忆误差，很有可能出现不真实的情况。至于当代美术史中有关人民英雄纪念碑的一些论述，也要经受原始史料的验证。而今日遗存的与纪念碑有关的石刻浮雕、碑碣实物、草图原稿以及历史图片则作为非文字记录的原始史料，在美术史研究中占有着重要的地位。对这些图像的分析与对作品的形式风格分析，成为本书研究的努力方向。

20 世纪 70 年代以来，西方艺术史的研究开始和更为深广的社会存在联系起来加以考察，著名美术史家克拉克（T.J.Clark）就强调指出，应该把艺术史变成一种充分顾及艺术赖以生长的社会现实的历史。[19] 也许我们应该持有一种更为宽泛的美术史观念。这种观念，从美术史的资源来看，注重资源的文化性，即不仅注重从艺术角度采集分析与艺术家、艺术作品相关的美术史资料，也从社会学与文化学的角度收集与艺术相关的史料。也就是说，无论何种形态的历史资料，如研究文献、史籍传记、报纸杂志、公函通信、统计报表、会议记录、工程图纸等，都可以纳入一定的艺术史范围中加以感受与观察，分析其史料遗存现状和可靠性。从方法论的角度来看，不同于相对独立的架上绘画或室内雕塑，对于人民英雄纪念碑这样综合了建筑、绘画、雕塑的大型公共艺术工程，应该将它们作为相互影响的一个整体加以辩证研究。它们必须在一个更为广阔的社会历史背景中得到观照分析和比较研究，除了传统美术史所重视的对于作家、作品的研究，有关纪念碑的传统文脉、纪念碑与城市公共空间的关系、纪念碑建筑与雕塑的关系以及大型公共艺术项目的组织、管理、经济、技术等也应进入美术史研究的视野。

注释

[1]海德格尔:《艺术作品的起源》,载《林中路》,法兰克福,1950年德文版第27-28页。转引自赵一凡:《欧美新学赏析》,中央编译出版社,1996,第48页。

[2]卡斯滕·哈里斯:《建筑的伦理功能》,申嘉、陈朝晖译,华夏出版社,2001,第279页。

[3]同上书,第284页。

[4]同上书,第289页。

[5]童寯:《童寯文集(第二卷)》,中国建筑工业出版社,2001,第135页。

[6]史坦利·亚伯克隆比:《建筑的艺术观》,吴玉成译,天津大学出版社,2001,第133页。

[7]转引自徐伯安:《纪念性建筑——一个具有永恒意义的建筑类型》,载张复合主编《建筑史论文集(第11辑)》,清华大学出版社,1999,第172页。

[8] Adolf Loos , *"Architektur" in Trotzdem, 1900—1930,* Innsbruck : Brenner, 1931, p.107.

[9]史坦利·亚伯克隆比:《建筑的艺术观》,吴玉成译,天津大学出版社,2001,第129页。

[10]北京市建筑设计研究院编《创作·理性·发展——北京市建筑设计研究院学术论文选集》,中国建筑工业出版社,1999,第29页。

[11]在爱尔兰境内,散布着1200多处纪念碑性质的构筑物,它们就是爱尔兰的先民们建造的巨大的石阵和被称为通道陵墓的人造丘冈。大约在公元前3000年,爱尔兰进入石器时代,各部落开始建造通道陵墓。通常,在地面上架起3至7块立石,上面覆盖一块巨大的盖顶石(这与中国唐代的石碑结构颇为相似,只不过唐代石碑多有基座,并且形制更为精致),有点像庞大的石案陵墓用的石头,有的重达100多吨,举起并安放这些石头,需要高超的技巧和巨大的力量,爱尔兰人将这些建筑归功于神灵之助。在爱尔兰的纽格林治,有一个欧洲最大的通道陵墓,用重达4000多吨的石块建成,覆以泥土,一部分有围边石和较小的石英石围绕。每年冬至日的早晨,阳光从通道陵墓上方的特别开口射进墓道,穿进其中的一个墓室。根据爱尔兰的神话,此世与彼世通过湖泊、山洞和通道陵墓可以穿越。参见[美]时代—生活图书公司:《祭司与王制:凯尔特人的爱尔兰(公元400—1200)》,李绍明译,山东画报出版社,中国建筑工业出版社,2001,第21页。

[12]从奥梅克时代开始,美索亚美利加文明的艺术传统就存在着两种倾向:一是宗教题材的繁缛庄重,主要表现在纪念碑和建筑雕塑上,另一种是具有儿童般天真与质朴的民间艺术。在玛雅文明的前古典期(前1800—250),我们可以看到,纪念碑通常是与建筑物联系在一起的建筑纪念物,并不孤立存在。在莫雷洛斯州霍奇卡尔科"A"结构的供品室出土的三号碑(现藏于墨西哥国立人类学博物馆)上,我们可以看到石碑表现了奎扎科特尔神在一种自我牺牲仪式上的痛苦表情,石碑上部的"四方运转"图案和下部排成一列的心脏使典礼仪式的情景表现得更加突出。这种传统延续到古典期(250—900),在墨西哥瓦哈卡州仍然有雕有人像的石碑(现藏于墨西哥国立人类学博物馆)出土。以上资料来源于"墨西哥玛雅文明展览",北京,中华世纪坛,2001年7月27日。

[13]马衡:《凡将斋金石丛稿》,中华书局,1977,第65页。

[14] Wu Hung. *Monumentality in Early Chinese Art and Architectur*. Stanford, California :Stanford University Press. 1995. p.3.

[15]同上书,p.13.

[16] 越战结束后，为纪念阵亡将士，1984 年，由越南退伍军人纪念基金会公开征集方案，委托建筑师、景观规划师、艺术评论家和雕塑家组成 8 人评审小组。共有 1421 人报名参与送图，是美国有史以来参加人数最多的竞赛。最后由当时尚在耶鲁大学建筑系就读的林璎（Maya Lin）获得首奖。这一设计突出了极少主义的美学特色，由纯黑磨光的花岗石建成的 V 形纪念碑，各 250 英尺长，以 125 度分叉指向林肯纪念堂和华盛顿纪念碑，按照字母顺序刻列出 57939 位阵亡将士姓名。获选名单及设计公布后立即纷扰不断，反对的意见有“抽象几何的造型无法代表阵亡军魂”，有“黑色岩石有种族歧视的暗示”等，后来退伍军人分为两大阵营，由艺术界支持林璎，对抗另一方由德州财阀支持的保守势力。最后由一位黑人将军出面调和争议，保留林璎的原方案，另外增加一件哈特（Frederick Hart）的青铜雕塑置于升旗台附近。岁月流逝，当年的争执已化为云烟，哈特过分细节化的黑、白、棕三位不同人种的军人雕像，并未吸引广大观众的注目。相反，当时备受攻击的林璎的设计，吸引了无数的观光游客和阵亡者家属与友人，他们在如镜的石面上抚摸寻找自己的亲友姓名，或对着自己依稀的影像默想生命的意义，反思战争的残酷，或献上鲜花，或在纸条上磨印出拓痕带回家作为纪念。参见陆蓉之：《公共艺术的方位》，艺术家出版社，1994，第 34 页。

[17] 林洙：《叩开鲁班的大门——中国营造学社史略》，中国建筑工业出版社，1995，第 126-127 页。

[18] 史料分类方法主要有两种：一是原始史料与二手史料的二分法，一是实物、文献、口传的三分法。梁启超在 1922 年关于中国历史研究法的讲演中，又提出“在文字记录以外者”与“文字记录的史料”及“直接史料”与“间接史料”之说。转引自李隆国:《史料分类法杂说》，载《光明日报》2001 年 6 月 19 日。

[19] 丁宁：《绵延之维——走向艺术史哲学》，三联书店，1997，第 53 页。

第二章

人民英雄纪念碑研究的历史与现状

一、苏联纪念碑建设与研究对中国的影响

1918年，列宁召见苏维埃人民教育委员卢尔察那斯基，向他指示“应当把艺术作为宣传手段而向前推动它”。列宁提议用雕像和纪念碑来装饰莫斯科、彼

（图2-1）俄罗斯符拉迪沃斯托克市（原海参崴）的列宁纪念碑

得格勒（现圣彼得堡）及其他城市的广场，以纪念革命家、伟大的为社会主义而斗争的战士们。十月革命后，列宁的计划立即着手实行。1918年4月12日，通过并公布了由列宁等签署的《关于拆除颂扬沙皇及其仆从的纪念碑，以及拟定俄罗斯社会主义革命纪念碑的建立计划》的命令，命令里规定了一系列具体措施以保证计划的实现，这就是著名的“列宁纪念碑宣传计划”（图2-1）。1918—1922年，苏维埃雕刻家按照这一计划，创造了纪念碑和纪念碑设计共183件。1935—1940年间，苏维埃政府决议要建立约80座纪念像，但最终设计了57座，实际建立起36座。[1]

（图2-2）《列宁纪念碑宣传计划的伟大作用》一书封面

按照列宁的思想，纪念性艺术的主要的和最本质的功能就是对于客观世界的认识和思想教育。列宁在有关艺术的论述中，说明了艺术创作从属于无产阶级全部事业的利益的必要性，同时列宁强调在社会主义建设及实现人类最高理想的斗争中，艺术所起的巨大教育和思想动员作用。列宁对于纪念性艺术的论述是有关纪念碑及纪念碑性艺术研究的重要文献。1952年的苏联艺术理论家 В л. 托尔斯泰的《列宁纪念碑宣传计划的伟大作用》一书（图2-2），1953年的苏联雕刻家汤姆斯基的《苏联纪念碑雕刻问题》一书，从不同角度阐发了列宁的艺术思想和对于纪念碑艺术的论述。这些著作于1953年被翻译成中文引入中国，从而对中国的纪念碑创作和研究产生了影响。例如，汤姆斯基在《苏联纪念碑雕刻问题》一书中，认为纪念碑雕刻有三个特性：一是纪念碑雕刻具有与社会斗争、人民群众的活动、人民和国家的历史密切联系的思想。二是纪念碑雕刻具有历史意义的题材，表现社会结构的本质，用纪念性艺术手法体现人民的思想和感情。三是纪念性艺术和雕刻直接面向着广大群众，直接面向着全体人民。[2]我们在中国雕塑家有关纪念碑与人民，纪念碑与历史，纪念碑与广场、空间的关系等论述中，可以看到他们对苏联艺术理论的借鉴。这些理论是否对人民英雄纪念碑的设计者和雕塑家的创作产生直接影响，还未得到研究，但是，20 世纪五六十年代中国各地的纪念碑建设有过一个高潮却是事实。应该说中国的纪念碑建设和列宁的纪念碑艺术思想有着一定的联系，研究其中的理论脉络与实践影响，是中国近现代美术史研究的重要课题。

二、人民英雄纪念碑研究现状

20 世纪 90 年代中期以来，有关公共艺术的研究拓宽了我们对纪念碑与纪念碑性的建筑的认识。这些研究探讨了公共艺术与社会权力、公共艺术与环境、公共艺术与时代等问题，它使我们有可能从新的角度来研究人民英雄纪念碑，从人民英雄纪念碑的兴建决定、组织方式、兴建地点、时代、尺度、造型、建筑与雕塑的结合方式、与天安门广场这一特定环境的关系等角度，逐步展开对人民英雄纪念碑的深入研究。但是，从目前掌握的资料来看，国内涉及人民英雄纪念碑的整体研究尚未展开。

目前对人民英雄纪念碑已有的研究有如下几部分。

1. 有关天安门广场的研究

天安门广场作为人民英雄纪念碑的安放地，是中国政治文化的中心区域，也是城市规划与广场建设的研究重点。这方面的重要研究有清华大学建筑学院吴良镛教授的研究，其论文《天安门广场的规划和设计》对天安门广场的历史与现状有较为详细的介绍。1958 年，天安门广场进行了规模巨大的改建，1960 年和 1964 年又进行了两次天安门广场—长安街的规划。吴良镛、李道增、郑光中、田学哲、苏则民等参加了 1964 年的规划研究工作。1998 年出版的树军编著的《天安门广场历史档案》披露了不少天安门的史料。1999 年出版的夏尚武、李南主编的《百年天安门》是一本以图为主的画册，形象地介绍了天安门的历史与现状。有关新中国成立以后天安门广场的规划与改建，还有北京市建筑设计研究院前院长张镈等前辈建筑师的回忆。

2. 有关人民英雄纪念碑的资料与研究

重要的原始文献有两篇，一是梁思成先生在 1951 年 8 月 29 日所写的《致彭真市长的信》。在这封信中，梁思成就北京都市计划委员会送审的三种人民英雄纪念碑草图，从建筑工程和美学的角度，进行了深入的分析，提出了独到的见解。可以说，这封信阐述了人民英雄纪念碑的基本设计思想，对于人民英雄纪念碑的碑形设计起到了决定性的作用。另一篇重要文献是梁思成在 1967 年 12 月 15 日所写的回忆材料《人民英雄纪念碑设计的经过》，作为当事人和主事者，文中提供了许多有关人民英雄纪念碑兴建过程的重要材料。由于种种原因，这篇文稿直到 1991 年才初次发表。

1959 年，人民美术出版社编辑出版了《首都人民英雄纪念碑雕塑集》，重点介绍了人民英雄纪念碑的雕塑作品，称“这些作品刻画了各个革命的时期，是我国雕塑事业的伟大创造，此书的汇集出版，可供雕塑工作者做研究资料，也可为一般群众做纪念品”。1988 年，为纪念纪念碑落成 30 周年，科学普及出版社出版了《人民英雄纪念碑浮雕艺术》的小册子，在这本画册中，傅天仇的短文《人民英雄纪念碑三绝》与吴良镛的文章《人民英雄纪念碑的创作成就》提供了有关纪念碑创作的重要资料。滑田友的学生陈天曾参与过人民英雄纪念碑的工作，他在《西北美术》所发表的《忆人民英雄纪念碑修改方案的前前后后》一文具有一定的史料价值。

3. 对人民英雄纪念碑的主要设计者梁思成、林徽因的研究

20 世纪 90 年代中期以来，对梁思成、林徽因的回忆与研究渐成潮流，而以 2001 年梁思成诞辰百年纪念活动达到高潮。这方面最具有权威性的是梁、林二人的生前好友，美国学者费慰梅于 1997 年出版的传记《梁思成与林徽因》，书中提供了有关梁、林二人的建筑思想和日常生活的珍贵回忆。

清华大学建筑学院成立 50 周年之际出版的《梁思成学术思想研究论文集 1946—1996》，是梁思成的生前好友、同事、学生的回忆与研究，从不同角度阐发了梁思成的学术和教育思想。

4. 有关参与人民英雄纪念碑浮雕创作的雕塑家的研究

这方面有陈天撰写的《滑田友传》（手稿，未出版），潘绍棠撰写的《中国

著名雕塑家滑田友》，还有雕塑家张铜、沈吉鹏对王临乙、曾竹韶的研究。雕塑家郑觐和美术史家刘曦林较为全面地研究了刘开渠的艺术历程，而对于刘开渠创作人民英雄纪念碑浮雕的研究则不够深入。有关参与纪念碑的其他雕塑家，如萧传玖、王丙照、傅天仇、张松鹤等人的专题研究则不多见。目前笔者可以见到的雕塑家年表，有刘开渠的女儿刘米娜编撰的《刘开渠年表》、陈天编撰的《滑田友年表》、王临乙编撰的《王临乙从艺年表》、萧传玖的女儿萧家惠编撰的《萧传玖年谱》。自传性的回忆录有刘开渠撰写的《雕塑艺术生活漫忆》、傅天仇撰写的《磐溪学艺》等。

中国美术馆崔开宏编写的《百年雕塑纪事》，是1916—1983年的中国雕塑大事记，其中有一些人民英雄纪念碑的修建情况。中国美术馆的陈履生在《新中国美术图史1949—1966》一书中和《从纪念碑浮雕到〈收租院〉的发展》一文中，对人民英雄纪念碑有一些介绍，但他主要依据的是20世纪50年代的报刊新闻，难以深入。

值得注意的是2000年9月前后，由于刘开渠夫人程丽娜女士欲将刘开渠的若干雕塑作品拿出拍卖，引发了一场“人民英雄纪念碑原稿是不是文物”的讨论。在这一过程中，有若干当年的参与者及其亲属或撰写文章，或接受访问，如高照的《浮雕集体创作　并非独家所为——人民英雄纪念碑雕塑创作访谈》、彦涵夫人白炎的《人民英雄纪念碑浮雕及其他概述》，也提供了若干有关人民英雄纪念碑创作的回忆资料。

总的说来，迄今为止，我们还没有见到有关人民英雄纪念碑的较为全面的专题研究，特别是从中外建筑与雕塑艺术的角度对人民英雄纪念碑的比较研究，以及纪念碑建筑与浮雕艺术的结合的研究。这既对这一课题的研究造成了困难，也提供了一个深入其中的契机。作为新中国成立后第一个也是规模最大的城市公共艺术工程，人民英雄纪念碑从奠基到落成（1949年9月30日—1958年4月22日），经历了将近9年的时间。在新中国美术史上，还没有任何一个公共艺术创作项目具有如此重要的地位和如此规模的投入，它所达到的艺术成就，在新中国美术史特别是在雕塑史上具有十分重要的价值。历经60余年，对于这一公共艺术工程的美术史研究，与它的地位和成就是不相称的，这一现象常使笔者感到十分困惑，也激起笔者的研究兴趣。正如法国哲学家梅洛•庞蒂所说：“历史不会变得像是由其自身而绝对清楚的一种简单性质，相反，却像是我们产生疑问与惊奇的场所。”[3]汤因比也指出，历史学需要对人类事务进行全面研究，这种研究的动机之一就是好奇，“正是好奇促使我们注意全面观察问题，以便获得真实的认识”[4]。很显然，这一课题需要做大量的基础工作，例如资料的收集、当事者的访问等。对人民英雄纪念碑的研究将会成为一个较长时期的研究课题，本书作者希望对这一课题的研究，能够为新中国美术史特别是20世纪中国雕塑史提供一个较为详尽而可靠的专题与个案的基础。

值得注意的是，近二十年来，国内对于20世纪中国雕塑史的研究有所推进，一批青年学者如刘礼宾、陈艳、陶宇、王伟、曹晖等加入了近现代中国雕塑史的研究。各地美术馆也开始注意推出刘开渠这一代雕塑家的研究性展览，其中对于人民英雄纪念碑的研究自然成为重点，比较重要的有2008年北京画院美术馆推出的“开篇大作——人民英雄纪念碑落成五十周年纪念展”及同名纪念集，百岁老人曾竹韶先生出席了这一展览并与雕塑界的同仁交流了当年的创作情况。2012年12月28日至2013年1月27日，岭南美术馆举办了“丹心铸英魂——张松鹤回顾展”。以上展览展出了雕塑家当年参加人民英雄纪念碑创作的大量实物和资料，笔者作为学术主持参与了上述两个重要展览的相关学术活动，受益良多。此外，中央美术学院与中国美术馆于2015年11月29日—12月22日共同主办了“至爱之塑——王临乙、王合内夫妇作品、文献纪念展”，展览基于王临乙夫妇留下的众多资料，其中有关人民英雄纪念碑的创作资料十分丰富，包括了王临乙先生保存的有关纪念碑设计的笔记和创作资料。中央美术学院雕塑系的青年雕塑家王伟在笔者指导下完成了博士论文《历史不曾忘记——王临乙艺术与教学研究》，系统梳理了王临乙先生的雕塑艺术成就及其对人民英雄纪念碑创作的贡献。近几年来，中央电视台、人民日报等国家级媒体也先后制作、发表了有关人民英雄纪念碑的专题片与专刊，显示出人民英雄纪念碑对于中国革命历史和国家意识的深远影响。

注 释

[1]汤姆斯基:《苏联纪念碑雕刻问题》,杨成寅译,华东人民美术出版社,1953,第4页。

[2]同上书,第8-9页。

[3]莫里斯·梅洛·庞蒂:《眼与心》,杨大春译,商务印书馆,2007。转引自丁宁:《绵延之维——走向艺术史哲学》,三联书店,1997,第9页。

[4]阿诺德·汤因比:《历史研究》,上海人民出版社,2000,第23页。

第三章

天安门广场的历史、规划与人民英雄纪念碑选址

一、天安门广场的历史与人民英雄纪念碑

人民英雄纪念碑不是一般意义上的城市雕塑，也不是一个孤立的建筑单体，它的建立，在时间与空间上都有着重大的政治象征意义。由此，对人民英雄纪念碑的研究，就必须将其与具有重大历史文化意义的天安门广场联系起来考虑。事实上，做出人民英雄纪念碑选址决定的党和国家领导人以及建筑家梁思成、雕塑家滑田友，都注意到了人民英雄纪念碑与天安门广场以及北京中轴线的历史文脉的联系。

清华大学教授葛兆光认为，中国古代关于宇宙空间和历史时间的知识，为中国古代思想提供了一种经验与技术上的合理性支持。例如，天圆地方，天如半球覆盖着大地，地是有中央与四方的，气是分阴阳的，国在宇宙之中央，王宫在城之中央，而其他一切则分为两个对应的部分在中央两侧展开。正如李约瑟（Joseph Needham）所指出的，“古代中国的天文学知识，通过象征、暗示与种种相关的仪式，把一种据说是正确的、符合自然规则的空间格局传达给人们，使他们建立合理的思想的基础，并使人们的各种各样观念与思想在这个基础上保持着统一连续与和谐”[1]。

在唐代的长安城与明、清的北京城及紫禁城和天安门广场中，这种四方与中央、中轴线与两侧展开的空间布局，鲜明地体现了中国古代皇权天授，天经地义，“天不变，道亦不变”的正统思想。人民英雄纪念碑在最为神圣崇高的政治中心广场的中轴线上建立，延续了中国历代建朝初期修建凌烟阁之类的纪念性建筑纪念开国功臣的传统，象征了人民是国家的真正主人。它的建立，取代了明清皇帝

（图 3–1）20 世纪 90 年代的天安门广场

祭祀天、地、祖先的天坛、地坛和祖庙，成为中国当代政治生活中具有祭奠仪轨意义的国家性纪念场所(图 3-1)。在人民英雄纪念碑的四周，北边有天安门、国徽、国旗，西边有人民大会堂（全国人民代表大会开会地），东边有中国历史博物馆和中国革命历史博物馆（中华民族历史的浓缩，2003 年两馆合并为中国国家博物馆），南边有呈四方形对称布局的毛主席纪念堂，它们共同围合起中国最大的公共政治活动空间。其中的天安门、国徽、国旗以及毛主席纪念堂，都位于天安门广场的中轴线上，这些建筑的空间布局在深层的思想背景上，正是与中国传统空间意识和现实制度仪轨的合理性联系相关。

1. 广场的定义与天安门广场

城市广场主要起源于古代人们的庆典、祭祀与宗教活动。在公元前 8 世纪，古希腊就已经出现了广场，称为 Agora。这个词是“集中”的意思，既表示人群的集中，也表示人群集中的地方，后来即被用来表示广场。日本学者芦原义信在《街道的美学》一书中认为，广场是城市中由各类建筑围成的城市空间，在空间构成上，它具有四个条件：有建筑外墙形成的清楚的边界线，有良好的封闭空间的“阴角”，铺装面直到广场边界，周围的建筑具有某种统一和协调，宽与高有良好的比例。[2]

从场所、内容、构成、使用方式和意境这五个方面加以限定，一些中国建筑

（图 3-2）清《康熙南巡图》（局部）

理论家将广场定义为：为满足多种城市社会生活需要而建设的，以建筑、道路、山水、地形等围合，由多种软硬质景观构成的，采用步行交通手段，具有一定的主题思想和规模的结点（nodes）型城市户外公共活动场所空间。[3]

位于天安门广场北边的天安门，原为 1420 年建成的明代皇城的正南门——承天门，是一座黄瓦飞檐、三重楼、五牌坊式木结构建筑。它 1457 年毁于火灾，1465 年重修后已大体具备了今日天安门的规模。明末，承天门又遭战火焚毁。1645 年，清顺治皇帝下诏重修承天门，1651 年竣工，定名为天安门（图 3-2）。[4]

我们今天看到的天安门广场，与清代的“T”形天安门广场已有很大的不同（图 3-3）。它也许是目前世界上最大的城市中心广场。根据有关资料，天安门广场面积为 30 公顷（注：实际面积为 44 公顷），相比之下，莫斯科红场为 5 公顷，巴黎协和广场为 4.28 公顷，威尼斯圣马可广场为 1.28 公顷。[5] 同时，天安门广场也是中国城市中最为敏感的城市空间。为了保证首都和天安门地区的秩序，早在 1980 年，北京市人民政府就公布了有关在天安门地区游行、示威的规定。

今日天安门广场的宽阔，是因为公众集会与游行的需要而多次改扩建的结果。自 1949 年 10 月 1 日毛泽东同志在天安门城楼上庄严宣告中华人民共和国的成立起，每年的劳动节和国庆节都在天安门广场举行盛大的群众集会，党和国家领导人在天安门城楼上检阅游行队伍（图 3-4）。1949 年 10 月 1 日举行的开国大典，

天安门布局古今对照示意图

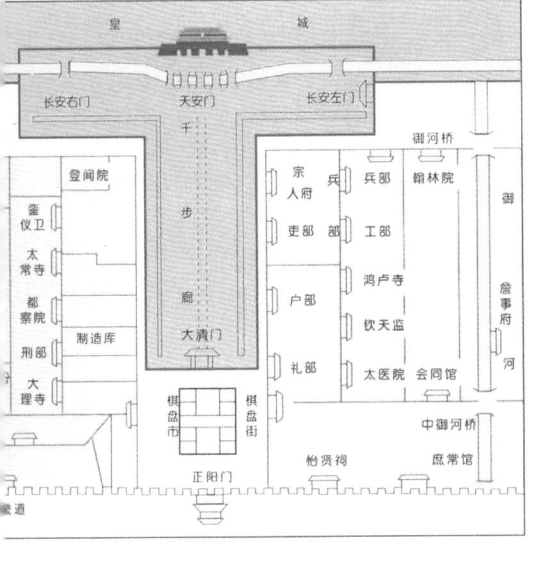

清代天安门图

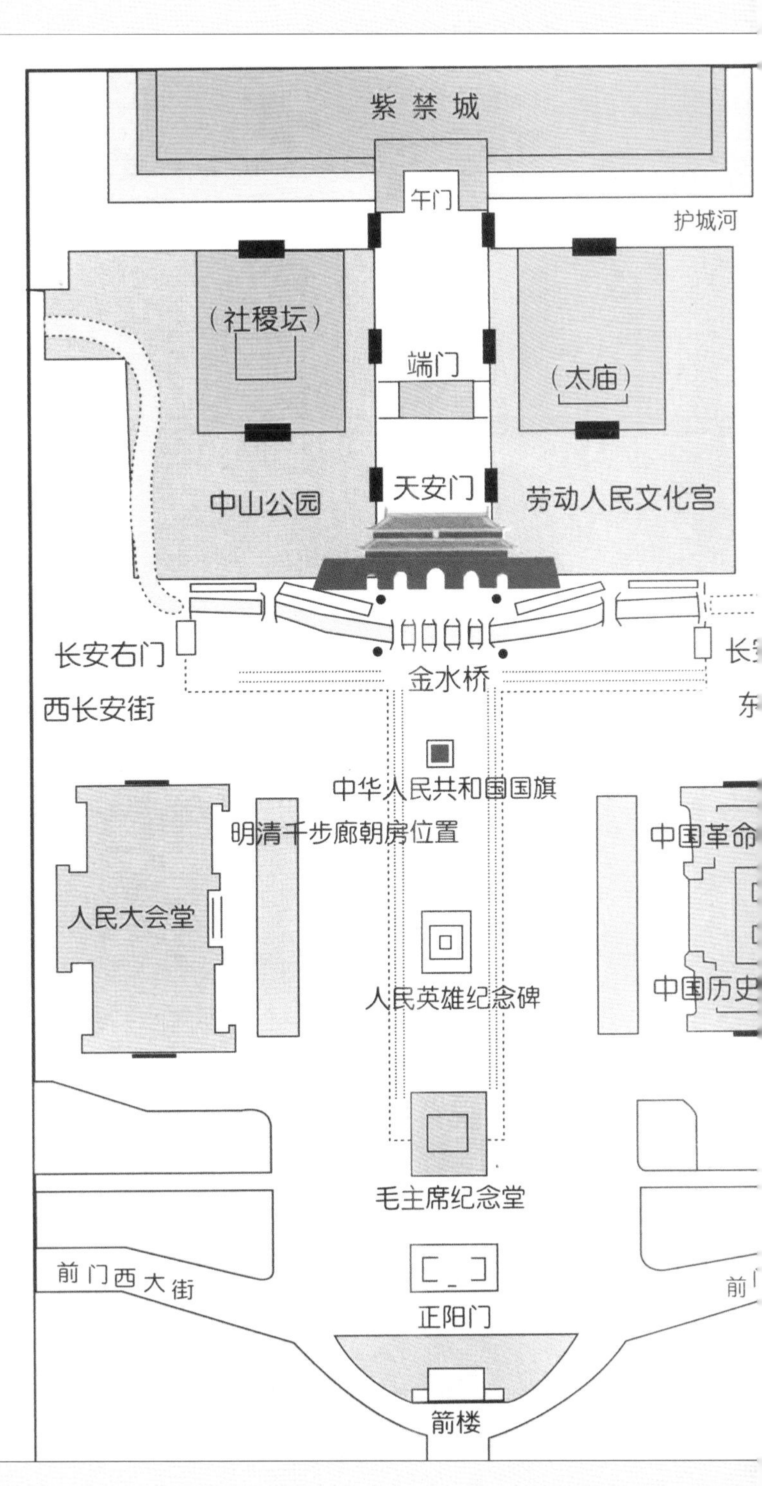

（图 3-3）天安门布局古今对照示意图

（图 3-4）1951 年国庆节毛泽东等国家领导人在天安门城楼上

进入天安门广场的群众就有 30 万人左右。很明显，原有的天安门广场过于狭小，必须改建扩大，来华的苏联专家也主张天安门广场必须扩建。“1950 至 1960 年期间大批涌入中国的苏联专家坚持政府必须以天安门为中心。而且，天安门前面的广场必须扩建以备公众集会和游行。他们设想的是他们自己的莫斯科克里姆林宫加红场的翻版。”[6]

2. 新中国成立后对天安门广场的整修

（1）1949 年对天安门广场和长安大街的第一次整修

1949 年 2 月 3 日，北平举行了盛大的中国人民解放军入城式，北平军管会下设的文化接管委员会接收了天安门。当时的天安门城楼前的垃圾堆足有三层楼高，1949 年 3 月，市政府号召各界成立清运委员会，开始了大扫除运动。《人民日报》公布了天安门前开辟为大广场的消息，6000 多名学生参加了清理劳动。1949 年 7 月，中共中央召开专门会议研究开国大典的工作，决定修整天安门广场，北京市建设局承担了这一工作，其主要任务是：①开辟一个能容纳 16 万人的大广场，平整碾压 54000 平方米的广场。②修缮天安门城楼主席台，粉刷城楼和广

（图 3-5）1950 年修缮天安门广场

（图 3-6）民国时期的中华门

场四周红墙。③修建升国旗的设施。④修补天安门前东西三座门之间的沥青石渣路面 1626 平方米。⑤美化环境，种树种草。[7]

1950 年夏天又一次整修长安大街和天安门广场（图 3-5）。贯穿东单到西单的林荫大道工程由建设局工程队的 300 多名工人负责修筑，于 9 月中旬胜利完工，新筑沥青石渣路面积为 38710 平方米。拆除了花墙和东西外三座门及履中蹈和两牌坊，做好电车路两边的石栏杆，筑起高空岗楼，安装了交通、照明灯等，修好了排水沟。天安门左右东西长安门，南面的中华门（图 3-6）也都全部整修，天安门前展宽的石板路和原来的砖石路，都经过平碾并铺上了加厚的水泥砖。为了扩展广场，把原在石板路上的华表和石狮向北移动了 6 米。有 400 多年历史，重 4 万多斤的一对华表和 2 万余斤的石狮，丝毫未受损伤。[8]

（2）1952 年以后天安门广场不断改建

自 1952 年起，为了每年五一和十一的庆典与集会，天安门广场不断改建。1952 年 8 月，拆掉了东西三座门，1955 年拆除了广场中部的原千步廊红墙，扩展了广场南部，铺设了水泥路面。

天安门广场的第三次改建，是在 1958 年。这一年的 5 月 1 日，人民英雄纪念碑揭幕。8 月，中共中央在北戴河召开政治局会议，决定在北京建设一批重大建筑工程及扩建天安门广场，邀请了全国 1000 多名建筑师和艺术家参加天安门广场的规划设计竞赛，天安门广场的扩建实际上是国庆十大工程的核心。10 月，

（图 3–7）1958 年，彭真陪同毛泽东等审查天安门广场建设规划模型。左起：彭真、毛泽东、李富春、万里、周恩来

在邓小平的主持下，中央书记处召开会议，审看了国庆工程影片，北京市副市长万里等做了汇报。会议再次确定了天安门广场的性质，即天安门象征着新中国，广场周围的建筑当以国家的主要领导机关为主，同时建立博物馆，使它成为一个政治中心和文化中心。为了满足国庆游行队伍 60 万人在两小时内通过主席台的要求，长安街干道和天安门广场的规模要继续扩大，落实毛泽东在首都建造“百万人广场”的批示。广场的长度从天安门至正阳门为 880 米，宽度确定为 500 米。[9]这种“大广场、大马路”的设计在“文革”中受到批判，但它确实是为了实现 20 世纪五六十年代的政治任务所必需的。对改建后的规模和总的要求，各方面专家学者、设计人员先后做出了几十个方案，最后由毛泽东在天安门城楼上亲自向彭真指定下来（图 3-7）。这次扩建工程中的天安门广场建筑规划最突出的一点，是以人民英雄纪念碑为中心，提出了“品”字形、“四”字形、“二”字形等方案，最后综合以上方案，由毛泽东、周恩来、彭真确定。人民大会堂、中国革命博物馆和中国历史博物馆（两馆现合并为中国国家博物馆）为第一批建设工程项

目。1958 年 12 月底，中共中央政治局讨论国庆工程，正式批准了天安门广场的规划和施工方案。[10]

需要指出的是，20 世纪 50 年代初人民英雄纪念碑最初的设计方案，是参照广场中部东西两侧间距约 100 米的千步廊红墙来设计的，这时的天安门广场仍然是“T”形格局，还不是以后的长方形布局。但在设计纪念碑的位置和高度时，设计者已考虑到“在尚未肯定的都市计划中，广场可能加宽到 200 多米”[11]。关于纪念碑的高度，梁思成是以天安门城楼的高度作为参照而确立的，“新政府要求的一个重要的历史象征是人民英雄纪念碑，以追念最终导致共产党胜利的历次革命运动的先烈。……它应该是什么样子？一座塔？一个亭子？思成说它应当像一座中国到处都能找到的石头纪念碑的建议说动了设计小组。由于在巨大的天安门广场中碑体不能太小，他设想了一个和城门相配的高度”[12]。

考虑到天安门高 33.70 米，正阳门高 40.96 米，设计者最初将纪念碑的计划高度定为 39 米。1952 年七八月间，在由郑振铎主持召开的会议上，确立了现在建成的纪念碑设计方案，将纪念碑的高度定为约 40.50 米（实际建成的高度为 37.94 米），这是按广场将要扩建为宽 200 至 250 米定的。这样“由北面任何一点望过去，在透视上碑都高过正阳门城楼（高约 42.96 米），结构方面还考虑到土壤荷载力和地震等问题”[13]。也就是说，我们今天看到的纪念碑，并不是先建成了长方形广场再来设计它的位置和高度，而是先根据未来广场的可能规模来设计纪念碑，1958 年 8 月纪念碑建成以后再根据它的中心位置来重新规划天安门广场及周围建筑，这在世界广场建筑史上可能是没有先例的。有关这一问题，梁思成早已有所预见。1953 年 3 月，在纪念碑兴建委员会吴华庆副处长起草的《关于纪念碑设计经过》的文稿上，梁思成、林徽因增加了如下的意见：“至于纪念碑在广场环境中的配合问题，那就只能做假定的布局。由于纪念碑的历史任务和群众要求它早日建成，因此只能让未来的周围建筑为了配合纪念碑再做适当的处理了。”[14] 1958 年，负责天安门广场规划综合方案的拟制者赵冬日以及负责人民大会堂规划设计的张镈、朱兆雪，负责中国革命历史博物馆设计的张开济（四人均为原北京市建筑设计院总工程师）等，充分考虑了纪念碑在广场中心的位置与高度以及纪念碑与周围建筑的距离和视野，这也是我们今天看人民英雄纪念碑与天安门广场及周围建筑相当协调的原因之一。

从观众在广场上的观察视野出发，张镈将1∶3作为远距离观看的最佳视距比，他认为“纪念碑两侧的内环路中距310米和纪念碑、旗杆座的存在是关键问题。以路中计到纪念碑中为155米，到人民大会堂外墙为95米，人民大会堂平均高31.2/95 = 1/3.28。人民大会堂东门40/95 + 23 = 1/2.95。路中看纪念碑为38/155 = 1/2.45（殷双喜注：此处计算有误，应为1/4），几个数据都在1/3左右，完全在视野中构成完整的画面”[15]。

关于纪念碑的设计高度，傅天仇先生在其《怎样做雕塑》一书中认为，以纪念碑从地下到顶上高度一倍的距离观看纪念碑最舒服，因为人的视圆锥在一倍时能看见全貌也最清楚。纪念碑影响范围为10个碑高的距离，最好的3个距离为1倍、2倍、9倍，1倍能看细部，2倍则看环境及碑之关系，9倍最远。[16]

有关这一点，还有一个生动的例证。从中国历史博物馆（现中国国家博物馆）正门西望，可以看到，人民英雄纪念碑与人民大会堂、中国历史博物馆大门不在一条东西轴线上（纪念碑的月台南沿几乎与人民大会堂正门的南边位于一条线上），这是为什么？解决这一问题的关键人物是当时的北京市委副书记刘仁。1958年，有关天安门广场规划的各项实施工作是由刘仁精心组织、指导的。在市规划局将几个不同方案上报后，刘仁敏锐地指出：人民大会堂和历史博物馆面向广场的正门，一定要避开人民英雄纪念碑的东西轴线，不然，两者的门前都会被纪念碑挡住，视线缩短，不仅纪念碑处境局促，大会堂和博物馆也将形若面壁。刘仁的意见得到中央的首肯，天安门广场才有了今天的开朗、恢宏。[17]

二、作为北京城中心的天安门广场与人民英雄纪念碑

1. 北京城的中心

有关城市的中心，有两个概念，即从地理空间角度确立的城市几何中心和从政治、经济等因素确立的城市中心。北京作为明、清两代的都城，紫禁城不仅位居老北京的几何中心[18]，也是古代的政治中心（图 3-8、图 3-9）。但是城市中心会因政治、经济、交通乃至规划等多种因素影响发生变化和移动，“比如辽、金时期，北京的中心在今天的广安门外，元代则在今天的钟鼓楼一带，明、清时期移动到东四、西四和前门，形成三个中心鼎足而立，民国后因长安街打通才逐渐扩大并发展成为今天以长安街—天安门广场为核心的北京城市中心”。[19]

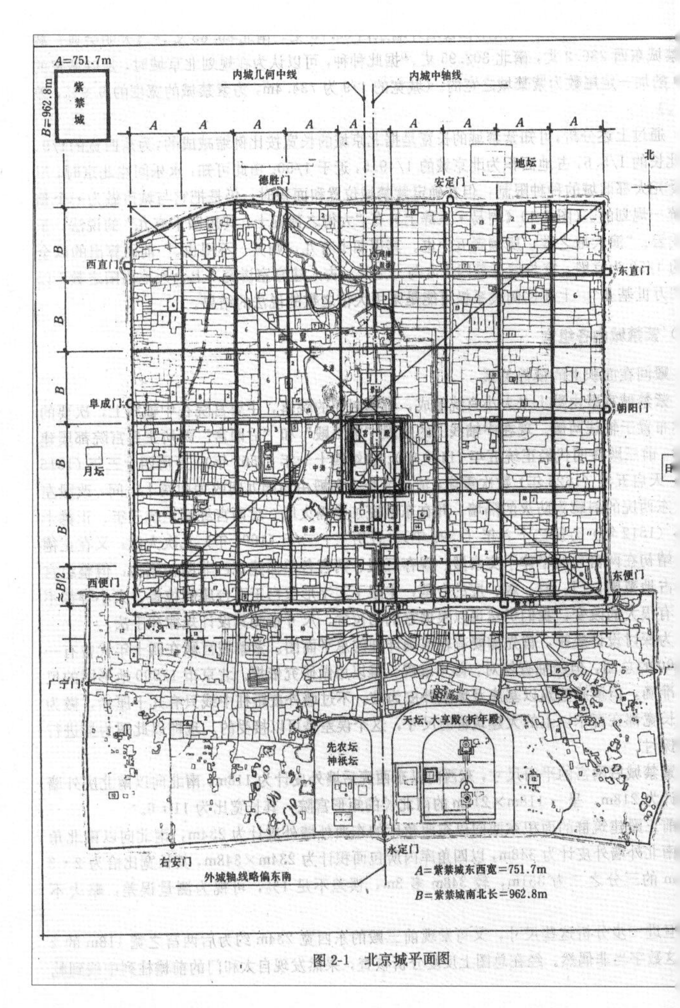

（图 3-8）北京城平面图

天安门广场是全中国人心中的圣地。为什么到北京的人都要去天安门广场走一走，看一看？为的是在那里体会一种个体与民族血脉相连的感情。作为中国

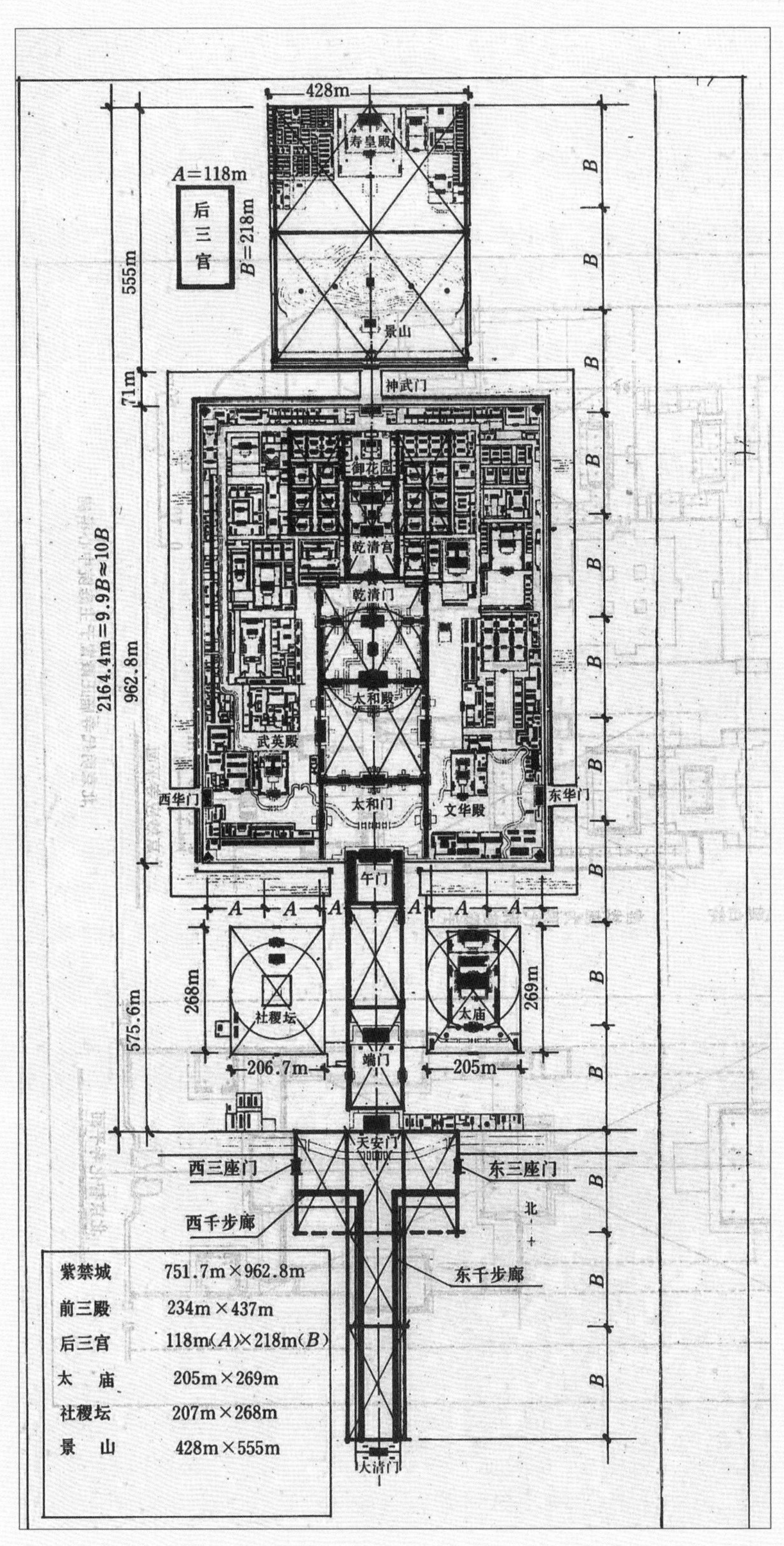

紫禁城	751.7m×962.8m
前三殿	234m×437m
后三宫	118m(A)×218m(B)
太　庙	205m×269m
社稷坛	207m×268m
景　山	428m×555m

（图 3-9）紫禁城平面图

（图 3-10）天安门前千步廊（由南向北望）

人民举行重大政治活动和纪念活动的场所，70 多年来，天安门广场上发生的重要庆典和事件，成为中国当代历史的鲜明见证，“天安门广场已经成为一种国家和民族的象征，这片开阔地带已不是单一的物质广场，它是一种精神圣坛，是中国人进行自我确认与感受日渐强大祖国的感情举行仪式的场所”[20]。

2. 北京的中轴线与人民英雄纪念碑

有关北京的中轴线与人民英雄纪念碑的位置，原北京市建筑设计院的总工程师张镈是这样分析的：“解放前天安门广场有过多次革命运动的遗迹，有过为震慑来朝臣民的千步廊序列（图 3-10），中轴线上有贯穿南北的前 7 后 8 共 15 公里和横贯长安街及其延长线约 50 公里的十字交叉轴线，说明这里就是北京地区中心部位之中，地理位置优越，而高程在 40 米，居于平均高度之上，它和原护城河之 38 米高程匹配成序。

“建国初期，每年‘五一’和‘十一’两大节日在这里举行庆典。改建前的天安门广场，在天安门城楼东、西各有一座三座门，围成一个约 600×100.6≈60000 平方米的横向广场，在中轴线上有一个宽 100 米深约 500 米

的原千步廊。开国大典前在绒线胡同中线与中轴交叉处为人民英雄纪念碑奠基，碑身高约 38 米（实为 37.94 米），两侧有各距 50 米的红墙构成了一个狭长的空间。开国大典时已形成站队的传统，她和莫斯科红场不同，天安门到正阳门相距约 880 米（图 3-11），纪念碑适在其中，前后各 440 米。原千步廊的序列是先收后放，使来朝的夷人有层层放宽的慑人气氛，这个现状不适应以人民英雄纪念碑为主的纪念性广场。包括故宫文物在内必须把天安门广场的环境、气氛做一个彻底的革新，以适应社会主义祖国首都的精神面貌。”[21]

笔者认为，历史上从永定门到天安门长约 7 千米的中轴线所起的作用，是进入皇宫的必经之路，而进入大清门（中华门），则是一个前奏，即引导来朝臣使逐步进入紫禁城中太和殿前的广场，所以由千步廊所围合的狭长空间并不是来朝臣使停留的地方，它的功能是举行夹道迎送仪式的“御道”，是一个行进的空间。张镈所说的长安街交通线即今日的长安街东西轴线在清代是不通行的，由于东边的长安左门和西边的长安右门与边绕的宫墙一起，隔绝了外部，才形成一个以行进功能为主的具有空间过渡性的“T”形广场。人民英雄纪念碑的选址，对天安

（图 3-11）天安门、中华门旧貌

门广场格局的形成具有决定性的作用，它将清代的政治中心广场——太和殿前广场，转换为天安门城楼外的天安门广场。在人民英雄纪念碑的前期设计中，有一种意见认为最好不要遮断从天安门向南望的中轴线，建议将纪念碑建成分散式（如三重门式或一组纪念柱），恰恰是忽略了由于开国大典的举行，一个新的政治中心广场正在形成，人民英雄纪念碑将成为这个广场的中心。而在中国传统建筑中，从周代起就有在中轴线上建碑的传统（参见第五章），我们可以比较一下明清故宫的午门与天安门，坐北朝南的正房与东西两堂的格局十分相似。再看一下人民英雄纪念碑在天安门广场中所处的位置，可以发现它与古代天子诸侯宫殿前的空地（广场）上碑的位置也十分相近。另外，新中国成立以后，由永定门经前门、中华门到天安门的南北行进线由于前门的封闭而阻断，天安门广场的行进路线转向广场东西两侧的道路，这也使人民英雄纪念碑成为一个由周边建筑围合的广场中心，这使得它的设计可以向高而挺拔的方向发展。也可以说，天安门广场性质的转换，确立了人民英雄纪念碑的设计思想和造型方向。

三、人民英雄纪念碑的选址与位置

1. 滑田友对天安门广场纪念碑规划的前瞻构想

讨论纪念碑的选址，不能不提到杰出的雕塑家滑田友对北京城市雕塑的关心和对纪念碑的前瞻构想。据滑田友的夫人刘育和回忆，解放初期，滑田友跑遍北京城门要道及重要地区，设想在北京树立雕塑。早在 1949 年 9 月 23 日（此时人民英雄纪念碑尚未奠基），滑田友就给北京市建设局曹言行等三位正副局长写信，讨论天安门广场的纪念碑和雕塑问题。在这封信中，滑田友以他开阔的胸怀，敏锐的视野，从天安门广场规划的宏观角度，勾画了未来的纪念碑的轮廓（图 3-12A、图 3-12B）。他在信中提出：

（图 3-12A）滑田友致北京市人民政府建设局领导的信函草图（滑田友家属提供）

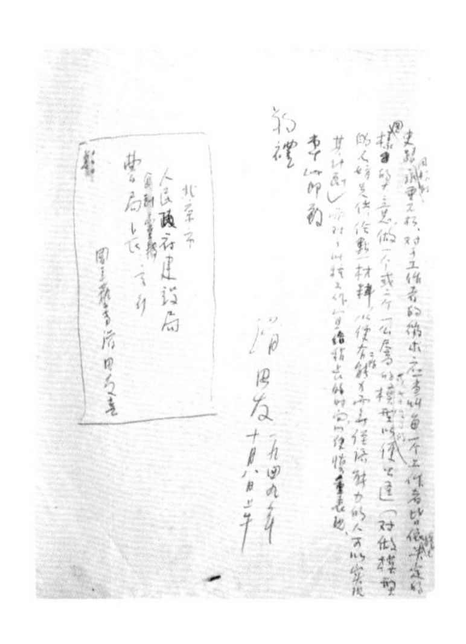

（图 3-12B）滑田友致北京市人民政府建设局领导的信函草图（滑田友家属提供）

（1）天安门前广场，可算中国的“红场”，最好建一个雕塑建筑合组的纪念物。

（2）这个纪念碑的上部，由雕刻家做一个工、农、兵或工农的巨大群像，下部的台座四周嵌入革命事迹的浮雕，而整个纪念物，如雕刻的大小、台座的高低及地基位置，应与天安、正阳两门（或天安、中华）调和，而皆由建筑家设计，建筑和雕刻皆要尽可能应用中国民族性的特色。

（3）上部巨大的群像以铸铜为优，上面可以贴金，下部全用白石（白玉石或白色大理石），而其形式最好和华表及桥栏以及宫内各部调和。[22]

考虑到古今中外重要的建筑艺术都是由建筑家、雕刻家、画家通力合作的，滑田友提出：“建筑家宜充分发挥其带头作用和合作精神，而充分应用雕刻的说明性和教育性，取得雕刻家和画家的合作，而雕刻家也应对建筑家充分地信任。”[23]滑田友在这里提出的“建筑和雕刻皆要尽可能应用中国民族性的特色”的观点，在后来的纪念碑设计和建设中得到了充分的贯彻。例如纪念碑的位置考虑天安门与正阳门的中轴线关系，纪念碑所采用的台基与汉白玉栏杆形式与故宫建筑取得谐调和呼应等。笔者不知道梁思成是否看到过滑田友的这封信[24]，但梁思成的人民英雄纪念碑设计思想确实与滑田友的许多前瞻性构想不谋而合，作为一个雕塑家，滑田友所具有的城市公共空间的规划意识令人敬佩。但是，滑田友希望纪念碑的顶部要做成一个工农兵的群像，是与建筑家的设计有矛盾的，这也是 1953 年上半年纪念碑建设初期，参与创作的雕塑家与建筑家在碑顶设计上发生很大分歧的地方。其实在 1952 年之前，有关纪念碑的碑形方案设计过程中，就有过以雕像的形式或是以碑的形式做纪念碑的激烈争论。由于雕像形式不能很好地表达毛泽东的碑文，争论的结果是采用碑的形式表现碑文，而用浮雕的方式表达碑文中所提到的中国近现代历史三个阶段的英雄史迹。

2. 全国政协会议决定兴建人民英雄纪念碑

1949 年 9 月 30 日，是中国人民政治协商会议第一届全体会议的最后一天（图 3-13），主要进行两项选举：一是选举第一届全国政协委员，一是选举中央人民政府主席、副主席和委员。正是在这次大会上，通过了建立人民英雄纪念碑的决议和毛泽东亲自撰写的碑文。傍晚，大会工作人员正在紧张地对选票进行统计和

（图 3–13）毛泽东在第一届中国人民政治协商会议上致开幕词

唱票，乘此空隙，大会全体代表六七百人，乘车直赴天安门广场。

下午 6 时，由毛泽东率领全体代表在天安门广场纪念碑碑址举行奠基典礼（图 3-14、图 3-15）。

周恩来在纪念碑奠基典礼时致词：“我们中国人民政治协商会议第一届全体会议为号召人民纪念死者，鼓舞生者，特决定在中华人民共和国首都北京建立一个为国牺牲的人民英雄纪念碑。现在，1949 年 9 月 30 日，我们全体代表在天安门外举行这个纪念碑的奠基典礼。”

（图 3–14）毛泽东在人民英雄纪念碑奠基典礼上讲话

（图 3–15）毛泽东为人民英雄纪念碑奠基

周恩来致词后，全体脱帽默哀，然后聆听毛泽东宣读了庄严的纪念碑碑文：

三年以来，在人民解放战争和人民革命中牺牲的人民英雄们永垂不朽！

三十年以来，在人民解放战争和人民革命中牺牲的人民英雄们永垂不朽！

由此上溯到一千八百四十年，从那时起，为了反对内外敌人，争取民族独立和人民自由幸福，在历次斗争中牺牲的人民英雄们永垂不朽！

3. 周恩来提议人民英雄纪念碑建在天安门广场

关于纪念碑的兴建地点，当时提出了各种意见。有人主张建在东单广场，有人主张建在西郊八宝山上，但是更多的人主张建在天安门广场。最终是周恩来总理提议，将纪念碑建在天安门广场上。他解释说，之所以这样提议，是因为天安门广场有“五四”以来的革命传统，同时这里也是全国人民和全世界人民敬仰的地方。大多数人赞同这个意见。[25]

那么，将纪念碑建在天安门广场的哪个方位最好呢？有人主张建在前门楼上或放在中华门南面约相当于现在毛主席纪念堂的位置，也有人主张拆除端门的城楼，将纪念碑建在端门台基上。从吴良镛所绘的“人民英雄纪念碑安放位置示意图”（图 3-16）来看，位置①位于正阳门北边原清代的棋盘街，离天安门太远；位置②是奠基时的位置，在国旗与现在落成的纪念碑之间，距天安门太近；位置③在天安门里的端门，周围没有广场空间；位置④在前门楼上，更不可取。经过反复讨论，全国政协第一次会议通过纪念碑建在天安门广场国旗旗座之南，天安门与原中华门门洞的中轴线上，并与天安门与正阳门的距离大致相当。[26]从建成后的效果来看，中间留出了宽阔的群众场地，从广场北部南望纪念碑，“前庭”开阔，恢宏雄伟。纪念碑建成后的 60 余年里，这里多次举行全国性的大规模的群众集会活动，都很成功，证明了人民英雄纪念碑的位置确实是深谋远虑的规划与布局。

4. 人民英雄纪念碑的位置

在纪念碑安放位置示意图中，最引人注意的一点是纪念碑奠基时的位置与最后建成的位置不在一个点上，也就是说吴良镛认为纪念碑奠基时的位置在施工时沿中轴线向南移动了一段距离。人民英雄纪念碑的确切位置到底在哪里？有关这一历史之谜，笔者尽力收集资料，有以下多种说法，基本上分为两大类：一种确认毛泽东为纪念碑奠基的位置就是现在建成的位置，一种则认为施工位置在奠基位置以南。

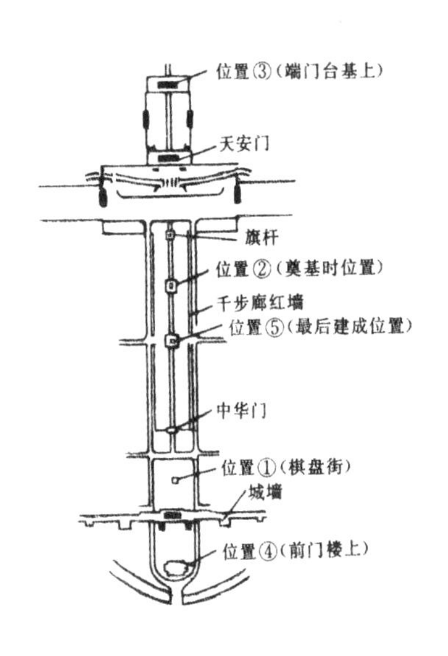

（图 3–16）人民英雄纪念碑安放位置示意图

（1）1952 年 4 月 25 日，首都人民英雄纪念碑筹建座谈会拟定的征求纪念碑图案条例确定：纪念碑的位置，选定天安门广场中华路中线上距中华门 220 米之十字路交叉点上。[27]

（2）1952 年 7 月 28 日，建筑设计专门委员会第 3 次会议记录记载：八一开工，纪念碑位置不变，仍用原奠基基址。[28]

（3）1952 年 8 月 23 日，纪念碑兴建委员会致函北京电信局：“纪念碑工程地位（天安门广场毛泽东奠基之处）之下，有电线一道，影响工程，应请在 9 月 10 日前挪离中线 30 米。”[29]

（4）人民英雄纪念碑的中心距天安门南墙皮 428 米。[30]

（5）纪念碑处在中轴线上，其中心距天安门城墙基 463 米。[31]

（6）开国大典时在绒线胡同中线与中轴交叉处为人民英雄纪念碑奠基。天安门到正阳门相距约 880 米，纪念碑适在其中，前后各 440 米。[32]

（7）毛泽东在离天安门以南约 430 米的一点上奠下了基石。[33]

（8）1953 年 9 月，首都人民英雄纪念碑兴建委员会编印的《纪念碑设计资料》中提道："纪念碑的位置在天安门广场两面红墙的中间的中轴线上，与天安门和正阳门距离相仿，约为 450 米。"

上述几种说法，关于纪念碑距天安门的直线距离均有出入。也许，这一距离将来可以通过实地测量获得答案，但实际建成的位置位于正阳门与天安门之间的中间点上则大体不错。只是毛泽东奠基的纪念碑碑址是否就是施工时的位置，这一点仍然未能确定。

根据第一种说法，中华门的位置大体上在正阳门与现今建成的纪念碑位置的中间，也就是说，中华门距正阳门是 220 米左右，距天安门约为 660 米左右，以此看来，1952 年 4 月确定的纪念碑位置正是实际建成的位置。张镈所说的绒线胡同已经不存在，如果绒线胡同中线与中轴交叉处正好是天安门与正阳门的中点，则毛泽东奠基的位置与现在建成的位置是一致的。如果说毛泽东奠基时所选的地点是象征性的，1952 年开始施工时又向南做了移动调整，可是 1952 年 7 月 28 日开工前所做出的决定"纪念碑位置不变，仍用原奠基基址"似乎不应在 3 天以后就做出改变，这与吴良镛的观点是完全不同的。从第 7 种说法即吴华庆的回忆来看，吴是施工负责人，对于纪念碑的奠基与施工地点应该十分清楚。但吴良镛当时也是纪念碑建筑设计委员会的成员，吴良镛所说纪念碑奠基位置与施工位置不同一说，应该有所依据。2002 年 5 月 8 日，在中央美术学院美术馆设计方案论证会前，笔者见到吴良镛先生，就此事向他求证。吴先生回答说："由于纪念碑的奠基位置比较靠近天安门，在纪念碑施工前，梁思成先生决定向南移动一些距离。此事没有在正式的会议上提出，也没有请示，如果请示的话，会很麻烦。"

综合以上资料，按照吴良镛的说法，全国政协第一届全体会议通过的兴建纪念碑的决定，“确定纪念碑建在广场的北半部五星红旗旗座之南，天安门与原中华门门洞的中轴线上，并与天安门和正阳门的距离大致相当”。据此，笔者猜测，纪念碑的位置即使在开工前向南移动，也只是移动了不大的距离，所以后来并没有人就此较真儿。总之，这一问题有待于以后再深入研究。

四、人民英雄纪念碑的主题与朝向调整

1. 人民英雄纪念碑的主题

中国古代的石碑最初具有观测日影，确定时辰的功能，所以分为朝南的阳面和朝北的阴面，南面为碑的正面，而碑的背面称“碑阴”，通常碑名书写在碑的正面。汉代石碑上已有题额或篆额，碑阴上的题字，即碑的背面通常刻上碑文，刻出立碑的缘由或立碑人的姓名和出款数目。通常，我们通过对一座陵墓石碑铭文的考察，可以了解到死者与生者的关系以及当时社会的一般文化与经济状况。对于后人来说，碑文的分析是进入历史和艺术的一个途径。

人民英雄纪念碑的设计过程中，对纪念碑的朝向先后有过若干变动，这些变动均涉及对纪念碑主题的理解。在设计过程中，曾经有过讨论，人民英雄纪念碑最重要的主题是什么？是纪念碑上的浮雕像，还是其他？经过多次讨论，最终确立了人民英雄纪念碑的主题，是毛泽东的题字和全国政协一次会议通过的毛泽东撰写的碑文，它成为人民英雄纪念碑设计的核心。纪念碑兴建委员会秘书长薛子正认为，只有毛泽东的题字才能代表时代性。碑的设计，首先应创造条件，使碑文显著突出，而碑文的位置就直接影响了纪念碑朝向的确定。

1950 年 6 月 10 日，在北京市都市计划委员会举行的人民英雄纪念碑设计讨论会上（陈占祥为会议主席，梁思成未参加这次会议），确立了纪念碑建筑设计的原则，其中提道：“2. 碑文为本设计之主要部分，非次要者或装饰品。3. 碑文的部位应在显著的中轴线上，以适当的高度和正常的视线作为根据，来决定纪念碑的体形。”[34]这里强调了碑文是设计的中心，应放在中轴线上（即南北两面），

虽然没有确定碑文的设计朝向，但此次讨论提出了碑的实用功能“应照顾到各地人民及对外交使节献花方式（即碑文的正反面问题）”。

2. 人民英雄纪念碑的朝向与调整

1951年2月27日，北京市人民政府就关于今春开始兴建人民英雄纪念碑事宜呈报中央人民政府政务院，其中所附的人民英雄纪念碑模型说明中指出：“二、碑身南北面窄，东西面宽。三、碑文在碑的南面，使游人在阅读时，能面向天安门。四、拟将南面金星改为镰刀斧头，北面改为八一金星，东西两面仍用国旗形式（图3-17）。”[35]这里所说的碑文，当是指毛泽东在纪念碑奠基典礼上宣读的三段碑文。而“人民英雄永垂不朽”这8个大字，是毛泽东1955年6月9日书写的。但资料显示，毛泽东曾在彭真拟写的纪念碑奠基石碑文草稿上加以修改，将原来的“中国人民解放战争和中国人民革命烈士纪念碑奠基典礼”改为“在中国人民解放战争和中国人民革命中牺牲中的人民英雄们永垂不朽！”[36]这里有一个疑问，即毛泽东是在1949年9月30日就已撰写了“人民英雄永垂不朽”这8个字，还是在1955年才书写了这8个字？根据资料，在1952年7月28日纪念碑兴建委员

（图3-17）1950年12月设计的东西面宽、南北面窄且有升降电梯的纪念碑方案

会建筑设计专门委员会的第三次会议上，决定碑身南面题字仍为“人民英雄永垂不朽”，北面碑阴刻碑文。[37]在《首都人民英雄纪念碑设计资料》中，1952 年 8 月 1 日由中央通过并开始施工的设计方案，也是在“正面（南面）刻毛泽东所写的‘人民英雄永垂不朽’8 个大字，背面刻全国政协所撰的碑文 112 字”（图 3-18），这与传统碑碣的形式是一致的。由此基本可以确定，毛泽东很早就已撰写了“人民英雄永垂不朽”这 8 个字，只是在 1955 年为了镌刻于碑心石上而又重新书写。1953 年 9 月 26 日至 10 月 30 日，首都人民英雄纪念碑兴建委员会举行了碑形资料展览会，建筑工程学会的代表们参观之后在座谈会上提出建议：“碑的正面一定朝南，但北面亦可做正面，毛泽东的题字，南北都有，政协通过的碑文刻在东西两侧，否则毛泽东在天安门检阅，看到碑的背阴，不太好。”[38]这是比较早地考虑将毛泽东题写的 8 个大字放在北面，将北面也作为主面的一个建议，但提出将碑文置于碑的东西两侧，是与“将碑文置于中轴线上”的设计要求相违的。

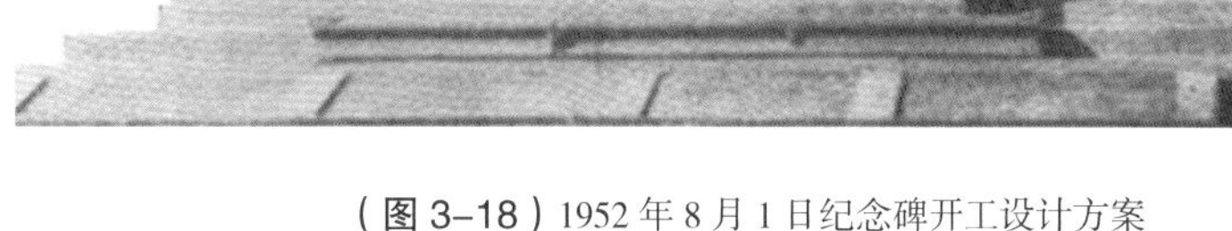

（图 3-18）1952 年 8 月 1 日纪念碑开工设计方案

1954 年下半年，在人民英雄纪念碑的建设过程中，对原有设计做出了最重要的修改，这就是纪念碑主立面朝向的修改。现在的人民英雄纪念碑的主面朝北，背面朝南，正好和传统的宫殿建筑和传统石碑的朝向相反。有人认为，这正是中国共产党扭转乾坤，人民当家做主的体现。据当年参与纪念碑创作的雕塑家李桢祥的回忆：“原来设计是正面朝南，已经施工了，有一年国庆检阅，毛泽东在天安门上说：‘干吗庙门都朝南？’当时大石头都已打好，要往上吊装，就改为朝北。”[39]

有关纪念碑的朝向改变的决定是由何人何时做出的，目前尚未见到直接的资料。根据首都人民英雄纪念碑兴建委员会的设计资料，在 1953 年 11 月至 1954 年 8 月期间，人民英雄纪念碑的建筑设计在施工期间仍然征求社会各界的意见，并再次做了修改设计，此时的设计图纸上的方案仍然将南立面图标为正立面，将北立面图标为背立面（图 3-19）。这至少证明，在 1954 年 9 月以前，人民英雄纪念碑的设计朝向，仍然是将南立面确定为正立面。而根据兴建委员会汇报的工程进展情况，此时“碑座部分石料安装，碑身及碑心石料的加工及部分安装均已接近完成”[40]。这一工程进展情况与雕塑家李桢祥“当时大石头（指碑心石）都已打好，要往上吊装”的回忆相吻合。纪念碑兴建委员会估计，拟在 1954 年 10 月底将正面碑心石安装完毕。由此可以确定，在 1954 年 10 月以后的碑心石安装期间，才做出了改变纪念碑朝向的重要决定。将这一分析与李祯祥的回忆相对照，我们可以推测，1954 年 10 月 1 日毛泽东在天安门城楼上检阅时，不可能不关注到对面正在施工的人民英雄纪念碑工地，毛泽东询问纪念碑施工情况并发表对纪念碑朝向改变的意见是十分可能的。

（图 3-19）1954 年 8 月前再次修改的设计方案正立面图（图纸上标为南立面）

也许最为确定的材料是梁思成的回忆文章，1954 年 11 月 6 日，梁思成出席了彭真主持的北京市政府的会议。在这个会上，彭真指示碑顶采用“建筑顶”，并确定了浮雕主题。关于毛泽东的题字，梁思成的记载十分明确——“八个大字向北”[41]。资料显示，1954 年 11 月 26 日，根据北京市政府第 16 次会议所提意见，首都人民英雄纪念碑兴建委员会拟将纪念碑正面碑心石由南移向北面，在 20 天内施工，并提出移动碑心大石料的工程方案。[42]在另一份报告中，兴建委员会提出为抓紧工期，拟于冬季继续施工，并拟于 1955 年 2 月底前安装好大碑心石。从这些情况来看，笔者认为有可能是中央做出了纪念碑朝向改变的决定，而由彭真担任领导的北京市政府向纪念碑兴建委员会下达了调整纪念碑朝向的决定。

有关人民英雄纪念碑的朝向调整，还有一种比较确定的说法，是周恩来总理决定的。“关于碑的面向问题，最初设计根据传统布局，以朝南方向作为主要立面。在建造过程中，周总理考虑到广场扩建以后，会有更多的人群从城市主要街道——东西长安街进入广场，并集中在广场北部，能从北面看到毛泽东主席题字为好。因此，一反传统的格局，以朝北一面作为主要立面。这种面向，对广场后来的扩建，特别是对确定毛主席纪念堂的面向问题，起了决定性作用。”[43]现在看来，纪念碑朝向的调整，最直接的原因是因为纪念碑位置的南移。因为从规划角度看，人民英雄纪念碑的位置直接决定了天安门前的广场大小与容量，1949 年 10 月 1 日举行的开国大典形成了在中心广场站队的传统，当时进入天安门广场的群众有 30 万人左右，为了尽可能多地容纳游行和检阅的群众，并且考虑巨大的人流进入广场，将纪念碑的位置相对南移并且将朝向翻转过来，是一个具有前瞻眼光的规划决策。而这样的重大决策，只能是毛泽东、周恩来这样的党和国家领导人才能确定。

纪念碑朝向的改变，另一个重要的原因，也许是传统的中轴线的衰落与长安街东西轴线的贯通与兴盛。在历史上，国外来使与国内到北京的官员，都是从永定门开始，由南向北，经过正阳门、中华门到达天安门。自 1911 年辛亥革命结束了长达 2000 多年的封建王朝的统治，天安门前的长安左门与长安右门即任由百姓出入，整个长安街的东西大道贯通为一体。[44]新中国成立以后，由于正阳门箭楼及前门的关闭，原有的南北交通轴线已经切断，而前门大街、长安街、景山前街等东西向的大道成为主要的交通干道。1949 年 10 月 1 日举行的开国大典，由于确定在天安门上举行（另一个方案曾经考虑过在北京西苑机场举行），因此所有的游行群众都是从长安街东西两个方向出入的，这就确立了新中国成立后历次游行的基本模式。为了满足大规模游行和集会的需要，新中国成立后天安门广场经过多次扩建与改造，特别是长安街的拓宽与延伸，已经形成了一个新的城市东西交通轴线。这样，原有的贯穿南北的前 7 千米后 8 千米共 15 千米的南北中轴线和横贯长安街及其延长线约 50 千米的东西轴线形成了十字交叉轴线。前者是古代北京都市建设的历史性坐标，而后者是新中国的首都政治、经济发展的现实需要。

参与过天安门广场规划的原北京市建筑设计院的总工程师张镈在回忆中谈到纪念碑的定位："为人民英雄永垂不朽的丰碑奠基。在定位上坐南朝北，面向北侧巨大广场，与对面三组文物（社稷坛、天安门、太庙）对峙，把过去为帝王将相出入的场所改为劳动人民游憩的去处，翻转朝向，为过去写上句号。"[45]

3. 人民英雄纪念碑的设计突出了"四方"的观念

中国古代石碑即是来源于墓葬之用，其最初的原型是木板状的扁平形态，以后的石碑也以南北两面为主立面（即碑阳、碑阴），碑形为四方的比较少见。唐乾陵神道左边的《述圣纪碑》（图 3-20）碑身由 5 块边宽 1.86 米的方形巨石叠压组成，为上下垂直的长方体，加上顶盖与底座，俗称七节碑，取意为日、月、金、木、水、火、土，"七曜"光照陵园。西安碑林的唐《石台孝经碑》为四方体，是由 4 块碑石

（图 3-20）唐乾陵《述圣纪碑》

围合而成。碑身为六面体的则比较少见。[46]

这里我们注意到古代纪念碑性的礼器与建筑物，十分讲究“四方五行”之说，《周礼》中说：“以玉作六器，以礼天地四方。以苍璧礼天，以黄琮礼地，以青圭礼东方，以赤璋礼南方，以白琥礼西方，以玄璜礼北方。”[47]天安门广场的南北长于东西，人民英雄纪念碑如果只有南北两个方面，而东西方向过于纤薄，必然会影响到纪念碑的整体厚度与气势，也不利于东西方向的观众观看纪念碑，纪念碑的整体轮廓与气势也会受到损害。因此，设计者加宽了纪念碑的东西立面，在保持了中轴线上的南北立面的重要性的同时，加重了东西立面的分量，从而也为雕塑家在纪念碑东西南北方向上的浮雕创作奠定了建筑基础。纪念碑的形制在这里成为接近四方体的建筑体（人民英雄纪念碑的碑脚月台分两层，上层长宽各32米，为正方形，下层月台南北长61.5米，东西长50.5米，长宽比约为6：5），这在中国古代纪念碑的形制中是不多见的，也使它与清代的北海《琼岛春阴碑》与颐和园的《万寿山昆明湖碑》的传统碑形从根本上区别开来。正如吴良镛所说：“设计者根据新的思想内容和设计条件，在继承传统造型的基础上有所创新。”[48]需要指出的是，《琼岛春阴碑》是乾隆十六年（1751）所立，从碑身南、北、西三面的诗文中可以看出，《琼岛春阴碑》主要是乾隆皇帝观景有感，书怀言志，表达自己重视社稷农耕的心情。《万寿山昆明湖碑》是乾隆十五年（1750）至乾隆二十九年（1764）修建清漪园（颐和园前身）期间所立，位于万寿山中部佛香阁东边的转轮藏，依山面水。这两通碑都不是具有重大政治意义的纪念碑，所以在位置和朝向上都不强调中轴线和完全准确的坐北朝南。

4. 人民英雄纪念碑设计采用高耸方案的精神取向

1953年3月，人民英雄纪念碑在已经施工的情况下，展开了碑形设计的讨论。作为工程事务处的副处长，吴华庆介绍了纪念碑前期设计中的8个草图。它们的形态分别是：（1）矮而分散。（2）高而分散（被戏称为三个烟囱）。（3）三座门。（4）高而挺拔。（5）有电梯直上顶端。（6）大平台下开三个门洞。（7）顶端有雕像。（8）接近建成的方案，浮雕上有检阅台。

人民英雄纪念碑的设计，最重要的是作为建筑物所具有的文化与精神的象征，碑的形体与指向，直接影响到对于纪念碑主题的表达。根据梁思成回忆：“收到方案一百七八十份。[49]大致可分为几个主要类型：（1）认为人民英雄来自广大工农群众，碑应有亲切感，方案采用平铺在地面的方式。（2）以巨型雕像体现英雄形象。（3）用高耸矗立的碑形或塔形以体现革命先烈高耸云霄的英雄气概和崇高品质。至于艺术形式，有用中国传统形式的，有用欧洲古典形式的，也有用‘现代’式的。”[50]从现有的资料来看，这三大类型其实可以分为两大类型，即向平面发展的矮形方案（图3-21、图3-22）与向高空发展的高形方案（图3-23）。矮形方案的设计理由除了梁思成提到的亲切感外，再就是考虑到在天安门广场的中轴线上，不以高大的建筑将广场人为地截为两段，保证中轴线的贯通，这也是一些人以三座门的方式设计方案的理由。

早在1952年5月19日举行的设计座谈会上，梁思成首先分析了已收到的若干碑形设计方案，归纳了6种草图，其中有在中华门内放一座碑的方案，有做一个小型的天安门并在门内放一座碑的方案，有钟楼式的方案，有碑亭式的方案，这些方案共同的缺点是只看见建筑而见不到碑。然后，梁思成就都市计划委员会综合各建筑师初步设计出来的方案模型，阐释了自己的设计思想。他指出：“选择高而细的纪念碑的方案，是台座大而平，不至于使天安门划分成两部，可以在四周环境中调和而不独出。座子为中国塔之塔座，碑即为中国之碑，上加有中国式的盖子，我们不是抄袭古物而是有传统的表现。”[51]梁思成的设计思想非常有意思，也许我们可以将人民英雄纪念碑概括为宫殿台基、塔座、碑身、建筑顶，它综合了中国传统建筑的不同类型与部位，确实是一个在传统基础上的新颖设计。

中外纪念碑有各种不同的形式，并非都是高耸入云，特别是现代的纪念碑，造型多样。但是，为了体现革命先烈高耸云霄的英雄气概和崇高品质，平铺在地的矮形方案很快就被否定了，人民英雄纪念碑最终采用了高耸的碑形，这不仅与天安门广场及中轴线有关，更与天安门的遥相呼应有关，在美学趣味与精神指向上成为互补的建筑组合。事实证明，由于采用了高形方案，纪念碑在广场中没有横向发展，所以并没有截断中轴线，反而强化了中轴线的重要性，更重要的是使天安门广场具有了一个中心建筑物，与周围的建筑有了互相协调的关系。

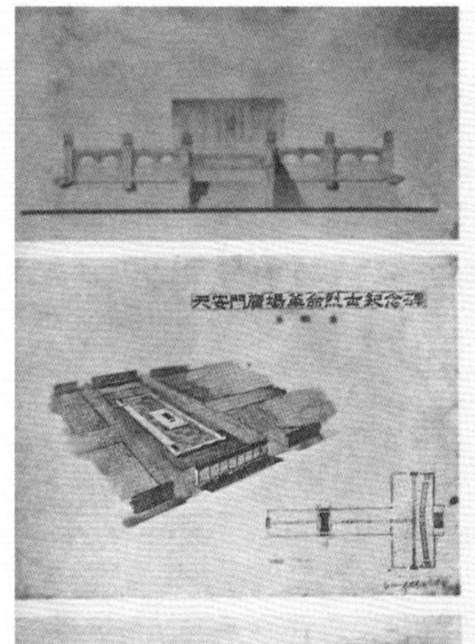

第一次徵圖中．
一些比較矮形的設計方案；

（图 3-21）第一次征图中的部分矮形方案

（图 3-22）矮形方案之一

（图 3-23）第一次征图中的部分高形方案

在笔者看来，天安门及故宫建筑群体，作为中国古代的木构建筑，虽有一定高度，[52]但更多的是平面的展开，是对于皇天后土的敬畏。天安门的审美意义，在于和故宫建筑群体的密切联系，对土地的尊崇，突出现世的尊严，以地承天，庄严对称。

而人民英雄纪念碑，不仅是由于现代钢筋、水泥、石材的使用，在技术上可以达到相当的高度。更多的是象征的意义，即作为在广场空间中的独立建筑单体，突出对天空的向往，对伟大崇高的景仰，对理想世界的追求。这一点与欧洲的纪念碑乃至教堂都有相似之处。作为文化和宗教的象征物，欧洲各国的纪念碑和教堂，都体现了一种对于天国来世和未来理想的追求，这种对于天国和无限的追求，导致纪念碑和教堂向高空发展。特别是哥特式教堂建筑，更是不惜人力物力，竭尽所能向高空发展，使欧洲大地上耸立的众多教堂成为宗教精神的纪念碑。人民英雄纪念碑在造型的高度上类似于埃及“方尖碑”（图 3-24）和罗马“纪功柱”这一类向高空发展的纪念碑，但是人民英雄纪念碑同时突出了毛泽东拟定的碑文，以镌刻文字为主，浮雕为辅，这却是中国碑碣的传统。关键在于“中国古碑都矮小郁沉，缺乏英雄气概”，所以梁思成创造性地吸收了中外建筑和纪念碑的长处，设计出了气贯长虹、具有中国特色的纪念碑。最终，人民英雄纪念碑的碑形设计，主张以高为主的方案获得了中央领导的赞同。

（图 3–24）巴黎协和广场上的埃及“方尖碑”

注释

[1] 李约瑟：《中国科学技术史第二卷　科学思想史》，科学出版社，上海古籍出版社，1991。转引自葛兆光：《中国思想史·导论》，复旦大学出版社，2001，第26页。

[2] 王珂、夏健、杨新海编著《城市广场设计》，东南大学出版社，1999，第1-2页。

[3] 同上。

[4] 夏尚武、李南主编《百年天安门》，中国旅游出版社，1999，第13页。

[5] 王珂、夏健、杨新海编著《城市广场设计》，东南大学出版社，1999，第47页。

[6] 费慰梅：《梁思成与林徽因》，中国文联出版公司，1997，第205页。

[7] 树军编著《天安门广场历史档案》，中共中央党校出版社，1998，第22-23页。

[8]《让更壮大的队伍通过》，载《人民画报》1950年第4期10月号，第3页。

[9] 树军编著《天安门广场历史档案》，中共中央党校出版社，1998，第24-25页。

[10] 中共北京市委《刘仁传》编写组编著《刘仁传》，北京出版社，2000，第428页。

[11] 首都人民英雄纪念碑兴建委员会编印《首都人民英雄纪念碑设计资料》，1953，第9页。

[12] 费慰梅：《梁思成与林徽因》，中国文联出版公司，1997，第205页。

[13] 梁思成：《梁思成全集·第5卷》，中国建筑工业出版社，2001，第463页。

[14]《首都人民英雄纪念碑兴建委员会档案》，23-1-83，第62页，北京档案馆藏。（注：本文所引用的《首都人民英雄纪念碑兴建委员会档案》资料，均为北京档案馆所藏，以下注释不再另行标出。）

[15] 张镈：《在我院创作实践中的体会》，载《北京市建筑设计研究院成立50周年纪念集（1949—1999）》，中国建筑工业出版社，1999，第29页。

[16] 傅天仇：《怎样做雕塑》，人民美术出版社，1958，第119页。

[17] 人民大会堂的面积共有17.18万平方米，超过明清两代皇宫有效面积的总和，它包括能容纳1万人的礼堂和5000人的宴会厅。建筑物最高处46米，南北长336米，东西宽206米。原来叫万人大礼堂，1959年9月9日，毛泽东到工地视察，命名为人民大会堂。见中共北京市委《刘仁传》编写组编著《刘仁传》，北京出版社，2000，第431页。

[18] 见傅熹年论文《关于明代宫殿坛庙等大建筑群总体规划手法的初步探讨》中的插图，载贺业钜等：《建筑历史研究》，中国建筑工业出版社，1992，第28页。

[19] 方可：《当代北京旧城更新》，中国建筑工业出版社，2000，第151页。

[20] 于志公、徐珊编著《北京建筑MAP》，中国戏剧出版社，1999，第130页。

[21] 张镈：《在我院创作实践中的体会》，载《北京市建筑设计研究院成立50周年纪念集（1949—1999）》，中国建筑工业出版社，1999，第28页。

[22]《首都人民英雄纪念碑兴建委员会档案》，23-1-267。

[23] 同上。

[24] 此信由曹言行局长批转建设局企划处研究，可能是后来作为档案移交给纪念碑兴建委员会。

[25] 于江编著《开国大典6小时》，辽海出版社，1999，第89页。

[26] 吴良镛：《人民英雄纪念碑的创作成就》，载马丁、马刚编著《人民英雄纪念碑浮雕艺术》，科学普及出版社，1988，第4页。

[27]《首都人民英雄纪念碑兴建委员会档案》，23-1-19。

[28]《首都人民英雄纪念碑兴建委员会档案》，23-1-18。

[29]《首都人民英雄纪念碑兴建委员会档案》，23-1-78。

[30]《首都人民英雄纪念碑兴建委员会档案》全宗指南。

[31]于江编著《开国大典6小时》，辽海出版社，1999，第93页。

[32]张镈：《在我院创作实践中的体会》，载《北京市建筑设计研究院成立50周年纪念集（1949—1999）》，中国建筑工业出版社，1999，第28页。

[33]见1953年3月1日吴华庆就人民英雄纪念碑的设计经过所写并呈交梁思成修改的草稿，吴当时是纪念碑兴建委员会工程事务处副处长。见《首都人民英雄纪念碑兴建委员会档案》，23-1-83，第27页。

[34]北京市档案馆编《北京档案史料》，1997年第2期，第34页。

[35]同上。

[36]北京市档案馆编《北京档案史料》，1997年第3期，第58页。

[37]《首都人民英雄纪念碑兴建委员会档案》，23-1-18。

[38]《首都人民英雄纪念碑兴建委员会档案》，23-1-58，第91页。

[39]见殷双喜于2001年6月16日在北京和平里对李祯祥的访谈记录。

[40]首都人民英雄纪念碑兴建委员会编印《首都人民英雄纪念碑设计资料》，1953，第29页。

[41]梁思成：《梁思成全集·第5卷》，中国建筑工业出版社，2001，第464页。

[42]《首都人民英雄纪念碑兴建委员会档案》，23-1-94。

[43]吴良镛：《人民英雄纪念碑的创作成就》，载马丁、马刚编著《人民英雄纪念碑浮雕艺术》，科学普及出版社，1988，第6页。

[44]夏尚武、李南主编《百年天安门》，中国旅游出版社，1999，第47页。

[45]张镈：《在我院创作实践中的体会》，载《北京市建筑设计研究院成立50周年纪念集（1949—1999）》，中国建筑工业出版社，1999，第28页。

[46]陕西咸阳博物馆内有一座明代的《善恶必报碑》，碑身为直立六面柱体。碑高3米多，刻有“万历岁次壬午，善恶必报，迟速有期”字样，碑下有圆形石柱础，刻有图案，柱顶有白色石球，柱身刻有一有冠束袖石人，为高浮雕形式。

[47]《周礼·春官宗伯第三·大宗伯》。

[48]吴良镛：《人民英雄纪念碑的创作成就》，载马丁、马刚编著《人民英雄纪念碑浮雕艺术》，科学普及出版社，1988，第5页。

[49]较之国旗、国徽、国歌的方案征集，人民英雄纪念碑的设计方案收到得较少，这可能有两个原因。一是当时北京市没有像全国政协那样，向全国广泛征求国旗、国徽、国歌方案一样在全国范围内征集，只是向上海、青岛等大城市的建筑设计单位进行了征集。另一个原因可能是纪念碑的建筑设计比较专业，要求有各种图纸，不像国旗的设计，业余作者也可以参加。据资料，1949年6月18日和6月20日，《人民日报》连续在显著位置上刊登了新政治协商会议筹备会议所制定的征求国旗、国徽、国歌的条例和启事，条例公布后一个多月，就收到全国各地的来稿计国旗稿件1920件，图案2992幅；国徽应征稿件112件，图案900幅；国歌稿件632件，歌词694首。见中国革命博物馆举办的“国旗、国徽、国歌展”，2002年5月，北京。

[50] 梁思成：《人民英雄纪念碑设计的经过》，载《梁思成全集·第5卷》，中国建筑工业出版社，2001，第462页。

[51]《首都人民英雄纪念碑兴建委员会档案》，23-1-19，第19页。

[52]天安门城楼总高33.7米。天安门前的国旗旗杆在新中国成立之初拟与天安门一样高，设计高度为35米，但由于焊接技术的原因，只能达到22.5米，1990年3月增加到33米高。

第四章

人民英雄纪念碑作为公共艺术的组织及管理

人民英雄纪念碑的兴建，可以略分为两大阶段。第一个阶段可以称为筹备设计阶段，从 1949 年 9 月 30 日奠基至 1952 年 5 月。由北京市人民政府主持，北京市都市计划委员会经办，向北京市及国内各大城市的建筑工作者征求设计方案，在此基础上，进行草图设计。其时除了主题以外，其他题目尚不能肯定，所以采取了一边设计一边摸索的办法。第二个阶段从 1952 年 5 月 10 日至 1958 年 4 月 22 日纪念碑建成，可以称为建设阶段。1952 年 5 月 10 日由全国 17 个单位派代表组成了首都人民英雄纪念碑兴建委员会，由彭真任主任委员（图 4-1），在北京市人民政府的领导下，负责纪念碑的建筑设计与浮雕创作以及工程施工。由于纪念碑兴建委员会在全国范围内调集了最优秀的人才，组织机构详备合理、协调管理有力，从而保证了纪念碑工程的顺利完成。

（图 4-1）彭真同志在就任北京市市长的典礼上讲话（1951 年 3 月 8 日）

一、人民英雄纪念碑的前期设计与北京市都市计划委员会

自 1949 年 9 月 30 日毛泽东为人民英雄纪念碑奠基之后，纪念碑的设计工作是如何开展的？这一问题要从梁思成担任副主任的北京市都市计划委员会谈起。

美国学者费慰梅在其回忆录中说：“思成被任命为北京都市计划委员会的副主任。”这里提到的北京市都市计划委员会相当于今日的北京市规划委员会，是北京市政府中负责城市规划的机构，“都市计划”就是今日的城市规划。1946 年，梁思成在清华大学创办了建筑学系并担任系主任，同年他应耶鲁大学和普林斯顿大学的邀请，前往美国，作为耶鲁大学的客座教授讲授中国艺术和建筑，并参加普林斯顿大学“远东文化与社会”国际研讨会的领导工作。在美国期间，他与老友、著名建筑师和城市规划专家克拉伦斯·斯坦因再次相聚，从斯坦因那里，梁思成学习了“城市规划”的相关知识与材料，回到北京后，他曾于 1948 年 9 月代清华大学校长梅贻琦草拟了呈当时的国民政府教育部的文稿。文稿中要求将建筑系高级课程分为建筑学与市镇计划学两组，将建筑工程学系改称为“营建学系”，虽然当时的国民政府教育部驳回了此要求，但梁思成在建筑系的课程中增设了城市计划的内容。可以说，正是梁思成在 20 世纪中国现代建筑教育史中，首先引入了“城市规划”这一重要的概念。[1]

据梁思成回忆，人民英雄纪念碑兴建委员会的组成是在 1952 年 5 月 10 日。这里有一个疑问，在此之前，人民英雄纪念碑的兴建工作是由哪个机构负责的呢？根据纪念碑兴建委员会编印的资料记载：“1951 年国庆节在天安门前做成一个五分之一比例尺的大模型，同时陈列了有坡顶及有群像的两个较小的模型，公开

征求意见。”[2]据此可知人民英雄纪念碑的兴建工作在1952年5月之前一直在进行，主要是广泛地进行碑形方案的征集与设计工作。资料显示，早在1949年，北京市就向全国主要城市发出了征求纪念碑图案的条例。这一条例规定了纪念碑的位置定于天安门广场中华路中线上距中华门220米之十字路交叉点上。设计条件有4条：（1）庄严、朴素、美观、调和。（2）以简明的方式表现革命的伟大以达表扬与启发艰苦奋斗的精神。（3）充分发挥民族艺术。（4）预留碑文位置。交图条件要求有1/500位置图；1/100平面图；1/100立面图；1/100断面图，透视及各种必需大样图（比例尺随意）。收件处为北京市人民政府建设局企划处。并且向设计者提供天安门广场的平面图，并设立了设计方案的一等奖（1500斤小米）、二等奖（1000斤小米）、三等奖（800斤小米）。[3]

梁思成在回忆中写道：“接着，都委会即向全国征求纪念碑设计方案。”“此后，即由都委会参照已经收到的各种方案草拟‘碑形’的设计方案。”在1951年8月29日一封致彭真市长的信中，作为北京市都市计划委员会副主任的梁思成也提道：“彭市长：都市计划委员会设计组最近所绘人民英雄纪念碑草图三种，因我在病中，未能先作慎重讨论，就已匆匆送呈，至以为歉。现在发现那几份图缺点甚多，谨将管见补谏。”[4]根据以上材料，可以认为，1949年9月30日人民英雄纪念碑奠基以后，有关纪念碑兴建的实际工作，是由北京市都市计划委员会负责先行开展的，由都委会向全国征集设计方案，并组织专家设计，向中央提交较为成熟的设计草图。[5]只是到了1952年春，在碑形设计经中央领导同意，初步确定的情况下，才正式成立了首都人民英雄纪念碑兴建委员会，于1952年8月1日正式开工。可以说，1952年5月10日前，是人民英雄纪念碑兴建工作的第一个阶段，即前期征稿与碑形初步设计阶段。5月10日，人民英雄纪念碑兴建委员会成立，全面负责各项事务。至此，纪念碑的兴建进入了第二个阶段。

梁思成致彭真的信也说明彭真是代表党和国家对人民英雄纪念碑工程实行领导的总负责人。这在1952年4月拍摄的一幅照片（图4-2）中十分清楚。对这幅照片的分析可以获得以下信息：

（1）彭真在认真听取张澜（右1）、李济深（左4）、邵力子（左1）等人对人民英雄纪念碑设计模型的意见。这表明人民英雄纪念碑的设计充分考虑了政协民主党派人士的意见。

（图 4-2）1952 年 4 月，彭真听取张澜（右 1）、李济深（左 4）、邵力子（左 1）等对人民英雄纪念碑设计模型的意见

（2）人民英雄纪念碑的设计，是以模型的形式送交中央领导审查的，这也表明了新中国成立以后重要的国家级建筑项目都要做出模型送审是一个必须的审查程序。

（3）这座设计模型已经有了小庑殿的碑顶设计，与完成后的造型相差不大。由此可知，虽然对这一碑顶设计有许多不同意见，但在没有更好的碑顶设计的情况下，最终于 1954 年 11 月 6 日由彭真指示采用这一碑顶形式。

（4）这座模型与实际完成的纪念碑相比，四角有四个角楼模样的塔状建筑物，高度约与纪念碑浮雕上沿相近。纪念碑的月台为封闭式，在南侧或北侧似有一门。

（5）纪念碑已确定了双层须弥座形式，但有纪念碑浮雕的下层须弥座显得过小过窄，实际完成的碑座较此模型要高大得多，也宽出许多，说明这一模型在以后仍然有了许多修改。

1953 年 10 月 29 日，毛泽东就中央文史馆朱启钤、章士钊、叶恭绰三位老先生有关人民英雄纪念碑设计的建议来信做出批示：

彭真同志：

此件请付委员会讨论，并邀建议三人参加。

毛泽东

十月二十九日

毛泽东的批示表明了有关人民英雄纪念碑的设计是党和国家领导人十分重视的，而有关信件毛泽东同志批转给彭真同志，也再次表明人民英雄纪念碑这一重大工程是由彭真同志具体负责主抓的。

二、首都人民英雄纪念碑兴建委员会的组织构建

1. 首都人民英雄纪念碑兴建委员会的筹建

有关纪念碑兴建委员会的提法最早见于1951年2月27日北京市人民政府给政务院的报告。这一报告由北京市市长聂荣臻，副市长张友渔、吴晗签署，其主要内容是拟于1951年春开始施工，并提出了组织机构的建立和工程预算。这一报告的第四条内容如下："四、拟即成立纪念碑兴建委员会开始兴建，谨检附纪念碑图样四纸（关于图样与前呈阅草图略有更改）、模型一具（附模型说明）、造价概算表及纪念碑兴建委员会组织规程草案各一件，呈请核示。"[6]

根据北京市人民政府1952年5月22日关于成立首都人民英雄纪念碑兴建委员会致政务院周总理的报告稿记载，[7]北京市政府于4月29日邀请中央部委、军委总政治部、政协全国委员会等9个单位，举行纪念碑筹建座谈会，经讨论决定成立"首都人民英雄纪念碑兴建委员会"负责兴建工作，由政协全国委员会、全国总工会等17个单位各推派代表1人为委员。5月10日在市政府第一会议室召开了纪念碑兴建委员会成立会，通过了委员会组织规程草案及重要工作人员名单，决定由兴建委员会负责审查纪念碑设计、浮雕图案、核定工程计划及经费等重大事宜。

组成纪念碑兴建委员会的17个单位与代表如下：

（1）政协全国委员会（郑振铎）；（2）全国总工会（史占春）；（3）中共中央宣传部；（4）军委总政治部（戴夫）；（5）华北军区政治部（丁里）；（6）中央文化部（王冶秋）；（7）政务院机关事务管理局（张效曾）；（8）中央财经委

员会（冯昌伯，后由曹言行担任）；（9）中央民族事务委员会（金民）；（10）中央华侨事务委员会（王纪元）；（11）全国美术工作者协会（王朝闻）；（12）中国建筑工程学会（庄俊）；（13）北京市人民政府（彭真）；（14）中共北京市委（薛子正）；（15）北京市总工会；（16）北京市协商委员会（李健生）；（17）北京市都市计划委员会（梁思成）。

5 月 10 日的成立会议由梁思成主持，彭真、王冶秋、张效曾因事请假，建设局王明之、赵慎之列席。会议推选彭真市长为主任委员；郑振铎、梁思成为副主任委员；薛子正为秘书长；王明之为工程事务处处长；吴华庆为副处长。工程事务处下设 7 组，分别为：建筑设计组，美术工作组，电气装置组（中央人民广播电台及北京电业局负责），土木施工组，石料供应组，财务核算组（由中财委负责），摄影纪录组（北京电影制片厂及新闻摄影局负责）。[8]会议通过的《首都人民英雄纪念碑兴建委员会组织规程》第四条规定，本会委员会负责审查纪念碑设计、浮雕图案、核定工程计划及经费等重大事宜。第七条规定，建筑设计组的任务是负责设计纪念碑图案，绘制施工图样，计算结构，在施工期间，随时检查工作，供给详图。美术工作组的任务是负责拟具浮雕题材、设计图面及制作浮雕等工作。[9]会议决定，人民英雄纪念碑系伟大而永久的革命纪念物，必须集中全国最优秀的人才从事此工作，必要时可以通过中央人事部，向全国各地调用干部。

关于美工组的组长人选，会议决定由全国美术工作者协会自行推定，并成立核心组，负责决定组内重要问题，并与设计组联系。根据梁思成的回忆："6 月 19 日，美术工作组组成。组长为刘开渠，副组长为滑田友、张松鹤。"此外，建筑设计组的组长为梁思成，副组长为莫宗江；土木施工组组长为王明之。[10]

莫宗江是追随梁思成多年的最得力的学生与助手，1952 年 7 月由梁思成推荐，被纪念碑兴建委员会聘用工作一年。据他的学生回忆："莫宗江先生在 20 世纪 50 年代初参加了梁先生领导的中华人民共和国国徽和人民英雄纪念碑的设计工作。……为了求得纪念碑透视图上蓝天的透明度，莫先生由浅到深一连渲染了 7 遍才获得理想的效果。"[11]

梁思成的弟弟梁思敬建筑师也在纪念碑兴建委员会成立后被聘任，负责建筑设计组工作。[12]

2. 首都人民英雄纪念碑兴建委员会中的专门委员会

为了保证纪念碑工程的质量和顺利施工，首都人民英雄纪念碑兴建委员会下设四个专门委员会，分别是：

（1）施工委员会

委员：郑孝燮（重工业部基本建设处副处长），刘导楠（中财委总建筑处直属工程公司），钟森（北京市建筑公司设计部），张象昶（北京市企业公司），吴柳生（清华大学）。

（2）建筑设计专门委员会

委员：庄俊（中国建筑公司），杨廷宝（南京大学建筑系），郑振铎（政务院文物局），张镈、朱兆雪（以上二人来自北京市建筑公司），赵政之、林徽因、莫宗江、吴良镛（以上四人来自清华大学），王朝闻（中宣部），陈占祥（都市计划委员会）。梁思成为召集人。薛子正、吴华庆、梁思敬列席。

（3）结构设计专门委员会

委员：杨宽麟、陈致中、陈梁生、茅以升、蔡方阴、林诗伯、陈志德、卞维德、王明之。召集人为朱兆雪。

（4）雕画史料编审委员会

委员：范文澜、刘大年、荣孟源（以上三人来自中国科学院现代史研究所），郑振铎、王冶秋（以上二人来自政务院文物局），江丰、王朝闻（以上二人来自中央美术学院），陈沂（军委总政治部），中宣部党史资料室（缪楚黄代表），中共中央办公厅（裴桐代表）。召集人范文澜。[13]

在以后的工作中，建筑设计委员会和雕画史料编审委员会多次召开会议，对纪念碑的建筑设计和浮雕题材、题目的确定发挥了重要作用。

3. 人民英雄纪念碑的日常领导与办事处

人民英雄纪念碑兴建委员会虽然由全国 17 个单位组成，但直接领导纪念碑工程实施的是北京市市长彭真。从现有资料来看，代表彭真负责日常领导工作的是兴建委员会秘书长薛子正，他当时担任北京市人民政府秘书长，对于协调市政府各部门参与纪念碑工作十分有利。[14]兴建委员会成立初期，由薛子正主持工程事务处各工作组联席会议。从《人民英雄纪念碑兴建委员会成立会纪录》来看，兴建委员会成立后很快成立了临时办公室，开展工作。[15]根据中央美术学院华东分院1952年12月16日给纪念碑兴建委员会办事处的公函，称已收到11月20日办事处所发文会办字第138号文件，可以确定，兴建委员会在1952年11月前就设立了办事处，负责与社会各方面的联系、后勤以及兴建委员会的日常管理与文秘工作。负责办事处秘书工作的是贾国卿，他后来被任命为秘书科长，并担任工地的党支部书记，在工作上接受薛子正的领导，重要问题均请薛子正批示，重大事宜由薛子正向彭真请示。在建筑设计业务上，则由梁思成（图4-3）领导的建筑设计专门委员会开会研究重大问题，由工程事务处负责建筑设计与施工的实施。

（图4–3）1964年12月，彭真同出席第三届全国人大一次会议的代表华罗庚（左3）、梁思成（左2）、老舍（左1）交谈

4. 刘开渠与纪念碑兴建委员会设计处

在纪念碑兴建委员会的组织系统中，除了 1952 年下半年成立的办事处，还有一个设计处。根据梁思成的回忆，1952 年 5 月 10 日人民英雄纪念碑兴建委员会成立时，只确定设立美术工作组，组长未定，6 月 19 日才确定刘开渠担任美术工作组组长，但没有设计处一说。中国美术馆的研究人员崔开宏与刘曦林在有关刘开渠的研究中都提到他担任纪念碑兴建委员会设计处处长，但未说明是何时担任，单从字面上理解，似乎是在 1952 年被同时任命为设计处处长和美工组组长。王卓予的回忆则说是 1952 年任设计处处长。根据滑田友的助手陈天当年保留下的一份 1953 年 7 月 17 日的筹备碑形展览会的会议记录（图 4-4），首都人民英雄纪念碑兴建委员会中确有设计处，其处长为梁思成和刘开渠。

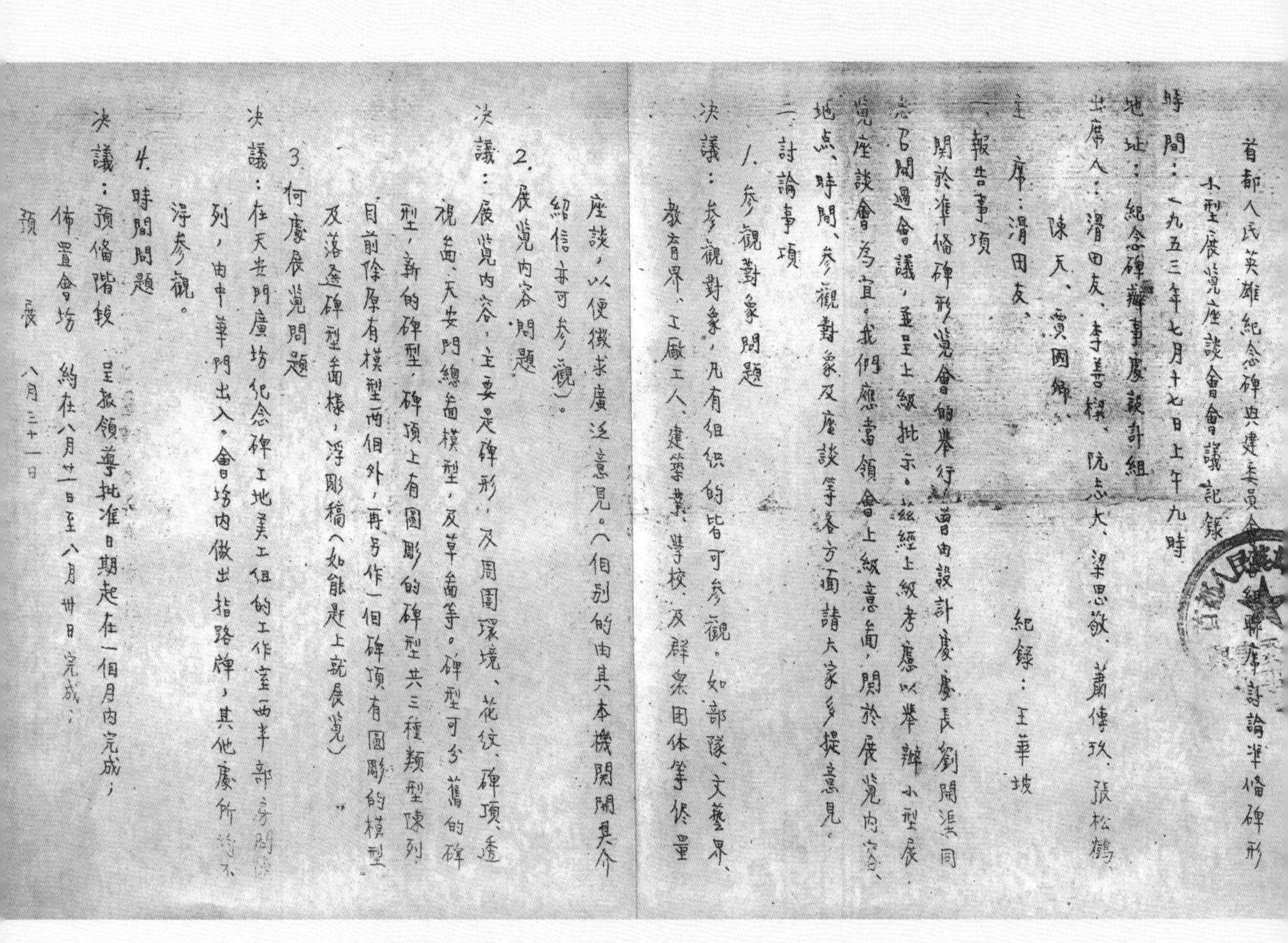
首都人民英雄紀念碑與建委員會[illegible]組聯席討論準備碑形
小型展覽座談會會議記錄

時間：一九五三年七月十七日上午九時
地址：紀念碑辦事處設計組
出席人：滑田友、李善模、阮志大、梁思敬、蕭傳玖、張松鶴、
陳天、賈國卿、
主席：滑田友、　紀錄：王華坡

一、報告事項
關於準備碑形展覽會的舉行，曾由設計處處長劉開渠同志召開過會議，並呈上級批示。茲經上級考慮以舉辦小型展覽座談會為宜。我們應當領會上級意思，關於展覽內容、地点、時間、參觀對象及座談等各方面請大家多提意見。

二、討論事項
1. 參觀對象問題
決議：參觀對象，凡有组织的皆可參觀。如部隊、文藝界、教育界、工廠工人、建築業、學校、及群衆团体等儘量座談，以便徵求廣泛意見。（個別的由其本機關開具介紹信亦可參觀）。

2. 展覽內容問題
決議：展覽內容，主要是碑形，及周圍環境、花纹、碑頂、透視畫、天安門總畫模型，及草畫等。碑型可分舊的碑型，新的碑型，碑頂上有圖彫的碑型共三種類型陳列目前除原有模型兩個外，再另作一個碑頂有圖彫的模型及落選碑型畫樣，浮彫稿（如能趕上就展覽）。

3. 何處展覽問題
決議：在天安門廣场紀念碑工地美工組的工作室（西半部房間）陳列，由中華門出入。會场內做出指路牌，其他處所均不得參觀。

4. 時間問題
決議：預備階段　呈报領導批准日期起在一個月內完成；
佈置會场　約在八月廿一日至八月卅日完成；
預展　八月三十一日

（图 4-4）纪念碑办事处关于碑形展览的筹备会议记录（1953 年 7 月 17 日）

为什么梁思成在回忆文章中没有提到设计处？为什么梁思成与刘开渠并列设计处处长？据梁思成回忆："1953 年 2 月，我参加科学院访苏代表团，约六七月间才回到北京，约半年多的时间没有参加这项工作。"是否在梁思成出访期间，纪念碑兴建委员会做了调整？刘开渠在 1953 年春才到北京，不大可能在 1952 年就任命他担任设计处处长。这一猜测在李祯祥那里得到了回答，据李祯祥回忆："刘开渠来北京前是美工组组长，来了之后不久，才提为设计处处长。"[16] 从时间上看，刘开渠在 1953 年春才到北京，这时梁思成出访苏联，纪念碑工地无人全面负责业务。或许是为了加强领导，刘开渠在来京前又是杭州市副市长、中央美院华东分院的院长，由他来担任纪念碑工地的设计与艺术领导工作是十分适合的。笔者最初推测，刘开渠是在到京后的 3 月至 5 月之间被任命为设计处处长的，所以在 1953 年 7 月 17 日召开的纪念碑各组联席会议的记录上就有了并列处长的独特现象。梁思成、刘开渠没有出席这个由滑田友主持的筹备会议，但会议记录的最后一条决议中指出："本展览座谈会总的精神，由设计处处长梁思成、刘开渠负责，其他人员在筹备阶段应服从其调配和指挥。"由此推断梁思成此时似已回国（梁思成的回忆文章中说他于六七月间才回到北京）。

进一步查找资料，这一问题得以明朗，也验证了笔者的推测。1953 年 2 月 23 日，在市政府第一会议室召开了雕画史料编审委员会与建筑设计专门委员会联席会议，讨论关于纪念碑浮雕题材及花纹与碑身设计问题，会议的签到显示，刘开渠出席了这次会议，这说明刘开渠在 1953 年 2 月 23 日前已经来到北京。

3 月 6 日，在北海团城国家社会文化事业管理局会议室，刘开渠出席了由郑振铎副主任委员主持的纪念碑工作讨论会，这一会议的重要性在于对纪念碑兴建委员会的组织机构进行了调整。会议认为，建筑美与雕刻美分不开，决定在工程处外，成立美术处（后来正式定名为设计处），与工程处并立，下设美术绘画组与建筑设计组（此二组原来均在工程事务处属下）。请梁思成仍兼建筑设计组组长，刘开渠为美术绘画组组长，在梁思成副主任委员未回国以前，美术处一切事务则由刘开渠组长完全负责。同时，建筑组与美工组的预算合在一起，由美术处统一掌握。

3 月 19 日，在左府胡同 2 号召开了会议，刘开渠、萧传玖、滑田友、吴作人、张松鹤、阮志大、莫宗江出席了会议，会上正式成立了设计处，并讨论碑形问题。会议强调设计处主要掌握造型，工程处主管施工，因此，工程处应配合协助设计处工作。[17] 可以这样说，刘开渠的到来，加强了纪念碑兴建委员会内建筑设计与浮雕艺术的领导。由于梁思成 1953 年 2 月至 7 月的出国访问，1955 年 1 月生病住院，至 10 月才康复（此时纪念碑碑顶已经安装好），对纪念碑的设计施工过问不多。可以说，梁思成对纪念碑的贡献主要在于前期设计中建筑思想的确立与碑形、花纹的总体设计。在工程后期，由于梁思成在清华大学和北京市都市计划委员会的工作繁多，逐渐淡出了纪念碑工程。自 1955 年起到 1958 年，纪念碑的主要工作是十面浮雕、碑文镌刻、花纹雕饰、环境绿化与灯光，工地上主要的业务领导则由刘开渠负责。这在 1956 年 7 月 11 日所摄的纪念碑全体干部合影中可以证实（图 4-5）。在这幅难得的美工组、设计组、施工组全体干部的合影中，刘开渠与滑田友、张松鹤两位美工组副组长位于前排正中，明确表明了刘开渠在工地的领导地位。

（图 4-5）首都人民英雄纪念碑全体干部合影（1956 年 7 月 11 日，王卓予藏）

综上所述，纪念碑兴建委员会成立时的基本构架如下：

四个专门委员会：建筑设计委员会、雕画史料编审委员会、结构设计专门委员会、施工委员会。

三个处：工程事务处、设计处、办事处（设秘书主任一人，下设文书组、会计组、总务组）。

七个组：工程事务处下辖土木施工组（其中采石组开工不久即合并到施工组）、石料供应组、电气装置组、财务会计组、摄影纪录组；设计处下辖建筑设计组、美术工作组。最为重要的三个组是土木施工组、建筑设计组、美术工作组（干部最多时有近 40 人）。

注释

[1] 费慰梅：《梁思成与林徽因》，中国文联出版公司，1997，第 180-184 页。

[2] 首都人民英雄纪念碑兴建委员会编印《首都人民英雄纪念碑设计资料》，1953，第 5 页。

[3]《首都人民英雄纪念碑兴建委员会档案》，23-1-19，第 19 页。

[4] 梁思成：《梁思成全集·第 5 卷》，中国建筑工业出版社，2001，第 127 页。

[5] 有关都市计划委员会参与纪念碑前期工作的一个有力证明，是 1953 年 10 月 9 日都市计划委员会致函纪念碑办事处，要求领取纪念碑兴建委员会编印的纪念碑设计资料 19 册。在这封公函中，明示都市计划委员会曾有 14 人参与过纪念碑前一阶段的设计工作，负责同志 4 人，为华南圭、陈占祥、华揽洪、王栋岑，另有工作人员陈干、殷海云等 14 人。见《首都人民英雄纪念碑兴建委员会档案》，23-1-60，第 89 页。

[6] 北京市档案馆编《北京档案史料》，1997 年第 2 期，第 34 页。

[7] 此报告由彭真、张友渔、吴晗签署。彭真于 1951 年 3 月 8 日就任北京市市长。

[8]《人民英雄纪念碑兴建委员会成立会纪录》，载北京市档案馆编《北京档案史料》，1997 年第 2 期，第 36 页。

[9] 同上书，第 35 页。

[10] 梁思成：《梁思成全集·第 5 卷》，中国建筑工业出版社，2001，第 463 页。

[11] 楼庆西：《怀念良师莫宗江先生》，载张复合主编《建筑史论文集（第 13 辑）》，清华大学出版社，2000，第 2 页。

[12] 中央美院雕塑系曾拟聘请梁思敬到雕塑系担任建筑课（每周 6 小时），但因纪念碑工作太忙而未能实现。20 世纪 50 年代中央美院雕塑系颇为重视建筑课程，查中央美院档案，1953 年 8 月 29 日，教务科就曾致函清华大学建筑系副主任吴良镛，聘任陈志华兼任建筑课程。

[13]《首都人民英雄纪念碑兴建委员会各委员会名单》，载北京市档案馆编《北京档案史料》，1997 年第 2 期，第 37 页。

[14] 据彦涵先生回忆，薛子正比他年龄大 10 岁左右。彦涵先生为 1919 年生，据此推算，1952 年，薛子正应为 43 岁左右。1958 年纪念碑落成后，薛子正任北京市副市长，以后又任中央统战部部长。

[15] 从当时所发公函的信封落款得知，纪念碑兴建委员会的办公地点在司法部街大四眼井 2 号。

[16] 见殷双喜于 2001 年 6 月 16 日在北京和平里对李祯祥的访谈记录。

[17]《首都人民英雄纪念碑兴建委员会档案》，23-1-43。

第五章

人民英雄纪念碑建筑设计与中国传统建筑

一、梁思成、林徽因与人民英雄纪念碑设计

1. 梁思成、林徽因兼通中外建筑

梁思成、林徽因1924年入美国宾夕法尼亚大学学习，因为建筑系只收男生，林徽因只好到美术系注册，但林徽因于1926年就成为建筑系的业余助教。梁思成在听过建筑史教授阿尔弗莱德·古米尔的课后，对建筑史产生了浓厚的兴趣。在宾大建筑系最后一年的学习中，梁思成对意大利文艺复兴时代的建筑进行了广泛的研究，从比较草图、正面图以及其他建筑特色入手，他追溯了这一时期建筑的发展道路。从梁思成在校期间获得两枚设计金奖和林徽因的作业总是得到最高分，并且四年学业三年完成，可以得知他们的学习是十分优秀的。当然，梁思成没有赶上20世纪30年代格罗皮乌斯、米斯·凡·德罗从德国到美国开创的包豪斯的现代建筑教学，这使他感到遗憾，认为自己刚好错过了建筑学走向现代的大门。也正是在宾大学习期间，梁思成的父亲梁启超寄给他一本新发现的书的重印本——《营造法式》，此书为宋徽宗时期的将作监李诫于1100年所编修，1103年颁行。梁思成当时就读了这本书，但他后来承认，没有完全读懂，但这本书为他打开了一扇研究中国建筑史的大门。[1]从欧美游学回到中国时，梁思成、林徽因对西洋古典和当代建筑的知识量超过了对中国古建筑的了解。有论者认为："他们对欧美古典和现代作品的学习，时间很短，不可能深入。但西方学者对知识的态度和治学方法，对他们的工作会有作用。他们去考察中国古建筑，显示出计划和系统，脑子里有具体形象的格局，对欠缺的内容心中有谱。把收集来的资料分门别类地整理，凡事都讲究个一二三。这些教育背景和技术手段的运用，使

他们与中国前人不同：在很大程度上，他们是用西方人的眼光，回头审视中国古建筑，因此具有独特的敏感性。”[2]

人民英雄纪念碑的设计具有鲜明的中国特色，这是一致公认的。早在 1920 年，19 岁的梁思成就设计了清华大学的王国维纪念碑（至今仍在清华园，碑文为陈寅恪所撰）。20 世纪 50 年代初，围绕人民英雄纪念碑是采用雕塑形式还是碑的形式有许多争论，一些批评的意见认为纪念碑的造型设计太传统，当时有许多人不理解，但梁思成坚持了自己的设计思想，也吸收合理的意见做了修改。定下碑的形式以后，碑体的造型与碑顶处理也是很难的问题，梁思成为此呕心沥血。1951 年 8 月 29 日，为了碑的造型问题，他带病给彭真市长写了一封长信，详述了他的意见，并画了许多草图阐明他的理由。

在梁思成、林徽因对人民英雄纪念碑进行设计的时候，他们已经对中国传统建筑有了深入的研究，所以人民英雄纪念碑的设计风格体现出鲜明的中国传统建筑特色，是一点儿也不奇怪的。但是，在中国传统建筑中，没有人民英雄纪念碑这样高大的以指向天空为精神旨归的建筑物。中国传统建筑中，碑是一种建筑群体的附属物，只有塔这样的建筑，才会有如此的高度和纪念碑性，而西方的纪念碑与纪念柱一向就有比较高的高度。对梁、林二人的人民英雄纪念碑设计从建筑史角度进行分析，不难看出，虽然纪念碑具有鲜明的中国特色，但也反映了梁、林二人对城市广场空间的把握，对纪念碑整体与天安门广场周围环境与建筑物的相互关系的研究。而纪念碑的碑身部分，也吸收了古希腊神庙石柱和中国古代佛塔建筑和宫殿廊柱的特点，纪念碑的设计是他们对中外建筑研究的合理成果。

需要指出的是，与梁思成一样，参与人民英雄纪念碑浮雕创作的几位前辈雕塑家，也是在国外经历了西方艺术的洗礼，他们不同于中国传统的民间雕塑工匠，他们是用经过西方艺术训练的眼光来看待中国雕塑以及雕塑与建筑的结合。但是，他们并没有简单地照搬西方雕塑，而是努力寻找其中的艺术共通性，将西方艺术中的优点吸收融化到自己的创作中，如滑田友所说：“自己是中国人，很想做出中国风格的东西。”[3]滑田友 1930 年在苏州保圣寺修复唐代彩塑，1933 年到法国学习雕塑，1948 年回国，在法国留学达 15 年，但他的雕塑与刘开渠、曾竹韶、王临乙诸位先生的雕塑一样，都具有浓郁的中国气息。这显示出老一代雕塑家对中国艺术传统的深入理解，对中外艺术的兼容并蓄。概言之，人民英雄纪念碑从建筑到雕塑都体现了中外优秀艺术与文化的结合，反映了新中国成立初期，新兴的中华民族在文化上的开阔胸怀与创造精神。

2. 梁思成对人民英雄纪念碑设计的决定性作用

1951 年 8 月 29 日，病中的梁思成给彭真市长写了一封信，这封信阐明了梁思成对人民英雄纪念碑设计的基本思想。今天看来，这封信对于中央下决心采用现在建成的碑形具有决定性的作用，如果不是梁思成的这封信，人民英雄纪念碑也可能会是另外一种形式。

（图 5–1A）梁思成致彭真信中的插图

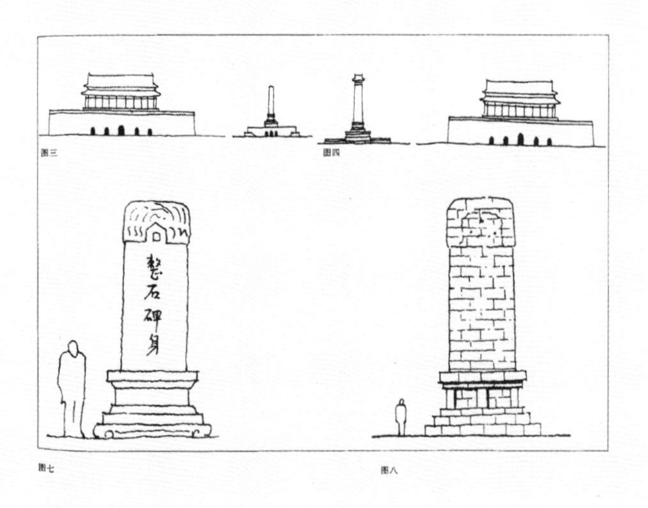

（图 5–1B）梁思成致彭真信中的插图

信的起因是都市计划委员会设计组将人民英雄纪念碑设计草图三种，未经梁思成审查就送交彭真。就此事笔者于 2001 年 4 月 23 日给梁思成的夫人林洙先生去信，询问梁思成给彭真市长写信所批评的三种方案，林洙于 5 月 14 日电话告知："这三种方案是当时的都委会的陈干做的，当时已经报上去了，梁先生知道以后，十分着急，写信给彭真市长，陈述自己的看法。"

在这封信中，梁思成指出，送上去的方案，将大平台加高，下面开三个门洞（图 5-1A、图 5-1B），"如此高大矗立的、石造的、有极大重量的大碑，底下不是脚踏实地的基座，而是空虚的三个大洞，大大违反了结构常理。"[4] 如此严重的缺点，导致视觉上太缺乏安全感，缺乏“永垂不朽”的品质。

梁思成进而从纪念碑与天安门的关系上阐述了纪念碑与天安门作为新中国第一重要的象征性建筑物，不应有任何类似的形体，而应互不重复，互相衬托出对方和自身的伟大。天安门是木构殿楼，横亘在有门洞的基台上，纪念碑是石质构建，应坚实稳固地立在地上。另外，一个高六七米、长宽 40 余米的高大台子塞入仅宽 100 米的天安门广场中，使广场透不过气，使碑显得更加瘦小，颠倒了碑与台座的主次关系。所以梁思成主张，在碑身之下，直接承托碑身的部分只能用一个高而不大的碑座，外围再加一个近于扁平的台子供人们瞻仰之用，使碑基向四周舒展出去。总之，这个方案中高大的检阅台和台座下的三个大洞既与天安门重复，也无实用功能，无论从美学的角度还是从建筑与力学的角度都存在很大问题。在这里，梁思成以其对于天安门的审美意蕴的把握，从纪念碑与天安门的相互关系中确立了纪念碑设计的基本思路，以后的设计，均是按照梁思成的思想进行的。可以说，这封信是纪念碑设计历史中具有决定性意义的理论阐述，是梁思成对纪念碑设计所做出的历史性贡献。

（图 5-2）1951 年 9 月北京市都市计划委员会送审的纪念碑水彩设计稿

（图 5-3） 1951 年展出的纪念碑 1/5 大模型

雕塑家陈云岗提供了他父亲陈天保存的一幅水彩绘制的“首都人民英雄纪念碑鸟瞰图”照片（图5-2），上面标有“都委会•一九五一•九”的字样。从设计图形来看，它与1951年国庆期间在天安门广场纪念碑奠基地点陈列的五分之一大模型（图5-3）极为相似，很有可能是梁思成在1951年8月29日致彭真市长信中所批评的“大平台下开三个门洞”的三种设计图样之一。值得注意的是同时展出的另外两个有坡顶和有群像的小模型（图5-4），这两个小模型的台座与碑身比例倒是比较接近梁思成的设计思想。

（图5-4）1951年展出的两个纪念碑小模型

二、中国古代碑碣溯源

梁思成在《关于人民英雄纪念碑设计的经过》一文中，明确提到“采用我国传统碑的形式较为恰当”，这是因为中国传统碑碣以镌刻文字为主题。为了深入理解梁思成对中国古代建筑艺术的研究与借鉴，我们有必要对中国古代碑碣的发展做一概括的溯源。

有关刻石的文字记载，在汉以前的史籍文献中，有墨子的“著于竹帛，镂于金石”之说，但这是否指刻碑，尚不清楚。笔者查阅《史记索引》，在“土功部”中的“居住”类有宫、殿、观、台、楼、阙，在“礼仪部”的“祭祀”类有庙、祠、社、坛等，未对碑有专门记载。

目前笔者所见到的有关“碑”的最早的文字记载，见于《仪礼·聘礼》[5]。据朱自清所言，《仪礼》与《周礼》两书相传都是周公所作，但据研究，实为战国时代的产物，“《仪礼》大约是当时实施的礼制，但多半只是士的礼。《仪礼》可以说是宗教仪式和风俗习惯的混合物；《周礼》却是一套理想的政治制度。”[6]

著名中国建筑史学家刘敦桢先生在其《大壮室笔记》一文中讨论两汉第宅杂观，指出“西汉立之学官，言礼祇《仪礼》一经，宋以来治礼者亦多以《仪礼》为经。……《仪礼》所言进退揖让之节，仅限于门堂房室外之间，后儒绎经为图，其言宅第亦止于门、寝二者”[7]。此文中所载《天子诸侯左右房图》（图 5-5）与《郑氏大夫士堂室图》（图 5-6），皆据张皋文《仪礼图》，从图中可以看到周代天子诸侯的宫殿与士大夫房室的基本框架，最为突出的是在大殿的正前方广场处，明确标有碑的位置，在《郑氏大夫士堂室图》中，还可以看到碑的位置上

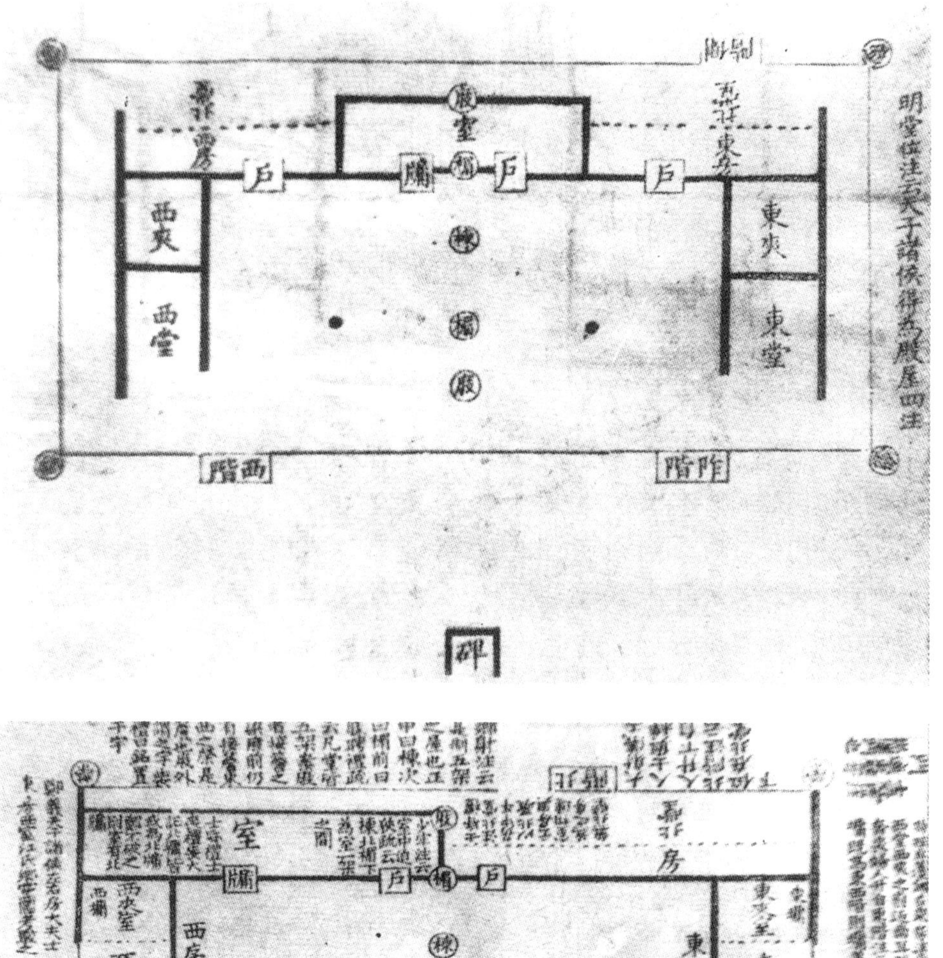

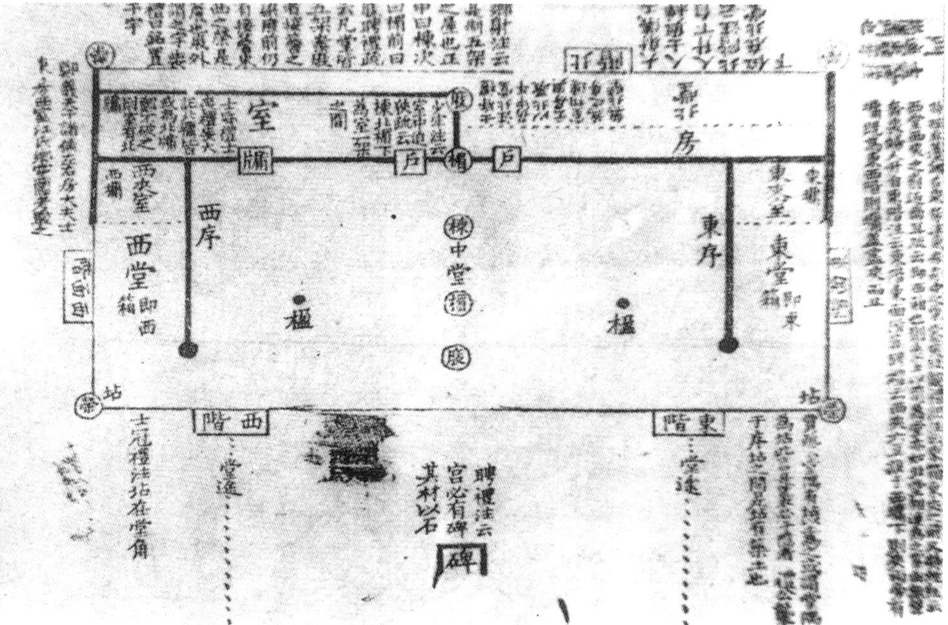

（图 5–5）天子诸侯左右房图

（图 5–6）郑氏大夫士堂室图

方写有“聘礼注云宫必有碑其材以石”。

在《仪礼•聘礼》一章中，有关碑的解释，东汉著名经学家郑玄是这样注释的：“宫必有碑，所以识日景（影），引阴阳也。凡碑，引物者，宗庙则丽牲焉，以取毛血。其材，宫、庙以石，窆（biǎn）用木。”[8]在这里，我们注意到碑在古代的三个基本用途，一是竖石以识日影，用来观看时辰；二是立在庙门口用来拴牲口，“丽”是附丽、附着之意，“取毛血”大约是指宰杀牺牲，用于祭祀；三是下葬时用，“窆”是埋葬之意。相对这三种用途，在先秦以前，将识日影、引阴阳用的碑称为“宫碑”，它发展成为后世的日晷；立在庙门前拴牲口的碑称为“庙碑”；而用于引棺下葬的木碑是指碑状的木板，称为“丰碑”（有一种说法，“碑”者，被也，下葬时所设，施辘轳以绳被其上，用以引棺下葬）。在秦以前，这三种碑均不刻文字。

碑刻文字，始于秦代，当时不称碑，而叫刻石。公元前221年，秦王嬴政灭六国而统一天下，自以为“德兼三皇，功高五帝”，遂自封为始皇帝，李斯等人为秦始皇刻石记功，树碑立传。毛泽东诗词《浪淘沙•北戴河》中有“东临碣石有遗篇”的诗句，此处的“碣石”说的就是秦始皇东巡时在今秦皇岛所立的记功刻石，而“遗篇”指曹操所写的诗篇《观沧海》。目前存世的可靠的先秦刻石是秦石鼓和河北平山中山国刻字卵石。石上刻字称“碑”或混称为“碑碣”是西汉以后开始的。东汉时，碑碣逐渐增多，有碣颂、碑记以及墓碑等，碑与碣的区别在于，古人将长方形的石刻称为“碑”，将圜首形的刻石或形在方圆之间、上小下大的刻石称为“碣”。

另有一种说法，“碑”者，悲也，引以怀念亡者功德。“死有功业，生有德政，皆碑之”（《世祖广记》）。这是东汉以来的事，东汉树碑立传成风，凡有权势的，大多生有“德政碑”，死有墓碑。也有引儒家经书镌刻于石，称之为“石经”。如《汉平帝元始石经》《汉熹平石经》《魏正始石经》等，均出自蔡邕等名家之手。自20世纪20年代至60年代，有学者对此提出质疑。

汉碑上部叫“额”，有圭形、方形、圆形之分。额上孔穴叫“穿”，穿外装饰垂虹形的覆轮叫“晕”，有单、复层两种。汉碑刻穿、晕或蟠螭形式，尚保留古碑引棺下葬的原义。汉碑已有题额或篆额，碑的背面称“阴”，碑阴上有题字，或刻出立碑人的姓名和出款数目。

东汉时的帝王喜爱书法，也提倡佛教，很多佛教经典及儒家著作需要广泛宣扬流传，故而碑刻盛行。但这种碑刻风气，后来逐渐衍生为吹捧、标榜的浮夸之风，从而导致了魏晋统治者的严厉取缔，给碑刻发展以沉重打击。《宋书·礼志》中曾提道：“汉以后，天下送死奢靡，多作石室石兽碑铭等物。建安十年，魏武帝以天下雕弊，下令不得厚葬，又禁立碑。”不仅是平民百姓，就是职位很高的大将军，也“祇畏王典，不得为铭”。魏高贵乡公甘露二年，大将军参军王伦卒，其兄王俊作《表德论》，不敢立碑，只好刊于墓之阴。只因此时碑禁尚严，此后则又松弛，至晋又严。“晋武帝咸宁四年，又诏曰：‘此石兽碑表，既私褒美，兴长虚伪，伤财害人，莫大于此。一禁断之。其犯者虽会赦令，皆当毁坏。’”[9]

三国魏晋时期，屡下诏令，禁民立碑，碑刻一度衰落。但也有私立的，如山东泰安岱庙收存的《任城太守夫人孙氏碑》，就是违令私立的。到了南北朝时期，碑的形制日渐改变，“穿”废除，“晕”演变为“蟠螭”，碑下用趺。当时由于佛教的日益发展，佛家的造像、经幢、浮屠（塔）、摩崖兴盛一时，因此对儒家的思想、对碑刻的发展产生了抑制作用。

碑碣到了唐代，进入了集大成的时期。碑的造型、琢工、篆额、撰文人和书丹人题款、部位，开始成为定制。蟠螭更为生动，碑侧出现“穴”，实例如山东曲阜的唐开元七年《鲁孔夫子庙碑》，左右有两个穴。据《金石例》记载，五品以上立碑，螭首龟趺；七品以上立碣，圭首方趺。“龟趺”即传说中龙子第九子“赑屃（bì xì）”，它身大有力，所以让它驮碑。唐以后宋元明清各朝，碑的形制变化缓慢，有的重要大碑两侧出现“栓”，用以升碑，作用和穴相当。[10]从目前所了解的现存石碑来看，刻制精美的大碑主要是唐碑，可以说，和石窟一样，碑的大小和多少，既和时代风气有关，也与当时的社会是否繁荣有关。

三、人民英雄纪念碑设计与唐代石碑

在首都人民英雄纪念碑兴建委员会的资料中，明确地指出了碑形设计参照了西安碑林的唐《石台孝经碑》和河南登封嵩阳书院的唐《嵩阳观碑》，对此，我们有必要对唐代几座代表性的石碑加以考察。

1. 唐乾陵《述圣纪碑》与《无字碑》

2001 年 4 月，笔者到陕西咸阳附近的唐乾陵考察了两座著名的石碑，对人民英雄纪念碑设计的中国建筑传统有了新的认识。沿神道向陵墓前行，可见两座碑，左边的为《述圣纪碑》，碑身由 5 块边宽 1.86 米的方形巨石叠压组成，加上顶盖与底座，俗称七节碑，取意为日、月、金、木、水、火、土，“七曜”光照陵园。《述圣纪碑》的碑身为上下垂直的长方体，此碑的形体与碑顶与人民英雄纪念碑相近，唯碑的底座较低，不知是否由于年代久远，已被埋入地下。神道的右边为武则天所立的《无字碑》（图 5-7），是典型的唐代碑碣形制。此碑碑座较高，碑身由一块通高 7.53 米，重 98.8

（图 5-7）唐乾陵《无字碑》

吨的巨型青石雕成，碑首雕有 8 条互相缠绕的螭龙，为中国历代石碑之巨制。碑身为下宽上窄，逐渐收分，挺拔有力。唐代初立时一字未刻，故名。宋金后始有游人刻字其上。比较上述两座唐碑以及西安碑林中的唐《石台孝经碑》，可知唐代国力日渐强盛，才有中国碑碣史上的若干大型石碑，且多为长方体或四方体，但是无论从碑的高度和形制等方面，唐代石碑都不能与新中国成立后修建的人民英雄纪念碑相比拟。可以说，人民英雄纪念碑是中国有史以来最高最大的一座石碑。

2. 唐代石碑碑座上的雕刻与须弥座

唐代是我国碑碣发展的一个高峰期，此时的碑碣，不仅形制多样，而且出现了多种多样的碑座，其中令人注目的是在碑座饰有浮雕，并且发展成为一种定制。2001 年 12 月 25 日，笔者在西安碑林考察唐代的《石台孝经碑》时，看到了唐龙朔三年（663）所立的《同州三藏圣教序碑》，此碑内容是唐太宗李世民为玄奘翻译佛经所作的序，太子李治（高宗）所作的述记及玄奘写的谢表和心经。碑文由初唐书法四大家之一的褚遂良所书，是他任同州（今陕西大荔）刺史时所写，他死后立碑于同州，1974 年由大荔县移存碑林。此碑螭首四方座，高 4.14 米，宽 1.13 米，碑侧有线刻蔓草纹，碑座为长方形，灰色沉积岩，高约 0.70 米，宽约 1.50 米，长约 1.80 米。除饰有蔓草纹以外，在碑座四面皆刻有三个高浮雕人像，为佛教石窟造像中常见的力士，其中一力士足踩小鬼，造型有力，姿态生动，风格与河南洛阳龙门石窟力士造像相近。很显然，这座碑是属于唐代皇家的重要碑刻，所以采用了一般碑碣所不多见的高浮雕形式，其雕刻艺术也反映了唐代雕刻艺术的高水平。同样相似的碑座浮雕，也出现在人民英雄纪念碑设计参考的主要石碑——河南登封市唐《嵩阳观碑》上（图 5-8），这一碑座的正面与《同州三藏圣教序碑》的碑座正面的浮雕造型十分相近，所不同者，是力士人像之间采用了宝瓶相隔。《嵩阳观碑》的全称是《大唐嵩阳观纪圣德感应之颂碑》，刻于唐天宝三年（744），碑高 9.04 米，厚 1.05 米，重 80 余吨。碑文为李林甫所撰，记载了嵩阳观道士孙太冲为给唐玄宗李隆基治病而炼九转丹之事，由著名书法家徐浩书，碑额篆文为裴迥所书。此碑造型与西安碑林的唐《石台孝经碑》十分相

（图 5-8）唐《嵩阳观碑》

似，碑身为一整块巨石，碑额亦为一整石，额上刻浮雕瑞兽，涌云；额上盖两块长方形石为顶，盖石边缘刻优美的卷云；碑顶上部为攒尖顶，雕有双龙戏珠。碑身安放于由一块整石雕刻而成的须弥座上，须弥座长 3.04 米，高约 1 米，宽约 2 米，在须弥座的四周刻有 8 个约 0.1 米厚的浮雕力士（南北各 3 个，东西各 2 个），力士头部已残损，躯干造型劲悍有力（图 5-9）。在力士之间的宝瓶状平面上，有精美的浅刻花纹与人物，线条细腻圆润，具有大唐风度。

另外两座可以相互参照的西安碑林石碑，一为唐贞观十三年（639）的灵化寺《大德智该法师碑》。碑文记述大德智该法师传授《金刚经》的事迹以及他死后弟子们的追念和弟子 47 人供奉舍利的情况。碑座四面亦有石刻浮雕，碑座正面的浮雕为二龙戏珠，后面为二狮抢绣球，左右两侧皆为一牛。虽然此碑早于《同州三藏圣教序碑》，但由于此碑为民间所立，其石雕刻工明显地具有民间艺人的质拙手法。另一座《李夷简家庙碑》为唐元和十五年（820）所立，此碑由裴度撰文，萧祜书写，碑座亦有浮雕，正面为二龙戏珠，后面为麒麟献瑞，左为山鹿，右为奔兔，碑座立面转角处为石刻竹竿。其浮雕题材、造型、手法与《大德智该法师碑》碑座浮雕十分相近，说明在当时此类碑座雕刻已经成为流行样式。考察北京

（图 5–9）唐《嵩阳观碑》浮雕侧观

的几座清代石碑，可知这种碑座浮雕的形制确实渊源有自。

如果我们考虑到云冈石窟中的四面雕像的浮雕石塔，再考察上述唐代石碑的碑座形式与浮雕的采用，也许可以认为在佛教建筑盛行的唐代，石碑形制借用佛塔的须弥座是十分可能的。笔者的这一猜测，在梁思成有关中国古代台基的研究中得到明证。1936 年 11 月，梁思成在为《建筑设计参考图集第一集》所写的说明文中指出，自六朝以还，作为建筑基座的一种形式，须弥座自印度输入中国，“其初入中国，大约只用作佛像座，后来用途却日渐推广了。按‘须弥’二字，见于《佛经》，本是山名，亦作‘修迷楼’，其实就是喜马拉耶的古代注音。《佛经》中以喜马拉耶山为圣山，故佛座亦称‘须弥座’。唐王勃已有‘俯会众心，竞起须弥之座’之句。唐代遗物，如敦煌壁画中许多佛像及佛塔之下，莫不皆有须弥座；尤其是画中建筑物底下，须弥座已成一种极普通的主要部分了。”[11] 梁思成进一步指出，须弥座脱胎于古希腊（乃至罗马？）的典型，如雅典山头城的 Athena 像座等，但自文艺复兴以后，基座仅仅成为造像或碑塔底下所专用，其名称亦由 base 而变成 pedestal 了。“希腊罗马的大匠们，当未曾想到他们所创的一种形式，数世纪后，竟辗转传到数万里外的中国来。形成中国建筑的一个主要部分，继续的享了一千四五百年光荣的历史，而且愈在后代愈显然较早期发达起来。”[12]事实上，作为人民英雄纪念碑的设计师，梁思成与林徽因早在1933年9月间，就已对山西大同云冈石窟进行了详细的考察，特别是对云冈石窟中所表现的北魏建筑，进行了深入的分析考证，对石窟中的石刻塔柱和壁面中的石雕佛塔，进行了文化源流的梳理。[13]由此，我们可以认为，须弥座这一建筑形式，虽然最早是来自古希腊和印度，但传入中国以后，已经成为中国本土建筑形式的重要部分，而在石碑的须弥碑座上进行石刻浮雕，在中国古代也已是十分成熟的艺术形式，人民英雄纪念碑所采用的须弥座形式以及碑座浮雕的形制，正是梁思成、林徽因对中国传统碑碣形制的文脉承传与革新，这也可以视为中外文化交融的一个范例。在梁思成夫妇的生前好友费慰梅的著作中，明确指出林徽因参与了纪念碑基座的设计并借鉴了她在云冈石窟的研究成果——“林徽因参加了基座的设计并引进了她在云冈石窟研究过的卵与尖形图式”。[14]

另一个可以证实笔者的猜测的资料是梁思成于1936年冬曾经到过陕西，参与近代以来西安碑林最大的一次整修活动。有关此事的史实如下：

1935年9月，在中央古物保管委员会第3次委员大会上，通过了时任中央古物保管委员会常务委员滕固、中央古物保管委员会西安办事处主任黄文弼等人共同提出的与陕西省政府联合整修西安碑林的议案，此事得到时任陕西省政府主席的邵力子的大力支持。同年12月28日，这一议案在行政院第242次会议上得到批准，并决定由中央政府资助5万元。西安事变后的1937年4月21日，整修工程破土动工。当时主持北平营造学社的著名建筑家梁思成，正是在筹备整修碑林的过程中，于1936年冬来到西安，对工程的规划设计和碑石的排列方案等，进行了具体指导。梁思成的贡献一是对以前多为横排的碑石除《开成石经》外，全部改为竖排，以改善采光，方便游览和拍照；其次为防地震，梁思成建议将石经原有碑首全部拆除，用钢板夹于碑之上端，然后在上面加钢筋水泥横梁，数石之间加钢筋水泥立柱。[15]可以说，在这一过程中，梁思成对西安碑林有了全面的了解，特别是位于碑林中心地位的唐《石台孝经碑》（当时陈列于第一陈列室，即今日安放此碑的碑亭）（图5-10），无疑会给梁思成留下深刻的印象，14年以后，

（图 5-10）西安碑林碑亭

梁思成主持设计人民英雄纪念碑时，有可能想到唐《石台孝经碑》，而西安碑林中的若干座唐碑采用长方形的须弥座和浮雕石刻的形式，也会给梁思成的人民英雄纪念碑的基座设计带来启发。当然，根据梁思成的回忆，在碑形设计的过程中，直接的参照是中央领导指出的北京的两座清代石碑——北海的《琼岛春阴碑》和颐和园的《万寿山昆明湖碑》。“在摸索各种方案的过程中，彭真说中央首长看到颐和园的《万寿山昆明湖碑》，说纪念碑就可以采取这样一种形式；还说北海白塔山脚下不是也有这样一座碑吗？（指《琼岛春阴碑》）根据他这一‘指示’，都委会就开始向现在建成的这碑型进行设计。”[16]但在纪念碑兴建委员会的资料中，也明确地指出了碑形设计参照了西安碑林的唐《石台孝经碑》和河南登封嵩阳书院的唐《嵩阳观碑》。

四、人民英雄纪念碑设计与中国建筑中的塔

1. 人民英雄纪念碑是一座类似于塔形的纪念性建筑物

“1949 年 9 月 30 日，中国人民政治协商会议第一届全体会议决议，修建人民英雄纪念碑，同时通过了纪念碑碑文。这座为纪念 1840 年至 1949 年间为革命牺牲的人民英雄而建立的高大塔碑，堪称中国‘第一碑’。”[17]

笔者注意到这里使用了“塔碑”的说法，不仅是因为在中国古代建筑中只有塔这种建筑形式才具有人民英雄纪念碑的高度，更因为通常塔的内部都具有一定的使用空间。像美国的自由女神雕像，不是一般的雕塑，而是具有纪念碑性和观光功能的建筑物。笔者有一个基本的看法，一座雕塑如果具有了实用功能，就是一座建筑物；一座建筑物如果没有实用功能而具有纪念碑性，就可以作为纪念碑来看。以此来看人民英雄纪念碑，可以看到，它兼有塔与碑的特点，纪念碑的内部，有可以登上顶部的通道，虽然这是为了用于纪念碑的维护工作。事实上，最初的纪念碑设计，有过一种与塔相似的方案，即让人民群众登上纪念碑顶部观看北京景色，后来考虑到每次上的人数很少，且有安全问题，这一方案没有通过。1951 年 8 月 29 日，梁思成在致彭真的信中，就人民英雄纪念碑的整体形象设计指出：“这个英雄碑因碑身高大，必须用几百块石头砌成。它是一种类似于塔形的纪念性建筑物……”[18]资料表明，在最初的碑顶设计方案中，甚至就有过中国传统建筑——塔的顶部设计，即在庑殿式的碑顶上端，有中国塔顶常见的宝刹（图 5-11）。这一点，在唐代《嵩阳观碑》的碑顶中可以见到，在嵩山少林寺塔林中，也有碑身塔顶、亦塔亦碑的造型。清代的《琼岛春阴碑》的碑顶，实际上

延续了唐代《嵩阳观碑》的形制而有所变化。

2. 新四军历史上的纪念塔

在新四军的历史上，也曾进行过大规模的抗日英雄纪念碑的兴建活动，这一活动是由为抗日烈士修陵墓引起的。1943 年，在盐阜区阜宁县靠近于黄河边的芦蒲乡，建立了第一座新四军抗日阵亡烈士纪念塔。塔的名称是“国民革命军陆军新编第四军盐阜区抗日阵亡将士纪念塔”，由当时的新四军军长陈毅题字。塔身的台基用砖石砌成，外面抹水泥。1947 年国民党反动派进攻时被毁，塔顶铁铸战士像还保存在阜宁县博物馆。

1944 年春，淮北新四军第四师在洪泽湖边上的半城（现在雪枫镇），修建了淮北新四军抗日阵亡将士纪念塔（图 5-12）。全部工程用洪泽湖废堤大石砌成，形式基本上与苏北盐阜抗日阵亡将士纪念塔一样，名称是“国民革命军新编第四军淮北解放区抗日阵亡将士纪念塔”，由邓子恢题字。1947 年敌人进攻，塔顶铜像被炮火击毁，塔身仍完好无损。兴建时由当时淮北行署主任刘瑞龙任建筑委员会主任，具体负责工程的是钱正英。给以上两座纪念塔的铁像和铜像进行翻模、铸铜的是盐阜冶匠工人周介和（周曾是铸铜佛、铜香炉的冶匠），担任雕塑设计的是诗人芦芒。[19]

（图 5-11）有宝刹五星的攒尖顶方案模型

（图 5-12）淮北新四军抗日阵亡将士纪念塔

两座抗日阵亡将士纪念塔的修建有两点值得注意，一是这两座纪念塔与西方的纪念碑形式十分相似，即在高于地面的台基上有镌刻文字的碑身，在其顶端立有人物雕像。这实际上是典型的纪念碑形式。另一个值得注意的是成立了建立纪念碑工程的建筑委员会，由专人组织领导，这一形式确立了纪念碑的建筑与工程属性。新中国成立以后人民英雄纪念碑的兴建沿用了这一组织形式。

3. 新中国成立初期的碑塔概念

事实上，新中国成立初期，国内建筑界对于纪念碑的概念并不十分明确，从专业角度出发，多以纪念塔名之。1959 年，建筑工程部建筑科学研究院的张言就东北地区的纪念碑创作所写的综述，题目就是《评东北地区部分纪念塔建筑的造型艺术》。1950 年东北沈阳拟修建的“开国纪念塔”，其实正是一种纪念碑形式。北京市建筑设计院的张开济、周治良、傅义通等人参加了这一开国纪念塔的方案竞赛，创作了颇具纪念性城市雕塑特点的纪念碑建筑（图 5-13），从《开国纪念塔应征图案透视图》来看，这座纪念塔的设计更接近于纪念碑的形式而与中国传统塔的造型相去较远。[20]

还有一个材料可以佐证。1952 年 12 月 16 日，中央美院华东分院在发给首都人民英雄纪

（图 5-13）新中国成立初期，北京市建筑设计院参加的沈阳开国纪念塔方案竞赛，由张开济、周治良、傅义通等同志设计

念碑兴建委员会办事处的公函中这样写道："我院认为参加首都人民英雄纪念塔的美术雕塑工作，确是一个具有伟大政治意义的光荣任务，萧传玖同志很愿意去京参加此项工作。"此时人民英雄纪念碑的建筑设计已经初步完成，并已开始土建施工，可见在 20 世纪 50 年代初期，人们对于纪念碑与纪念塔的区别并不十分明确。

4. 中国古代建筑中的塔

这里我们对中国古代建筑中的塔作简略探讨。据建筑学家刘敦桢所说，汉代以前中国古代的高层建筑并没有塔，只有楼、阁、亭、台等，文献中也没有塔这个名称。[21] 我国造塔始于汉代佛教传入之后。据《佛祖历代通载》卷四记载，东汉永平十二年（69），明帝敕建洛阳白马寺，寺内建白马寺塔，塔九层，高二百尺。又《洛阳伽蓝记》云："（汉）明帝崩，起祇洹于陵上。自此以后，百姓冢上，或作浮屠焉。"这是民间造塔之始。[22] 国内现存最早的佛塔是位于河南嵩山的嵩岳寺塔，建成于北魏正光四年（523）。

塔是佛教专门的建筑。据说佛教的创始人释迦牟尼得道成佛，活到 80 岁高龄，在传道的路上得重病死在树林中的吊床上。他的弟子将佛的遗体火化，烧出了许多晶莹带光泽的硬珠子，称为舍利。众弟子将这些舍利分别拿到各地去安葬，把舍利埋入地下，上面堆起一座圆形土堆，在印度的梵文中称之为"窣（sū）堵坡"（Stupa），或称"浮图"，译成中文称"塔婆"，以后就简称为塔。[23] 当时的塔，是建在佛寺的中央，信徒环礼行赞，成为信仰的对象，所以塔在佛寺中居于最崇高的地位。这种塔随佛教传入中国，但它的覆盆式的形状并没有在中国流行而被改造了。塔既然是象征佛的一种实物，一种受佛教徒膜拜的纪念物，按中国人的传统心理，它应该具有崇高的、华丽的形象。而这种形象在汉朝就已经出现，这就是多层楼阁。正如林徽因所说："塔虽是佛教象征意义最重的建筑物，传到中土，却中国化了，变成这中印合璧的规模，而在全个结构及外观上中国成分，实又占得多。"[24] 中国楼阁向上递减，顶上加一个"堵坡"，便为中国式的木塔，于是中国固有的楼阁和印度传进来的"浮图"相结合就产生了中国形式的佛塔。

笔者认为，新中国成立初期各地兴建的许多纪念碑，之所以叫"纪念塔"，是因为“塔”在一定的纪念性空间场所中具有崇高的纪念和象征意义。与传统碑碣的南北两个主要立面不同，塔具有从各个不同方向让人环绕观赏景仰的功能。人民英雄纪念碑的设计，不仅具有塔的高度，也考虑到让观众围绕纪念碑观看瞻仰的需要，所以加宽了东西两个立面的尺寸，安排了浮雕，使碑形接近方形。此外，人民英雄纪念碑最初的碑身设计，还有过让人从内部登顶远望的设想，也有许多设计方案将碑顶设计成宝刹式的塔顶。笔者认为，研究人民英雄纪念碑的造型设计，要注意纪念碑与中国传统建筑形式“塔”的文脉联系。但是人民英雄纪念碑由于要突出天安门广场的南北中轴线上毛泽东撰写的碑文、题字，最终还是确定了南北两面的重要地位，所以它仍然是碑而不是塔。

（图 5-14）四川雅安高颐阙

另一个值得注意的中国传统建筑形式是“阙”。由于梁思成、林徽因抗战时期对河南、四川等地的汉代石阙如嵩山太室阙、雅安高颐阙（图 5-14）等均有过相当深入的研究，笔者认为，人民英雄纪念碑的四方形体与碑顶的小庑殿形式，与汉代石阙也有一定的建筑文脉联系，限于篇幅，无法展开进一步的讨论。[25]

五、人民英雄纪念碑碑形设计的几个原型

1. 人民英雄纪念碑建筑设计参考了中国古代石碑

人民英雄纪念碑的设计过程中，造型设计主要参考了中国的唐碑与清代石碑，有几种不同的说法：

（1）人民英雄纪念碑的设计，为了显示其端庄雄伟，有人建议借鉴河南登封唐代《嵩阳书院碑》的形式。因为这类石碑的碑身光洁，使碑文更为突出。设计者根据新的思想内容和设计条件，在继承传统造型的基础上有所创新。[26]

（2）中央美院靳之林教授说："梁思成设计的纪念碑的原型参考了北海公园乾隆皇帝为他母亲祝寿的石碑，这座碑上有四条龙。人民英雄纪念碑改为几何形，碑顶的天脊代表着阴阳相交、通天的意思，这种阴阳观是中国文化中整体的文化观，生生不息，阴阳相和，化生万物。通天的碑身表示了生者长寿、死者永生的生命意识。"[27]

（3）在梁思成有关人民英雄纪念碑设计的回忆录中，提到了《琼岛春阴碑》作为设计参考的原型，这一建议来自中央首长。[28]

（4）最为确切的史料是1953年9月出版的《首都人民英雄纪念碑设计资料》，有关纪念碑碑形设计的参考来源是这样说的："本碑设计曾参考我国传统的纪功碑形式，如河南登封的《嵩阳观碑》（唐），西安碑林的《孝经碑》（唐），北京的《琼岛春阴碑》及《万寿山昆明湖碑》（清）。"[29]

2. 西安碑林唐《石台孝经碑》

2001年12月25日，笔者到西安碑林考察了《石台孝经碑》，考察结果如下。

《石台孝经碑》（图 5-15）刻于唐玄宗天宝四年（745），是唐玄宗李隆基亲自作序、注解并书，书体主要为隶书，结构工整，字迹清新秀美。《孝经》是孔子的学生曾参记述他与孔子的问答辞，主要内容讲孝、悌二字。此碑高 5.9 米，由四块黑石围合而成，碑身截面为四方体，每边边长约为 1.4 米，与唐乾陵武则天墓前的《述圣纪碑》由 5 块长方体石块叠砌而成有所不同，是目前可以见到的唯一一座边长相等的四方碑。人民英雄纪念碑的碑身截面为长方体，比较接近唐乾陵武则天墓前的《述圣纪碑》，碑心石为竖立的长石，碑体为石块垒砌而成。

（图 5–15）西安碑林《石台孝经碑》

《石台孝经碑》的上方有方额，额上刻浮雕瑞兽，涌云；额上盖两块长方形石为顶，盖石边缘刻优美的卷云，顶上作山岳形。碑下有三层石台阶，故称《石台孝经碑》。三层石台四面均刻有生动的线刻画，有茂盛的蔓草和雄浑的狮形怪兽，给予人以威武与活泼的感觉。

此碑刻成后，立在唐长安城务

（图 5–16）《琼岛春阴碑》正立面、侧立面、碑顶、须弥座侧面及浮雕

本坊的太学内，904 年迁至唐尚书省西隅（今西安社会路），到北宋元祐二年（1087）由尚书省移入碑林，是碑林中最早的展品之一。同期移入的还有唐代著名的《开成石经碑》以及颜真卿所书的《颜氏家庙碑》等。

由于年代久远，为保护文物，此碑四边与台阶已被箍上角铁，并在其上盖一碑亭，给拍摄带来很多困难，更难以退至远处以观石碑全貌。

3. 北海公园清代《琼岛春阴碑》

2001 年 4 月 14 日，笔者到北京北海公园对《琼岛春阴碑》（图 5-16）进行了考察，结果如下。

“琼岛春阴”为金代“燕京八景”之一，建于清乾隆十六年（1751），此碑立于北海公园琼岛东部，碑身的主立面朝东，上面镌刻乾隆御书“琼岛春阴”四个大字，其他三面镌刻乾隆题诗。有关北海公园和白塔山（金代称之为琼华岛）

及《琼岛春阴碑》的情况，在清代著作《日下旧闻考》中收有乾隆所作的《御制白塔山总记》一文，可作参考，“然考燕京而咏八景者，无不曰琼岛之春阴，故予于辛未年题碣山左，亦仍其旧所，为数典不忘之意耳。”[30]

《琼岛春阴碑》的碑身结构为四个部分：（1）青石台基；（2）须弥座；（3）碑身；（4）碑顶。这四个部分正好与人民英雄纪念碑的基本结构相一致，证实了梁思成所说的以此碑形为基础的设计思路。这四个部分中须弥座置于台基之上，以泥灰填缝粘接，而碑身直接置于须弥座之上，碑顶又垒置于碑身之上，未以泥灰填缝粘接。其中须弥座、碑身、碑顶均为整块青石雕刻而成，碑身石色偏青，碑座石色偏灰白，上刻浮雕饰带，四个转角为莲花坐佛，正中为龙首人身怪物，有飘带；碑座上下饰带中为麒麟（狮子），图案饰带似贝叶及祥云、蔓草纹等。碑顶雕刻为四龙拱珠及云纹。石碑正面与左右两侧面有石栏杆，有栏板及望柱，柱头上雕饰蔓叶云纹。整个栏板亦置于台基之上，台基可视为一个更为宽大的须弥座，亦有石刻雕饰。整座碑的石刻装饰繁密，显示出清代石刻工艺的精美细腻。虽然因条件所限，无法测量碑身各部尺寸，但整个碑的造型比例沉稳厚重，较之民间石碑的简朴，更具有皇家的富丽气息。碑的位置立于北海公园白塔东面山脚处，距碑前数米处，有两个大型石雕盘（似是接雨水或盛水之物）散置地上，显然不具有隆重的祭祀和纪念意义，如是，则其位置通常应在一重要的建筑群体的中轴线上或纪念性广场中。[31]

4. 颐和园《万寿山昆明湖碑》

2001 年 5 月 7 日，笔者对《万寿山昆明湖碑》考察如下。

此碑（图 5-17）位于颐和园万寿山佛香阁东侧的转轮藏经楼前，始建于乾隆十六年（1751），与北海《琼岛春阴碑》同年所立。碑高 9.87 米，立于汉白玉须弥座上，正面刻有乾隆御书“万寿山昆明湖”6 个字，背面刻有乾隆手书《万寿山昆明湖记》，记述了开挖昆明湖的目的和经过。此碑在形制与雕饰等方面均与《琼岛春阴碑》相似（见两碑须弥座浮雕比较），唯形体更为高大。此碑的安放也不在中轴线上，说明这是纪事碑的一种，与古代用于祭祀仪礼的宫碑有所不同。

（图 5-17）《万寿山昆明湖碑》及碑顶、须弥座浮雕

六、人民英雄纪念碑碑顶设计与中国传统建筑

在 1958 年 5 月号的《美术》杂志对纪念碑落成的有关报道中，提到纪念碑的碑顶是采用上有卷云下有重幔的小庑殿建造式样。[32]

庑殿在中国古代建筑中属于官式建筑中的正式建筑。古建筑行业通常对官式建筑以“正式”和“杂式”加以区分：“在古建筑中，平面投影为长方形，屋顶为硬山、悬山、庑殿或歇山作法的砖木结构的建筑叫‘正式建筑’。其他形式的建筑统称为‘杂式建筑’。”[33]

庑殿是中国古代建筑高等级的屋顶形式。官式建筑通过长时期的实践，形成了自身的屋顶品位序列，即以庑殿、歇山、悬山、硬山为基本形的屋顶品位序列，其中庑殿和歇山以前檐、后檐为主，翼角起翘，气势舒张高扬，属于高档次的屋顶形制，一般用于大空间的庭院，作为中轴线上的正殿与正房屋顶。以这四种基本形为基础，又形成了若干派生形，最终筛选出 9 种主要形制，形成严格的屋顶等级品位，按等级高低分为：（1）重檐庑殿；（2）重檐歇山；（3）单檐庑殿；（4）单檐尖山式歇山；（5）单檐卷棚式歇山；（6）尖山式悬山；（7）卷棚式悬山；（8）尖山式硬山；（9）卷棚式硬山。

庑殿顶呈简洁的四面坡，尺度宏大，形态稳定，轮廓完整，翼角舒展，表现出宏伟的气势，严肃的神情，强劲的力度，具有突出的雄壮之美。[34]

中国古代官式建筑，分为大式建筑和小式建筑，大式建筑主要用于坛庙、宫殿、苑囿、陵墓、城楼、府第、衙署和官修寺庙等组群的主要、次要殿屋，属于高等级建筑；小式建筑主要用于民宅、店肆等民间建筑，属于低次建筑。大小式建筑

在建筑规模、建筑形式、部件形制、用材规格、做工精细、油饰彩绘等方面都有明确区别，形成鲜明的等差关系，用以体现建筑的等级制度。[35]例如房屋的间架数量，大式建筑开间可到9间，特例用到11间，而小式建筑开间只能做到三五间。《唐六典》中明文规定：

“三品以上堂舍，不得过五间九架。……六品、七品以下堂舍，不得过三间五架。……庶人所造房舍，不得过三间四架，门屋一间两架，仍不得辄施装饰。”[36]

这一状况一直持续到明清，《明会典》中规定：

“六品至九品，厅堂三间七架。……庶民所居房舍不过三间五架，不许用斗拱及彩色妆饰。”[37]

历史上的北京城，是一座完全按照传统礼制规划建造的城市。这种由礼制等级决定城市的规划思想，大到空间布局、建筑构筑，小到建筑装饰、色彩配置，都有鲜明的表现。在北京故宫的建筑群中，太和殿是紫禁城的中心大殿，是皇帝登基、完婚、寿诞、重大节日接受百官朝贺和赐宴的地方。它的开间为11间架，共宽60.01米，进深5间共33.33米，通高35.05米，建筑面积2377平方米。它是中国留存的古建筑中，开间最多、进深最大、屋顶最高的一座大殿。太和殿采用最高等级的重檐庑殿式屋顶，台基有三层，共高8.13米，太和、中和、保和三大殿共用这座大台基。而建于明永乐十八年（1420）的天安门（原称承天门，1645年清顺治皇帝下诏重修，1651年竣工后改称天安门）是北京皇城的大门，是一座城楼式的宫殿大门。它采用重檐歇山式屋顶，在古代建筑屋顶等级体系中属于第二级，天安门城楼总高33.7米，建筑面积为2000多平方米，开间为宽9间，进深5架，喻义皇帝的“九五之尊”，明确地表示了中国古代建筑中的官式建筑以屋顶来表示品位序列的等级制度。就高度来说，天安门低于太和殿，符合中国古代“以高为贵”的礼规观念。

人民英雄纪念碑碑顶采用的是单檐庑殿形式，在中国古代建筑屋顶等级序列中位于第三级，是比较高的屋顶等级，但与天安门的重檐歇山式屋顶相比，仍然差一个等级。当初梁思成设计纪念碑顶时，是否从古代建筑等级角度加以考虑，现在已难以考证。在笔者看来，新中国成立以后，天安门作为举行中华人民共和国开国大典的地方，作为中华人民共和国国徽的核心形象，作为当代人的公共政治活动中心，其政治地位已大大高出太和殿，从而成为天安门广场最具有政治意义、最重要的建筑物。而人民英雄纪念碑作为对已逝去的英雄烈士的纪念物，则主要起着通过历史教育今人的重要作用。在梁思成看来，“它们两个都是中华人民共和国第一重要的象征性建筑物”[38]。但是笔者认为，在天安门广场这一建筑综合体中，天安门具有第一位的国家象征的作用，而人民英雄纪念碑则是仅次于天安门的具有重要政治意义的建筑物，人民英雄纪念碑碑顶与天安门的屋顶的形制差异，从政治上看，是有着中国古代建筑等级制的合理逻辑的；与佛教等宗教不同，从中华民族的心理上看，这也符合儒家文化传统重视现世生活的现实主义入世态度。

在人民英雄纪念碑的设计中，碑顶设计是最为困难，也是争论最多的一个部分，以至 1952 年七八月间，由郑振铎主持召开的会议上，对碑顶暂作保留，碑身以下全部定案，开始基础设计和施工。在 1952 年至 1954 年 11 月两年多的时间内，纪念碑工程进度缓慢，其中的原因之一，也是因为碑顶形式定不下来。建筑师多主张用“建筑顶”，雕刻家主张用“群像顶”。反对建筑顶的认为这种“大屋顶”形象太古老。反对群像顶的理由是，在 40 米高空无论远近都看不清楚雕像。

在北京档案馆保存的资料中，有纪念碑碑顶草图 7 幅，均为铅笔淡彩绘于水彩纸上，因为这些碑顶草图与 1953 年纪念碑兴建委员会编印的设计资料中的碑顶方案十分相近，可以推测这应是 1953 年的设计图案（图 5-18、图 5-19）。由于馆方不允许拍照，这里只能就记忆加以描述。草图 1 为卷云顶，多层渐收，宝刹圆珠，最顶端为红五星。草图 2 为庑殿顶，莲花宝刹，下半部有麦穗五星。草图 3 为庑殿顶加宝瓶、红五星。草图 4 与草图 1 相同，只是顶端为麦穗环绕五星。草图 5 为工农兵托举麦穗，上有半圆麦穗红五星。草图 6 为工（男）农（妇）共举一旗，后站肩扛枪士兵。草图 7 为工农兵托举红五星。从以上草图来看，大致可以分为三类，即宝刹顶（即佛塔顶）、庑殿顶、群像顶，绝大多数碑顶方案都有红五星。在 1951 年 2 月 27 日北京市上报政务院的兴建纪念碑的报告上，还曾考虑过用 1/4 厘米厚的黄金制作碑顶的五星，估算要用黄金 732 两，而贴金箔虽

（图 5-18）群像顶方案模型 1

（图 5-19）群像顶方案模型 2

然花费较少，但需经常保养，这两种方法后来都未采用。

从现有资料来看，梁思成所设计的庑殿顶当时在观众中并不占有特别的优势。例如，1954 年 9 月 25 日至 10 月 10 日，全国人大代表 435 人先后参观了纪念碑设计资料展，对纪念碑的造型、碑顶、浮雕、花纹等提出了许多意见，这些意见都被归纳记录在案。关于碑顶，代表们同意雕刻群像顶的有 75 人，同意建筑顶的有 37 人，同意宝顶的有 15 人，同意建筑顶加红星的 22 人，同意碑顶 4 个人举红星的 18 人。[39] 两相比较，同意雕像顶的为 93 人，同意建筑顶的为 74 人。

梁思成为什么坚持用中国建筑中的庑殿顶作为纪念碑碑顶？这是缘于他对纪念碑作为一种建筑物的建筑性的认定。受到中国古塔的启发，梁思成确立了碑顶采用中国传统建筑屋顶的设计思想，而没有采用西方纪念碑常见的在顶端安置人物雕塑的方式，也没有采取中国传统碑碣所采用的螭首形式。梁思成的碑顶设计方案，虽然在当时就有不同意见，特别是雕塑家们大都反对，但现在看来，这一设计保证了纪念碑造型的概括简洁、质朴庄严，这确实是一个区别于西方纪念碑和中国传统碑碣的碑顶设计，具有东方美学意蕴的创意。

有关碑顶的设计，还受到了爱国民主党派人士的高度重视和毛泽东的关注。1953 年 10 月 21 日，在了解了有关设计资料和现场考察后，朱启钤、章士钊、叶恭绰三位老人给毛泽东写了一封建议书，就纪念碑的浮雕题材、碑身造型、纹样设计等提出了许多有益的见解。有关碑顶部分，他们认为，碑顶不够开张，碑帽又短。建议碑顶应雕成飞檐式，下设斗拱，略仿两汉石阙，碑帽另拟纹样，大略如昆明湖、琼岛两碑。10 月 29 日，毛泽东批示：“彭真同志：此件请付委员会讨论，并邀建议三人参加。”[40]（图 5-20）

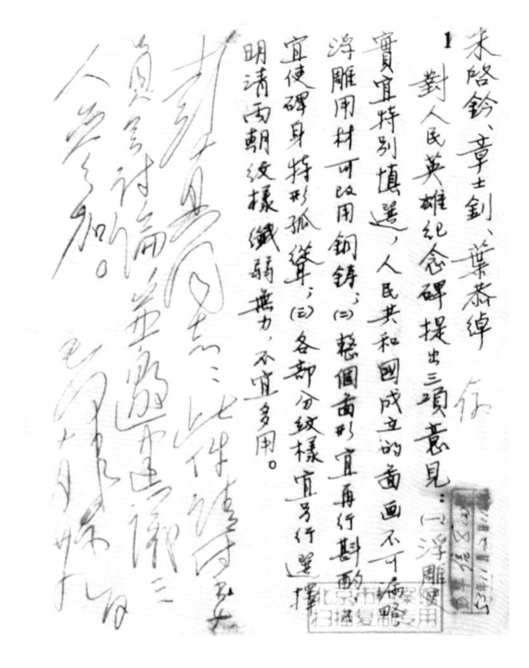
朱啓鈐、章士釗、葉恭綽
1 對人民英雄紀念碑提出三項意見：(一)浮雕實宜特別慎選，人民共和國成立的畫面不可[illegible]，浮雕用材可改用銅鑄；(二)整個畫形宜再行斟酌，宜使碑身特形孤聳；(三)各部分紋樣宜另行選擇，明清兩朝紋樣纖弱無力，不宜多用。
彭真同志：此件請付委員會討論，並邀建議三人參加。
毛澤東 十月廿九日

（图 5-20）1953 年 10 月 29 日，毛泽东在中央文史馆三位老先生有关纪念碑设计的来信上批示

1954 年 11 月 6 日，北京市政府开会，彭真指示用“建筑顶”，他认为如果用群像，与纪念碑主题混淆，不相配合。

有关碑顶定案的另一个说法来自王卓予的回忆：“直到 1955 年五一劳动节，那时游行的时候，周总理在天安门城楼上，指着纪念碑做到顶的部位，问毛泽东如何处理。当时顶部盖了一个如帽子状的屋顶，毛泽东说：‘就这样吧！’碑顶总算就这样定了下来。”[41] 此说可作为历史传说留待考证。

直到 1958 年纪念碑建成后，对碑顶仍有不同意见。据李祯祥回忆，纪念碑完成后若干年，成立了碑顶修改小组，曾竹韶是组长（召集人），搞了一些圆雕的方案，但仍不满意，也就没有再动。对此梁思成回忆说：“1959 年十周年国庆节后，周总理曾指示将碑顶及人民大会堂的国徽改用能发光的材料，并指定吴晗召集一些建筑师、艺术家开会研究碑顶，也可考虑另行设计。当时各设计部门和高校又送来二三十个方案，有用雕像的，有用红星的，也有些相当‘现代’的。但经过三四次会议，大家认为没有一个方案有特殊突出的优点，改了效果不一定能比现在的顶更能令人满意，于是改顶的工作就暂时作罢了。”[42]

七、人民英雄纪念碑浮雕纹饰设计与中国传统纹饰

人民英雄纪念碑的浮雕花纹图案是十分重要的，它不仅是纪念碑的建筑装饰组成，也生动地表达了人民对英雄的崇高敬意，浮雕花圈则表示着对英雄们的永久纪念。林徽因与梁思成共同参与了纪念碑上的花圈纹饰的最初设计。林洙回忆“文化大革命”期间难忘的一幕：“一天我下班回来，发现一箱林先生生前与思成为人民英雄纪念碑设计的花圈纹饰草图，被扯得乱七八糟，还踏上很多脚印。我正准备整理，思成说，算了吧！于是让我把这些图抱到院子里去，他点燃火柴默默地把它们烧了。最后的一张他拿在手中凝视了良久，还是扔进了火堆。结婚几年，我没有见过他哭，但在这时，在火光中我看到了他眼中的泪花。”[43]

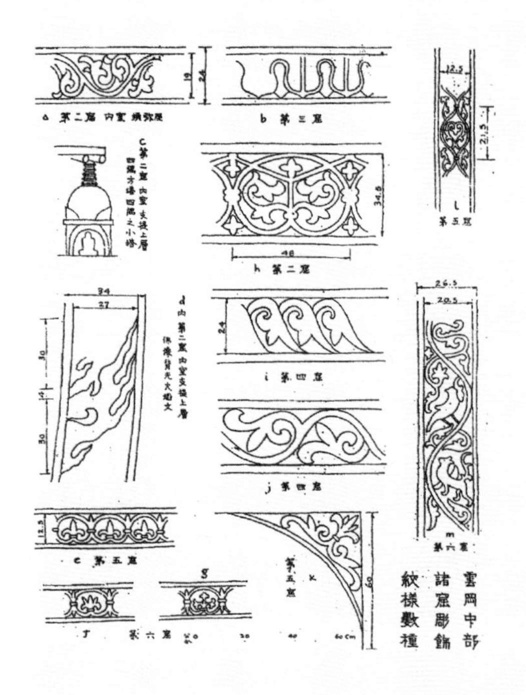

（图 5-21）云冈石窟中部诸窟雕饰纹样

早在 1933 年 9 月间，梁思成、林徽因等营造学社同人一同考察了云冈石窟的北魏雕刻艺术，注意到了其中“非中国”的表现甚多，或明显承袭希腊古典宗脉，或繁富地掺杂印度佛教艺术影响，具有囫囵包并的初期引进的特色。并且它不同于汉代艺术的纯粹本土性，也不同于龙门石窟中原文化对外来文化的融合吸收。就云冈石窟中的石刻装饰花纹来说（图 5-21），虽然种类奇多，但“十之八九，为外国传入的母题及表现。其中所示种种饰纹，全为希腊的来源，经波斯及犍陀罗而输入者，尤其是回折的卷草，根本为西方花样之主干，而不见于中国周汉各饰纹中。但自此以后，竟成为中国花样之最普通者，虽经若干变化，其主要左右分枝回旋的原则，仍始终固定不改。……从此成为数十世纪以来，中国雕饰的主要渊源。继后唐宋及后代一切装饰花纹，均无疑义的，无例外的，由此展进演化而成”。[44]

20 年后，梁思成与林徽因共同参与了人民英雄纪念碑的花纹设计，他们采用百花和卷草作为碑座装饰纹样的主题，而在不同的位置上用不同的方式以求变化，并取得建筑物本身各部分所要求的装饰效果。比较西安碑林所藏唐《同州三

（图 5-22）西安碑林唐《同州三藏圣教序碑》雕饰纹样

（图 5-23）人民英雄纪念碑雕饰纹样

（图 5-24）北京玉泉山温泉《泉铭碑》

藏圣教序碑》的卷草装饰纹样（图 5-22）以及北海的清代《琼岛春阴碑》的花纹装饰，是否可以这样认为，卷草装饰纹样从北魏时期传入中国，到唐代已基本为中国本土艺术吸收和融合，成为中国艺术传统的一部分。人民英雄纪念碑的装饰花纹设计（图 5-23）是中外艺术结合基础上形成的传统艺术在新时代的发扬，正如人民英雄纪念碑的建筑设计，也具有中外艺术结合的特征，它所依据的中国建筑传统，不是孤立的、封闭的，而是吸收融合了外国艺术营养的中国艺术传统。

据纪念碑的设计资料所载："百草花纹是我国历代人民所熟习而喜爱的题材，有悠久的优良传统，似乎应该在雕刻上尽量吸取我国卷草纹样的变化规律和纯熟的表现手法，使这些花纹装饰在风格上具备着我们伟大的民族特征，而在细节各部如花朵、花梗、卷叶、丝带等，包含着崭新丰富的内容和现实的形象，能活泼地表现出我们自己这时代的精神。"[45]

1953 年 8 月 17 日，刘开渠主持设计处、工程处各组联席会议，决定成立一个装饰组，与建筑组、美工组平行，由梁思敬、邱陵负责（据王卓予回忆，还有罗天勉）纪念碑装饰浮雕花纹图案的设计工作。10 月又决定派翻模小组去南京栖霞山舍利塔翻莲瓣及塔下层、二层花纹。据李祯祥回忆，他参加了浮雕花圈和束腰花纹的塑泥工作，这些工作刘开渠也过问。

在纪念碑台基设计中，梁思成可能参考了故宫太和殿的台基，使得纪念碑与故宫建筑群从形式与材料上都保持了与中国建筑文脉的一致。类似的台基在北京玉泉山温泉的《泉铭碑》（图 5-24）上也有运用。

这里要特别指出的是，1955 年 4 月 1 日，林徽因病逝后，由人民英雄纪念碑兴建委员会负责林徽因墓的修建施工，梁思成亲自为她设计了墓与碑，墓碑上采用的浮雕装饰图案，正是梁思成与林徽因共同为人民英雄纪念碑设计的图案。林徽因与她设计的图案永远相伴，长眠于八宝山革命公墓。这一设计生动地表达了梁思成对林徽因的怀念，也说明梁思成对纪念碑图案情有独钟。[46]

注 释

[1] 费慰梅：《梁思成与林徽因》，中国文联出版公司，1997，第35页。

[2] 费菁：《我们曾经有过的房屋、城市和前辈》，《中华读书报》2001年11月28日，第6版。

[3] 滑田友：《谈雕塑的组织结构》，载刘育和编《滑田友》，人民美术出版社，1993，第16页。

[4] 梁思成：《梁思成全集·第5卷》，中国建筑工业出版社，2001，第127页。

[5] 据北京大学著名目录版本学专家王重民先生（1903—1975）的考证，北京图书馆藏有元刻本《仪礼》17卷，“宋杨复《仪礼图》，元明之间颇通行，刻本亦多，书后多附《仪礼》经文17卷，此本即《仪礼图》附刻本也。”北京图书馆尚藏有残存的《仪礼图》6卷、二册，为明初刻本，宋杨复撰。又北京大学图书馆藏有明刻本《仪礼》17卷，二册。见王重民著：《中国善本书提要》，上海古籍出版社，1983年第1版第18页。此外，中华书局1965年6月出版的《四库全书总目》卷二十，经部二十，礼类二中有“仪礼”内容。

[6] 朱自清：《经典常谈》，三联书店，1980，第41页。

[7] 刘敦桢：《大壮室笔记》，载刘叙杰编著《刘敦桢建筑史论著选集》，中国建筑工业出版社，1997，第2页。

[8] 李学勤主编《仪礼注疏》，北京大学出版社，1999，第409页。

[9] 沈约：《宋书·卷十五·志第五·礼二》，中华书局，1974，第407页。

[10] 毕宝启：《古碑说源》，《大众日报》1979年6月10日，第4版。

[11] 梁思成：《台基简说》，载《凝动的音乐》，百花文艺出版社，1998，第4-5页。

[12] 同上书，第5-6页。

[13] 他们的研究成果发表于《中国营造学社汇刊》，第3卷3-4期，1933年12月，署名梁思成、林徽因、刘敦桢，参见梁从诫编著《林徽因文集·建筑卷》，百花文艺出版社，1999，第36-91页。

[14] 费慰梅：《梁思成与林徽因》，中国文联出版公司，1997，第205页。

[15] 路远：《碑林史话》，西安出版社，2000，第129页，132页，138页。

[16] 梁思成：《梁思成全集·第5卷》，中国建筑工业出版社，2001，第462页。

[17] 于江编著《开国大典6小时》，辽海出版社，1999，第89页。

[18] 梁思成：《梁思成全集·第5卷》，中国建筑工业出版社，2001，第129页。

[19] 李树：《访问新四军美术兵的笔记》，载《美术》1960年第1期，第58页。

[20]《北京市建筑设计研究院成立50周年纪念集（1949—1999）》，中国建筑工业出版社，1999，第34页。

[21] 刘敦桢：《刘敦桢文集·第4卷》，中国建筑工业出版社，1992，第1页。

[22] 李安保、崔正森主编《三晋古塔》，山西人民出版社，1999，第2页。

[23] 楼庆西：《中国古建筑二十讲》，三联书店，2001，第117页。

[24] 梁思成、林徽因、刘敦桢：《云冈石窟中所表现的北魏建筑》，载梁从诫编著《林徽因文集·建筑卷》，百花文艺出版社，1999，第61页。

[25] 梁思成：《中国建筑史》，百花文艺出版社，1998，第63页。亦可参见梁思成英文原著，费慰梅编著，梁从诫译：《图像中国建筑史》，百花文艺出版社，2001，第131页。刘敦桢：

《山东平邑汉阙》，载《刘敦桢文集·第4卷》，中国建筑工业出版社，1992，第56页。

[26] 吴良镛：《人民英雄纪念碑的创作成就》，载马丁、马刚编著《人民英雄纪念碑浮雕艺术》，科学普及出版社，1988，第5页。

[27] 电话询问靳之林关于梁思成纪念碑原型构思的说法，他说并没有具体的出处，但他认为二者有中国文化的内在关联。见靳之林著：《在北京东方艺术学院的讲演》，2001年3月23日，北京。

[28] 梁思成：《人民英雄纪念碑设计的经过》，转引自高亦兰编《梁思成学术思想研究论文集1946—1996》，中国建筑工业出版社，1996，第98页。

[29] 首都人民英雄纪念碑兴建委员会编印《首都人民英雄纪念碑设计资料》，1953，第7页。

[30] 施连方、施枫编著《趣谈老北京》，中国旅游出版社，2001，第211页。

[31] 乾隆所题三首诗文如下：

北侧面：

春阴琼岛正堪凭，湖景层楣瑞霭淤。

仙木寿树增吉飞，五风十雨愿休澂。

乾隆甲戌（1754）初春御题

西面（碑身背面）：

艮岳移来石岌峨，千秋遗迹感怀多。倚岩松翠龙麟蔚，入牖篁新凤尾娑。

荼志讵因逢胜赏，悦心端为得嘉禾。当春最是耕犁急，每较阴晴发浩歌。

乾隆辛未（1751）初秋御题

南侧面：

杰启石幢标四字，迩年真未负春阴。已欣霜雨滋南亩，又见新云罩远林。

荟蔚适于幽处合，峦岈安与望中深。幸有歌案观坟典，陶侃名言获我心。

乾隆癸酉（1753）秋日再题

从以上诗文中可以看出，《琼岛春阴碑》主要是乾隆皇帝观景有感，书怀言志，表达自己重视社稷农耕的心情。上述诗文为行书，我根据目识手记，恐辨别有误， 曾致函北海公园寻求核对，未获回音。

[32]《人民英雄纪念碑落成》，载《美术》1958年5月号，第12页。

[33] 文化部文物保护科研所编著《中国古建筑修缮技术》，中国建筑工业出版社，1983，第226-227页。

[34] 侯幼彬：《中国建筑美学》，黑龙江科学技术出版社，1997，第73-74页。

[35] 同上书，第16-17页。

[36]《古今图书集成·考工典·宫室总部汇考》。

[37]《古今图书集成·考工典·第宅部汇考》。

[38] 梁思成：《梁思成全集·第5卷》，中国建筑工业出版社，2001，第128页。

[39]《首都人民英雄纪念碑兴建委员会档案》，23-1-119。

[40] 毛泽东此处提到的委员会是指纪念碑兴建委员会。朱启钤三人致毛泽东信全文见北京市档案馆编《北京档案史料》，1993年第4期，第3-4页。毛泽东的批示显示出中国共产党在事关全国的重大事务中虚心听取民主党派意见的开阔胸怀。在人民英雄纪念碑的建设过程中，有许多党和国家领导人与民主党派人士到工地视察，但都表示出对于纪念碑设计者的

尊重，不随意发表意见。例如刘少奇、邓小平、陈毅、贺龙、宋庆龄、龙云等都来纪念碑工地视察过。邓小平同志带着女儿来看泥塑，一下车就风趣地说："我可不是代表领导来审查的哟。"参见马丁、马刚编著《人民英雄纪念碑浮雕艺术》，科学普及出版社，1988，第15页。周总理对纪念碑建设更是十分关心，据王卓予回忆，他经常在夜间来工地检查工作。

[41]高照：《浮雕集体创作　并非独家所为——人民英雄纪念碑雕塑创作访谈》，载《美术报》2000年9月16日，第16版。

[42]梁思成：《梁思成全集·第5卷》，中国建筑工业出版社，2001，第464页。

[43]林洙：《回忆梁思成》，载《梁思成先生诞辰八十五周年纪念文集》，清华大学出版社，1986。转引自费慰梅：《梁思成与林徽因》，中国文联出版公司，1997，第215页。

[44]梁思成、林徽因、刘敦桢：《云冈石窟中所表现的北魏建筑》，载梁从诫编著《林徽因文集·建筑卷》，百花文艺出版社，1999，第78页，第81页。

[45]首都人民英雄纪念碑兴建委员会编印《首都人民英雄纪念碑设计资料》，1953，第24页。

[46]有关林徽因的逝世，《美术》杂志1955年4月号作了报道，称她为首都人民英雄纪念碑建筑师，对她在建筑设计工作和古代建筑与美术方面的研究、国徽和人民英雄纪念碑的图案设计，以及对北京景泰蓝的改革工作，都给予了充分的肯定。

第六章

人民英雄纪念碑美术工作组的艺术家及创作

人民英雄纪念碑是新中国成立后第一个大型公共艺术项目，作为一个建筑、雕塑、书法等综合性的艺术工程，以中央美术学院的画家、雕塑家为主的一批优秀艺术家参与了这一公共艺术，他们和国家领导人、建筑师、工程师、石工等共同创造了新中国艺术史上的奇迹。由于人民英雄纪念碑修建的时间较长，前后参与其事的艺术家比较多，这些艺术家并不是自始至终都参与工程。加之时间已经过去半个世纪，许多艺术家都已去世，健在的艺术家对当年的回忆则多有出入，所以关于人民英雄纪念碑美工组的名称、参与其事的艺术家等问题，一直没有较为完整的论述，成为人民英雄纪念碑研究中的一个难点。在这里，笔者综合各种文献，力求较为详尽地勾勒出美术工作组的历史概况。

一、众说纷纭的美术工作组

1. 美术工作组与雕塑组

首先遇到的问题是，有没有一个“雕塑组”？在人民英雄纪念碑的研究中，时常看到“纪念碑兴建委员会中有个雕塑组”的说法，但也有人认为并没有一个雕塑组，这里有必要澄清这一历史疑问。

滑田友的学生陈天认为有雕塑组（图 6-1），他曾于 1953 年 2 月至 1954 年 2 月在纪念碑工地工作过一年。据他回忆：“1952 年的 12 月，一天，滑先生来到雕塑系对我们说：天安门前人民英雄纪念碑雕塑组的工作已经筹备就绪。我想把你们三位研究生带到那儿去学习。”[1] 另一位认为有雕塑组的研究者是崔开宏，“刘开渠调北京参加天安门广场人民英雄纪念碑建设工作，任纪念碑设计处处长和雕塑组组长”。[2]

（图 6-1）滑田友在北京劳动人民文化宫（右为学生陈天，左为滑田友夫人刘育和）

就此事笔者采访了 1953 年 1 月至 1957 年 1 月在纪念碑工作的雕塑家王卓予，他说：“人民英雄纪念碑兴建委员会下有设计处、办事处，设计处下有美工组和设计组，这两个组是平级的，刘先生是兼美工组组长，美工组负责雕塑。设计组的负责人是清华的阮志大，他们负责碑座、碑身设计。好像没有专门的雕塑组，滑田友先生和张松鹤先生应该是美工组的副组长。”[3]

这一问题在当年参与过纪念碑浮雕画稿工作的著名画家彦涵那里，又有不同的说法。据彦涵夫人白炎的文章表述：“人民英雄纪念碑筹建初始，以史学家、作家、前国家文物局局长郑振铎为纪念碑名誉组长，雕塑家刘开渠为副组长领导雕刻工作，画家吴作人为名誉副组长。画家彦涵为副组长，负责浮雕设计绘画工作。”[4]这里的问题是，郑振铎担任的是纪念碑什么组的名誉组长？在彦涵的简历中是指“美术创作组”——“1951—1952年任天安门人民英雄纪念碑美术创作组副组长。”[5]

2. 彦涵的美工组名单

为此笔者采访了彦涵。在他保存下来的笔记本中，有他用圆珠笔手写的一份名单，题为“天安门人民英雄纪念碑浮雕工作组成员和绘画工作组成员”（图6-2）。据彦涵回忆：“1953年前，由第一副组长刘开渠负责召集助手，成立一个雕塑小组，开过两次会，王临乙、曾竹韶参加，讨论浮雕工作，马上遇到一个问题，他们不能画，对中国历史不清楚。画稿怎么办？江丰提出要成立一个美术小组，调些画家进来，以我为首，有董希文、冯法祀、李宗津、辛芒（莽）等人执笔。我当时对江丰说，是否让吴作人先生挂个名？（图6-3）因为我当时是学校的党总支统战委员，让吴先生做第二副组长，因为这些画家都是中大（原南京中央大学艺术系）系统的。实际工作是刘开渠和我，成立了10个小组，根据上面拟定的10个提纲画稿，由我来分组，画家、雕塑家、助手名单在我手里，刘开渠对组织结构不太管。画出的10张稿子送上去，经彭真送给毛泽东，向我们传达，只要8个浮雕，于是将10个小组改为8个小组，分组讨论。”[6]

彦涵笔记本中的8个小组名单如下：

正组长：郑振铎（名义）

副组长：刘开渠（雕塑组）、彦涵（绘画组）、吴作人（名义）

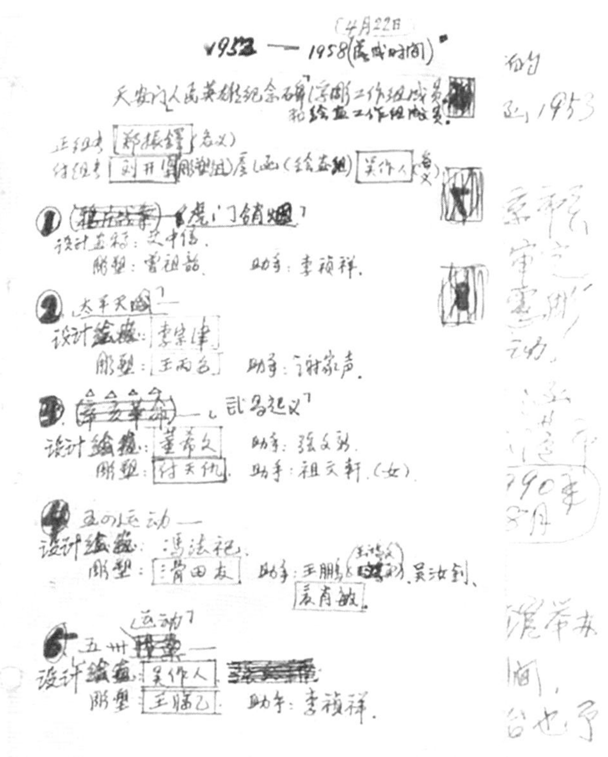
1953——1958（落成时间）（4月22日）
天安门人民英雄纪念碑「浮雕工作组成员」和绘画工作组成员。
正组长［郑振铎］（名义）
付组长［刘开渠］（雕塑组）［吴作人］（名义）
①「虎门销烟」
设计画稿：艾中信。
雕塑：曾竹韶。 助手：李祯祥。
②「太平天国」——
设计绘画：［李宗津］
雕塑：［王丙召］ 助手：谢家声。
③——「武昌起义」
设计绘画：［董希文］ 助手：张文新。
雕塑：［付天仇］。 助手：祖文轩（女）
④五四运动——
设计绘画：冯法祀。
雕塑：［滑田友］ 助手：王鹏、吴汝钊、［袁启敏］。
⑤五卅运动——
设计绘画：［吴作人］
雕塑：［王临乙］ 助手：李祯祥。

（图 6–2）彦涵笔记本中的纪念碑组织机构名单

（图 6–3）1947 年滑田友（右）归国前与吴作人在法国合影

（1）虎门销烟

设计画稿：艾中信　雕塑：曾祖（竹）韶　助手：李祯祥

（2）太平天国

设计绘画：李宗津　雕塑：王丙召　助手：谢家声

（3）武昌起义——辛亥革命

设计绘画：董希文　助手：张文新　雕塑：傅天仇　助手：祖文轩

（4）五四运动

设计绘画：冯法祀　雕塑：滑田友　助手：王鸿文、吴汝钊、夏肖敏

（5）五卅运动

设计绘画：吴作人　雕塑：王临乙　助手：李祯祥

（6）八一南昌起义

设计绘画：王式廓　雕塑：萧传玖　助手：王卓予

（7）抗日游击战

设计绘画：辛芒（莽）　雕塑：张松鹤

（8）解放战争

设计绘画：彦涵　雕塑：刘开渠　助手：刘士铭　雕工：刘润芳

根据彦涵所记的名单，在美术创作组里有浮雕工作组和绘画工作组，但实际工作中又是画家和雕塑家分为 8 个小组共同工作，这种分法显然有些矛盾。但彦涵的回忆提示了一个重要的史实，即在纪念碑浮雕创作的初期，有一批优秀的画家（主要是中央美术学院的教师）参与了浮雕的画稿工作，他们也是美术工作组的正式成员，只是在画稿工作完成后，他们回到了原单位，以后的美术工作组里就只有雕塑家了，这也许是人们误认为美工组就是雕塑组的原因之一。

作为佐证，吴作人的年表中明确提到："1952 年，吴作人（45 岁）任人民英雄纪念碑美术组副组长，进行设计工作。"[7] 这里的美术组，即彦涵所说的为了完成人民英雄纪念碑浮雕创作，由一批画家和雕塑家所组成的美术工作组。王式廓也参加了纪念碑浮雕草图工作，《王式廓年表》中有"1952 年上半年，为天安门人民英雄纪念碑浮雕起草《南昌起义》草图 3 张"[8] 的记载。在《中

国美术年鉴 1949—1989》一书中，有董希文的小传，其中曾提到董希文“1952年至 1953 年任人民英雄纪念碑浮雕起稿组组长”[9]。这里，我们第一次看到“起稿组”这一说法，说明在纪念碑浮雕工作开始前，确实有一批画家组织在一起进行浮雕的画稿创作，至于“董希文任起稿组组长”一说未听彦涵提起。由于此书所依据的资料来源有可能是中国美术家协会的会员资料，一般说来，申请加入中国美协要由画家自己填写相关资料，当然画家小传或简历也不排除由家属或研究者所写，此说留待下文考证。罗工柳是否参加过纪念碑浮雕画稿工作？据彦涵回忆，罗工柳没有参加过画稿设计工作。已经公开的有关纪念碑美工组画家的材料均没有见到罗工柳的名字。而王琦参加了这一工作，据王琦回忆：“1952 年，我来北京中央美院任教，吴作人先生当时是美院的教务长。后来，我们一同在天安门建筑工地上参加人民英雄纪念碑的浮雕设计构图工作。和这样的忠厚长者一起共事，使人感受到无拘无束、十分自在。”[10]这里我们注意到王琦将画家参与人民英雄纪念碑工作的性质定位于“浮雕设计构图工作”。

3. 王朝闻、江丰与美工组

人民英雄纪念碑兴建前期的一位重要当事人是王朝闻（图 6-4），他是原国立杭州艺专雕塑系的肄业生，曾受教于刘开渠。1949 年华北大学三部（原延安鲁艺）合并入中央美院，他与胡一川、张仃等被聘为教员，对中央美院的情况十分熟悉。[11]1952 年 5 月 10 日，他在中宣部工作，同时又作为全国美术工作者协会的代表参加人民英雄纪念碑兴建委员会的成立会议并担任委员。在纪念碑兴建委员会的规程草案中，明确规定美术工作组组长由美协自行推定。由此，笔者认为很有可能如王朝闻所说，是他推荐刘开渠担任纪念碑美工组的组长。

王朝闻在《艺术大师刘开渠——纪念刘开渠教授九十诞辰暨从事艺术活动七十年》一书的序言中曾谈到有关刘开渠与人民英雄纪念碑浮雕的创作。他这样写道：“离京南来之前，城市雕塑工作指导委员会的同志要求回顾和叙述刘先生领导天安门人民英雄纪念碑浮雕创作的情况。

“20 世纪 50 年代初我在中宣部文艺处工作，中宣部副部长兼文化部副部长周扬接受我所提出的提议，请开渠先生来京主持纪念碑的浮雕工作。当时的刘先

（图 6–4）拜访苏联雕塑家马尼泽尔，自左至右：王朝闻、王式廓、江丰、蔡若虹（1954 年 7 月）

生是杭州市副市长和中央美术学院浙江分院（应为华东分院）院长。当他得到上述邀请后，便毅然放弃了在某些人看来更有“实际权力”的领导职务，来京担任了英雄纪念碑浮雕的领导工作。

“记得包括由河北省曲阳县调动石雕工人的准备工作，北京市给纪念碑的工作准备了一切必要的条件。纪念碑的总体结构，是著名建筑家梁思成先生精心设计的。雕塑家们参加了有关设计的讨论，一致同意碑帽的中国风格。开渠先生那民主性的领导作风得到大家的拥护，也受到北京市对他的尊重。”

对于画家参与纪念碑创作，王朝闻是这样回忆的：“英雄纪念碑浮雕的题材和主题，中宣部召开过有关的会议做了讨论。由我将书面和口头的要求，向开渠先生为首的浮雕组做了传达。为了更好地完成这一庄严的政治任务，开渠先生还欣然接受我的建议，约请董希文等诸位已有革命历史题材创作经验的画家参加浮雕的构图设计的研讨。”[12]

而雕塑家章永浩认为刘开渠到北京是周总理的提名。“1953 年开渠师经周总理指名，调他去北京负责人民英雄纪念碑工程，从此一直留在北京工作了。”[13]章永浩的这一说法，得到了原始档案的证实。1952 年 6 月 18 日，中华全国美术工作者协会致函首都人民英雄纪念碑兴建委员会，关于刘开渠、萧传玖参加纪念碑工作，希望通过正式手续调用。因为刘开渠是杭州市副市长，拟请政务院调用。为此，北京市人民政府致函中央人民政府政务院，呈请准将刘开渠、萧传玖两同志调会工作，由彭真、郑振铎、梁思成呈周总理。[14]

在纪念碑浮雕画稿的组织工作中，江丰是另一位重要的人物。[15]根据前述彦涵的回忆，画家的参与是由江丰提出的。但彦涵回忆的时间可能有误，据王式廓夫人吴咸的回忆，画家参与纪念碑浮雕画稿工作在 1952 年下半年就已经开始，此时刘开渠尚未到北京。有关浮雕画稿的组织工作，应该是由江丰领导，由彦涵具体组织的。资料表明，江丰为了给参加纪念碑浮雕画稿工作的画家减轻负担，还曾专门召开过会议。根据江丰主持召开的中央美院 1952 年度第二学期第一次院务会议原始记录（1953 年 2 月 26 日下午 4 时），1952 年第一学期就有不少画家参与了浮雕画稿的起稿工作。在这次会议上，中央美院的各系领导做了较大调整，江丰这样说：“关于人员的配备我来谈谈，以下由丁井文（时任人事科长）同志来主持。关于人员的调整，为了同志们的工作不至于太繁重，而且担任了天安门的工作，这样我们就调整一下。”董希文先生发言：“预科工作问题，我自参加了天安门工作，就交给了韦（启美）先生，是否可以让他代理下去？是否我的名义要去（取）消？”[16]江丰说：“他只是代管，去（取）消名义不行，你还要帮助他。”由此可知董希文此时已经参加天安门人民英雄纪念碑浮雕画稿工作多时。

4. 刘开渠与萧传玖来北京参加人民英雄纪念碑工作

刘开渠何时到北京参与人民英雄纪念碑工作？为什么他被任命为人民英雄纪

念碑美工组组长后有半年多的时间未到北京任职？有关这些问题，以往并不清楚。

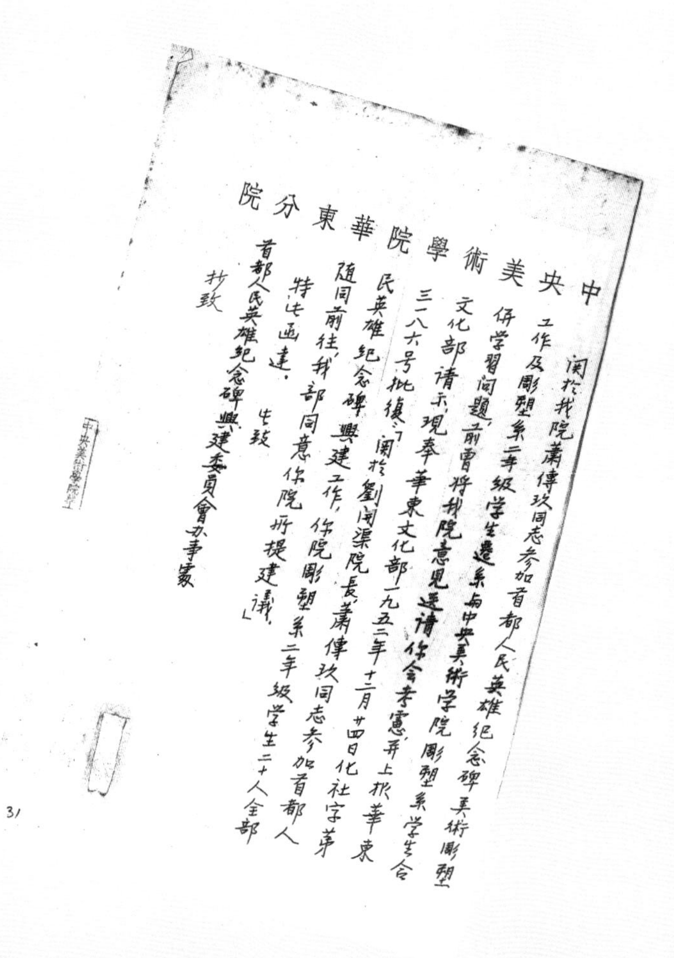
中央美術學院華東分院

關於我院蕭傳玖同志参加首都人民英雄紀念碑美術雕塑工作及雕塑系二年級学生遷京与中央美術学院雕塑系学生合併学習問題，前曾将我院意見送請你會考慮，并上报華東文化部請示，現奉華東文化部一九五二年十二月廿四日化社字第三一八六号批復：「關於劉開渠院長、蕭傳玖同志参加首都人民英雄紀念碑興建工作，你院雕塑系二年級学生二十人全部随同前往，我部同意你院所提建議」

特此函達，

此致

首都人民英雄紀念碑興建委員會办事處

抄致

（图 6-5）中央美院华东分院就刘开渠、萧传玖来京工作致中央美院公函（1952 年 12 月 29 日）

首先，已有的资料表明，刘开渠到北京工作的性质是借调。“1951 年 7 月，副院长江丰调中央美术学院工作。1952 年，副院长倪贻德调京工作。院长刘开渠也被长期借调去主持‘人民革命英雄纪念碑’的雕塑工作。”[17]

对于刘开渠到京工作的时间，有 1952 年与 1953 年两种说法。中国美术馆研究员刘曦林与崔开宏认为是在 1952 年。“1952 年，刘开渠调北京参加天安门广场人民英雄纪念碑建设工作，任纪念碑设计处处长和雕塑组组长。”

“刘开渠的第二次大型浮雕创作活动，是参与领导的北京天安门广场人民英雄纪念碑浮雕工程。他自 1952 年进京，至 1958 年完成，投入了将近 7 年时间，并担任了这一工程的设计处处长和雕塑组组长。”[18]

王卓予则认为是 1953 年。据他回忆：“我是 1953 年 1 月到北京的。1953 年春天，我到北京前门火车站接刘开渠先生。”[19]

王卓予此说比较可信。中央美院档案室存有 1953 年 1 月 2 日收到的中央美院华东分院的来文（中央美院收文 53 字第 2 号），通报刘开渠院长、萧传玖同志参加首都人民英雄纪念碑兴建工作及雕塑系二年级学生 20 人随同前往的请示报告（图 6-5），已经华东文化部 1952 年 12 月 24 日华社字第 3186 号文批复同意，此文是主送给首都人民英雄纪念碑兴建委员会办事处并抄送中央美院的。在来文登记表上，有院长办公室副主任陈晓南 1 月 3 日写的批示："交首都人民英雄纪念碑委员会滑田友同志。"值得注意的是滑田友于 1 月 5 日所写的意见："根据江丰副院长谈话，说刘院长在两三天内即来北京，等他来时面谈。"事实上，此时的滑田友急切地盼望刘开渠早日到京，他写了一封言辞恳切的信给刘开渠，信中称有许多事情等待他来决定。[20]这说明至少在 1953 年 1 月 5 日之前，刘开渠尚未到达北京，刘开渠到北京的时间不可能是在 1952 年。根据王卓予的回忆，可以确定刘开渠是在 1953 年春到达北京。那么，刘开渠到北京的具体时间究竟是何时？笔者在有关档案中找到一份材料，记录了当年纪念碑兴建委员会为给雕塑家发放车马费而统计他们到会工作的时间，其中标明刘开渠到会时间为 1953 年 2 月 7 日，这是目前所能找到的最为确切的文字材料。[21]

2012 年 12 月 28 日，笔者应邀参加岭南美术馆主办的"丹心铸英魂——张松鹤回顾展"，看到了张松鹤先生收藏的一份珍贵资料——"1953 年 2 月 13 日首都人民英雄纪念碑兴建委员会浮雕史料编审委员会暨建筑设计专门委员会联席会议记录"（图 6-6、图 6-7A、图 6-7B），这份纪录的首页有会议的出席人名单，其中有刘开渠、张松鹤。会议的出席人为：张松鹤、王朝闻、陈志德、张建关、董希文、王临乙、郑振铎、郑可、吴华庆、阮志大、梁思敬、曾竹韶、司徒洁、辛莽、王丙召、沈参璜（沈兆鹏代）、滑田友、刘开渠、萧传玖、莫宗江、梁思成、古元、吴作人、陈沂（高帆代）、吴良镛、薛子正。列席者：贾国卿。会议主席：郑振铎、梁思成。记录：颜玉芝。报告事项是关于纪念碑兴建工程筹备经过。这份会议记录表明刘开渠此时已经到了北京，但是在纪念碑兴建委员会里尚未担任设计处处长。

萧传玖参加纪念碑工作与刘开渠有关。1950 年，国立杭州艺专改称为中央美术学院华东分院，刘开渠任院长，雕塑系主任改由萧传玖教授担任。据档案记载，萧传玖到北京参加人民英雄纪念碑的工作，是在 1952 年底确定的。自 1952 年 6 月 19 日人民英雄纪念碑兴建委员会美术工作组成立后，就在全国范围内调集最优秀的雕塑家参与此项工作，在北京，此事主要由美工组副组长滑田友负责。

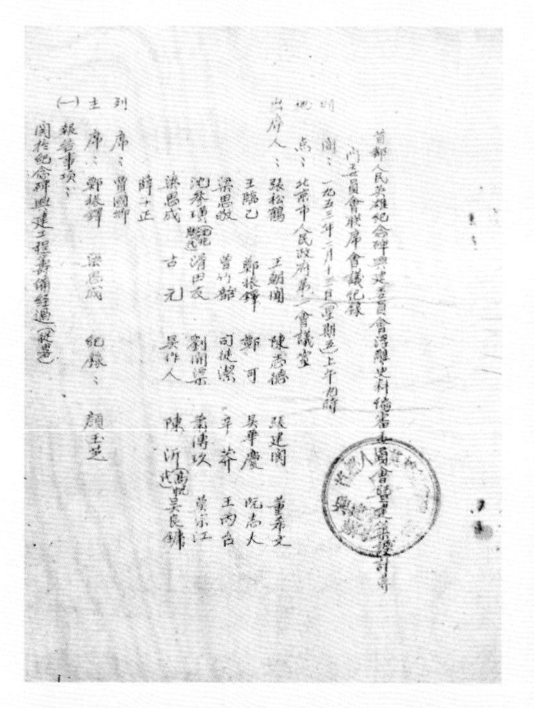

首都人民英雄紀念碑興建委員會浮雕史料編審委員會設計處
門工委員會聯席會議紀錄

時　間：一九五三年二月十三日（星期五）上午九時
地　点：北京市人民政府第一會議室
出席人：張松鶴　王朝聞　陳志德　張建關　董希文
王臨乙　鄭振鐸　鄭　可　吳華慶　阮志大
梁思敬　曾竹韶　司徒潔　辛　莽　王丙召
沈勃　滑田友　劉開渠　蕭傳玖　萬宗江
梁思成　古　元　吳作人　陳　沂　吳良鏞
列　席：曾國卿　時十正
主　席：鄭振鐸　梁思成　紀錄：顏玉芝
(一)報告事項：
關於紀念碑興建工程籌備經過（從略）

（图 6–6）1953 年 2 月 13 日刘开渠参加首都人民英雄纪念碑兴建委员会的会议记录

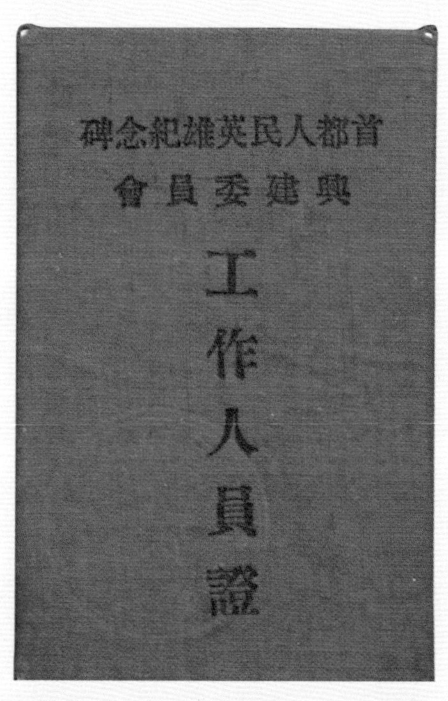

（图 6–7A）1954 年张松鹤在首都人民英雄纪念碑兴建委员会的工作证封面

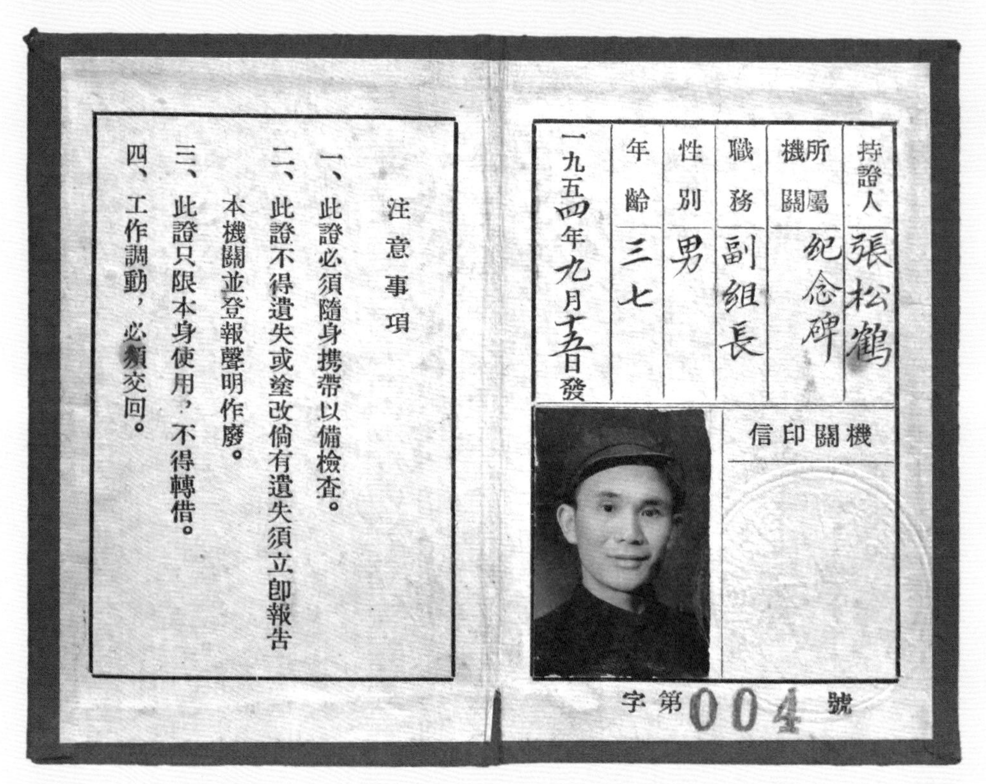

持證人：張松鶴
所屬機關：紀念碑
職務：副組長
性別：男
年齡：三七
一九五四年九月十五日發

機關印信

字第 004 號

注意事項
一、此證必須隨身携帶以備檢查。
二、此證不得遺失或塗改倘有遺失須立即報告本機關並登報聲明作廢。
三、此證只限本身使用，不得轉借。
四、工作調動，必須交回。

（图 6–7B）1954 年张松鹤在首都人民英雄纪念碑兴建委员会的工作证内页

1952 年 11 月 20 日与 11 月 22 日，纪念碑兴建委员会办事处以 138 号公函与 141 号公函连续发往中央美院华东分院，要求萧传玖到京参加纪念碑工作，同时建议，将华东分院雕塑系二年级学生迁到北京，与中央美院雕塑系合并学习，必要时，可就近参加纪念碑的实习工作。华东分院在报请华东文化部批准后，答复纪念碑兴建委员会，同意刘开渠、萧传玖参加纪念碑工作，雕塑系二年级学生 20 人（男 16 人，女 4 人）在本学期结束后，利用寒假期间迁京，并指出萧传玖到北京工作为兼任职务性质，不做专任论。[22]

5. 参与纪念碑浮雕创作的雕塑家早已创作了许多优秀作品

刘开渠之所以被推举为美工组组长，参与纪念碑浮雕，是因为他与李金发等人是 20 世纪中国雕塑的开拓者。早在 20 世纪 30 年代，他就创作了中国第一座表现抗日战争的纪念碑，1934 年，经杭州艺专教员周天初的介绍，刘开渠为“一•二八”淞沪抗日牺牲的 88 师将士做纪念碑。这座立于杭州西子湖畔的纪念碑碑顶站立着两个人像，台座镶嵌 4 块浮雕，表现了爱国志士英勇抗战和人民对殉难者的哀悼。[23]

1945 年，刘开渠完成了大型浮雕《农工之家》，表现了工农人家美好生活的理想，这是刘开渠首次把工农形象引入画面，在当时来说，社会意义深远。

1950 年 7 月创刊的《人民画报》以摄影和艺术作品为主，在 1950 年第 3 期 9 月号封二就发表了中央美院华东分院雕塑系主任萧传玖教授（时年 36 岁）所作的《毛泽东与朱总司令》的浮雕，在毛泽东与朱德头像的两边是 8 面红旗，左边为八一军旗，右边为国旗，上边为五角星。领袖形象塑造得庄重而又严谨，具有很高的艺术水准。1951 年 1 月号《人民画报》封三发表了中央美院华东分院雕塑系新中国成立后的第一届毕业生王卓予的雕塑作品《荣军》，塑造的是一位前臂打着绷带的退伍军人，以及后来成为新中国年画代表作的中央美院林岗的《党的好女儿赵桂兰》。滑田友 1949 年所作的两块浮雕《军队向前进 生产长一寸》（每块 200cm × 240cm），陈列于第一届全国文代会主席台两侧，并入选第一届全国美展。1951 年，滑田友为中央直属机关大礼堂创作的大型浮雕《工农努力生产，建设光辉的新中国》（图 6-8），发表于 1951 年 7 月号的《人民画报》上，

（图 6–8） 滑田友为中央直属机关大礼堂所作的浮雕《工农努力生产，建设光辉的新中国》（1949—1950）

同期还发表了张松鹤的雕塑《毛泽东胸像》、萧传玖的雕塑《工农联盟》。王临乙 1950 年为中央直属机关大礼堂创作了大型浮雕《民族大团结》（图 6-9）。上述作品都是新中国成立后中央美院及华东分院的中青年艺术家怀着对新中国和共产党的巨大热情所创作的最早的一批优秀作品，其主要题材和内容多是革命领袖、解放军及工农劳动者，体现出新中国成立初期中国人民对未来充满信心的朝气蓬勃的精神面貌，这正是新中国艺术的健康基调，也是人民英雄纪念碑创作所处的时代文化氛围。滑田友、王临乙、萧传玖、辛莽、张松鹤、王卓予等人后来接受党的安排，参与人民英雄纪念碑的创作，不是偶然的。

（图 6–9）王临乙作石刻浮雕《民族大团结》（局部）

二、人民英雄纪念碑美工组的演变

自 1952 年 6 月 19 日决定刘开渠担任纪念碑美工组组长，滑田友、张松鹤担任副组长之后，刘开渠并没有立即到北京来工作。综合各方面情况，特别是纪念碑兴建委员会的许多会议都是由滑田友出席的，我认为在刘开渠到京之前，有关美工组的筹建与相关工作是由滑田友负责的。但是滑田友与刘开渠保持着联系，热切地盼望刘开渠早日到京工作。

目前可以看到的最早的有关美工组的材料是人民英雄纪念碑档案中的“美工组已发聘书名单”，这一名单明确表明，刘开渠为组长，副组长为滑田友、张松鹤、吴作人、彦涵。组员有郑可、王朝闻、萧传玖、曾竹韶、王临乙、王丙召、司徒洁（杰）、傅天仇、王式廓、张仃、冯法祀、董希文、艾中信、李宗津、辛莽、古元、蔡若虹、张建关，[24]秘书为温庭宽。工作人员有陈万宜、李贞伯、张锡关、张书义、刘志杰、周西珍。[25]

这份名单应该是 1952 年 6 月 19 日之后纪念碑兴建委员会开始聘用各方面专家时确定的，从名单中可以看出，美工组一开始就是画家与雕塑家共同参与的大美工组，并没有“雕塑组”的说法，彦涵先生回忆中所说的四个副组长也是正确的。随后，办事处又聘请了华东文化部幻灯工厂的王卓予、上海电影制片厂的李祯祥、吴汝钊，北京历史博物馆的锡长禧，重庆大众画报社的刘家洪以及王琦等人。

比较详备的美工组名单有可能是滑田友于 1952 年底初步搭建，而在 1953 年 2 月刘开渠到京以后重新组织和确定的。因为这个名单中出现了许多青年雕塑家，他们大都是在 1953 年 3 月前调入的。这时的美工组根据纪念碑 10 块浮雕题材，学习近代史，并借北京东城校尉胡同中央美院大教室讨论起稿。这时按纪念碑浮雕分为东西南北 4 个大组、10 个小组，以及研究组、秘书组。具体名单如下：

美工组组长：刘开渠　副组长：滑田友、彦涵、吴作人、张松鹤

研究组组长：刘开渠　副组长：王式廓

组员：滑田友、吴作人、江丰、彦涵、王朝闻、蔡若虹、张松鹤、罗工柳、郑可

东面组组长：萧传玖、王丙召

1. 南昌组组长：萧传玖、王式廓　组员：王万景、王卓予

2. 延安组组长：王丙召、古元　组员：王鸿文

南面组组长：王丙召、辛莽

1. 游击组组长：张松鹤、辛莽　组员：陈淑光

2. 解放组组长：刘开渠、彦涵　组员：夏肖敏、凌春德、吴汝钊

3. 禁烟组组长：王琦　组员：沈海驹

西面组组长：曾竹韶、李宗津

1. 太平组组长：廖新学、李宗津　组员：谢家声、刘士铭

2. 甲午组组长：曾竹韶、艾中信　组员：李祯祥

北面组组长：曾竹韶、董希文

1. 辛亥组组长：司徒杰、董希文　组员：邹佩珠、张文新

2. 五四组组长：滑田友、冯法祀　组员：谷浩、陈天

3. 五卅组组长：王临乙、吴作人　组员：于津源

秘书组组长：陈天、沈海驹

资料：谢家声、夏肖敏、吴汝钊

总务：信英华、刘培林、李祯祥

会计：傅筑岩、韩云鹏

秘书助理：卢厂

石工管理：王万景、王鸿文[26]

上述这份名单或许可以解释董希文实际担任的是北面组和辛亥组的组长，负

责该组的起稿工作。研究组主要是研究纪念碑浮雕创作的题材，但是也参与了纪念碑碑身、碑座等建筑设计问题的讨论，起一个顾问咨询的作用。罗工柳参加了研究组，但未参与浮雕画稿的起稿工作。名单中的雕塑家廖新学、司徒杰（国立杭州艺专雕塑系 1944 年毕业生）后来是否参加了浮雕工作，不甚清楚。在后来的工作中，由于纪念碑浮雕的安放位置不断变动，四个方面组的工作并不突出，主要是每个浮雕小组中的画家与雕塑家团结一致，共同工作。

大约在 1953 年六七月间，参与纪念碑浮雕画稿的画家完成了自己的工作，回到各自的单位。此后的纪念碑美工组，就基本上是雕塑家了，这也许是有关“雕塑组”的说法的来源。随着工程的进展和题材的确定，纪念碑浮雕改为 8 块，相应的雕塑家也重新分为 8 组，每一组由一位著名雕塑家担任主稿，一两位青年雕塑家担任助手，最终形成了纪念碑美工组的工作格局。在美工组内部，青年雕塑家作为助手跟随主稿雕塑家基本是固定的，但有时也根据工作需要随时调整。

8 块浮雕的具体分工和主稿雕塑家的年龄如下：

《鸦片战争》（后改称《虎门销烟》），主稿曾竹韶（1908—2012），时年 45 岁。

《金田起义》主稿王丙召（1913—1986），时年 40 岁；助手刘士铭、谢家声。

《武昌起义》主稿傅天仇（1920—1990），时年 33 岁；助手祖文轩。[27]

《五四运动》主稿滑田友（1901—1986），时年 52 岁；助手陈天、夏肖敏、吴汝钊。

《五卅运动》主稿王临乙（1908—1997），时年 45 岁；助手李祯祥、王澎（王鸿文）。

《南昌起义》主稿萧传玖（1914—1968），时年 39 岁；助手王卓予、王万景。

《抗日游击战》主稿张松鹤（1912—2005），时年 41 岁。

《胜利渡长江》主稿刘开渠（1904—1993），时年 49 岁。

人民英雄纪念碑浮雕共 10 块，即上述 8 个历史事件，加上《胜利渡长江》两侧的装饰浮雕《民工支前》《迎接解放》（由刘开渠负责）。

根据王卓予的回忆，最初是一位雕塑家配两个助手，刘开渠到了北京以后，说不需要那么多人，如于津源[28]、刘士铭、陈天等都离开了，王澎去考了中央美院雕训班。有些浮雕就是一位雕塑家，一个助手。但到了放大稿时又觉得人手不够，又借调进了王殿臣、祖文轩、李唐寿等人。

最终 8 块浮雕的位置为（自纪念碑东北角依次开始）：

东面：鸦片战争（图 6-10）；金田起义（图 6-11）。南面：武昌起义（图 6-12）；五四运动（图 6-13）；五卅运动（图 6-14）。[29]西面：南昌起义（图 6-15）；抗日游击战。北面：胜利渡长江，解放全中国（图 6-16）。

（图 6-10）曾竹韶等作《人民英雄纪念碑浮雕——虎门销烟》石雕（局部）（1958）

（图 6-11）王丙召等作《人民英雄纪念碑浮雕——金田起义》石雕（1958）

（图 6-12）傅天仇等作《人民英雄纪念碑浮雕——武昌起义》石雕（1958）

（图 6–13）滑田友等作《人民英雄纪念碑浮雕——五四运动》石雕（1958）

（图 6–14）王临乙等作《人民英雄纪念碑浮雕——五卅运动》石雕（1958）

（图 6–15）萧传玖作《南昌起义》泥塑定稿（1956 年 7 月 16 日）　张祖道摄

（图 6–16）刘开渠等作《人民英雄纪念碑浮雕——胜利渡长江》石雕（1958）

三、美工组的画家和他们的创作

1. 画家参与纪念碑前期构图设计

为什么纪念碑创作初期有如此众多的画家参与工作？据彦涵回忆，是因为“雕塑家不能画，对中国历史不清楚”。所以江丰提出要画家参与进来。王朝闻认为“为了更好地完成这一庄严的政治任务，开渠先生还欣然接受我的建议，约请董希文等诸位已有革命历史题材创作经验的画家参加浮雕的构图设计的研讨”。这一说法强调画家参与画稿是因为董希文、王式廓、李宗津等画家都有革命历史画的创作经验，而滑田友、王临乙、曾竹韶等人自法国留学回国后一直在北平艺专从事教学，他们擅长于人体形象的塑造而缺乏革命战争的生活。张松鹤在接受笔者采访时也说：“为什么要请画家起稿？因为这些雕塑家没有中国革命的经验。”[30]据张松鹤讲，《游击战》是自己起草的，《渡长江》是彦涵起草的，而其他的稿子都是画家帮助起草的（也有说《五卅运动》是王临乙自己起草的）。但他也指出，画家起稿时，雕塑家要给他们讲雕塑的道理，否则画稿不好用。据王卓予回忆：“请画家做浮雕画稿设计是江丰的决定，这不表示雕塑家就不能作画稿设计，刘开渠先生的自尊心是很强的，要是这次任务开头就是他负责，就不是现在这种情况了。最初的画稿设计，部分雕塑家如滑田友、张松鹤、曾竹韶等也参加了意见，只是由画家执笔而已。”[31]事实上，1952年底，刘开渠尚未到北京，这时的浮雕起稿工作，是由滑田友负责组织的。

平心而论，画家们的画稿设计对纪念碑浮雕的创作还是起了很大作用的。对此，王卓予给予了客观评价：“他们根据浮雕的特点，如上下要顶天立地，人物要满，画面不留什么空白等分别用勾线的方式，将构图动态基本上画了出来。所有设计，除《抗日战争》绘画味道比较强以外，其他都比较符合雕塑的要求。画家们还是很懂得雕塑的特点的。他们的设计对浮雕起了很大的作用。实事求是地说，这些画稿决定了每块浮雕的基调，浮雕大的框架结构、人物组合、动态气势均与画稿一致。这批画稿是一个长条，约七八十厘米。主要是看构图、动态，形象不是很具体，但动态很清楚，基本上都出来了。”[32] 1952 年 1 月，王卓予到北京时，这些设计稿正要送上面审查，随后刘开渠到北京后，认为画家们已经完成了既定的任务，再深入下去是雕塑家的事情了。

2. 彦涵的设计画稿

有关纪念碑浮雕的画稿，据笔者了解，在雕塑家陈淑光手中，还保存有张松鹤的《抗日游击战》的两幅前期的未定稿。此外，笔者所看到的就是彦涵与王式廓的比较完整的画稿了。

因为彦涵画过渡长江的油画，《渡长江》的画稿便由他来设计。笔者在彦涵的家中，看到了他所画的三幅画稿。彦涵讲：“稿子画了三遍，最初是 10 块浮雕的方案，后来改为 8 块浮雕，又重新构图，送上级领导审看，认为方案基本可以，又画第二次稿子，有的稿子不能很好地表达题材的意思，又画第三次。我的稿子第二次就通过了。”[33]

从画稿来看，彦涵选取了战士们登上长江南岸，向敌人展开冲锋的瞬间，第一稿基本上是人物的动态与构图，战士们头戴美式钢盔（图 6-17）。第二稿战士

们改为头戴布军帽，形象更为清晰，突出了划船的民工（图 6-18）。第三稿则人物增多，构图显得较为平均。既然是第二稿通过了为什么彦涵又画了第三稿呢?比较第二稿和第三稿，可以看到第三稿上的人物更多，稿子的长度更长，这是因为美工组当时打算加长浮雕，但最终由于纪念碑设计为了突出高耸挺拔，控制了须弥座的宽度，还是回过头来采用了第二稿。[34] 笔者将《首都人民英雄纪念碑设计资料》中的线描稿（图 6-19）给彦涵看，他肯定地说，线描稿不是他画的，估计是别人在他的画稿上略加修改后重新描摹的。比较线描稿与草图第二稿，可以确定，主要人物形象与动态都是根据彦涵的画稿而来。据彦涵讲，二稿通过后，就晒成蓝图，每张晒 8 份，发给每个画家 1 份，画家们不要，说画完就算了，董希文也不要，经彦涵劝说，董希文才收起一份。笔者在北京档案馆见到一套晒蓝图，经测量，《南昌起义》画幅高 24.5cm，长为 68cm，长宽比约为 1∶3；《烧鸦片》（图 6-20）长 67.5cm；《胜利渡长江》高 25cm，长 93.5cm。由于年代较久，蓝图上的人物线条已经不太清楚。

3. 王式廓的设计画稿

在王式廓的女儿王晓新女士的帮助下，笔者获得了王式廓的 6 幅草图的照片。这 6 幅草图显示了复杂的创作变化。据吴咸先生讲，王式廓接受任务后十分重视，花了很大力气，在家里画了许多草图，也参加过有关的会议。但草图送上去审查以后，很久没有消息，原件一直没有拿回来。家属对草图所作的原编号没有规律，

（图 6–17）彦涵作《渡江草图》一稿

（图 6-18）彦涵作《渡江草图》二稿

（图 6-19）纪念碑浮雕初拟画稿线描图《百万雄师渡长江》

（图 6-20）纪念碑浮雕初拟画稿线描图《烧鸦片》

这里试着按照草图上的形象变化将其编为现在的顺序。

草图 1（图 6-21）尺寸为 5cm × 15.5cm，是用红蓝两种色笔画在裁下来的账本纸上。此图画的是基本动态，王式廓在草图上写着“几路队伍（三路）跑步前进。三面旗帜”。草图 2（图 6-22）是按照纪念碑所要求的长宽比所画的素描草图，尺寸为 25cm × 97cm，上下留出了浮雕边框的尺寸，人物基本动态逐渐明晰。草图 3（图 6-23）尺寸为 9.7cm × 33cm，画家着重考虑的是在画幅的右边形成一个中心区，以高举手臂的指挥员为画幅重点。草图 4（图 6-24）尺寸为 30cm × 94cm，以线描的形式清晰刻画了画幅左边的人物，指挥员与战士之间关系更加紧密，位于前景中第一排的几位战士的身体姿态呈现出大幅度的起伏形，生动地表达了起义前夕那种紧张动荡的气氛。草图 5（图 6-25）尺寸为 25cm × 97cm，从画幅的右边看有印章钤于上面，其尺寸又与纪念碑浮雕所要求的长宽比相同，可以推测这一幅是素描草图定稿，基本的造型动态都已完备。草图 6（图 6-26）尺寸为 27cm × 116.5cm，是根据线描稿所晒的蓝图，右侧有王式廓所写的“草稿，式廓作”等字样，也钤有印章，草图的左侧还有很长的说明文字，表明这是送审的定稿。这份蓝图与北京档案馆所保存的一套晒蓝图十分相近，只是后者所保存的蓝图可能是“文革”后期重新晒制的，没有前后两侧的题字说明与印章，所以比王式廓此幅蓝图尺寸要短。

4. 纪念碑建筑设计与浮雕画稿设计

通过对彦涵与王式廓所画草图的分析，我们了解到，纪念碑在草图设计阶段，对于浮雕的长度也就是纪念碑须弥座的宽度是有过改变的。这就涉及纪念碑浮雕与碑身设计的协调问题，对于我们了解雕塑与建筑的关系十分重要。根据王卓予的回忆，如果按照梁思成最初的设计方案，“几块浮雕作为碑座要比目前所见的宽度窄得多。他的意图主要是希望纪念碑整体效应有种拔地而起、葱茏直上的气势。下面的碑座（即浮雕部分）宽，会影响这种氛围。为此，我们既做了宽长的，也做了狭窄的两种设计稿。由于后者的方案刘先生坚决反对，主要是因为过于狭窄，损害了浮雕在内容上的表现力度。只考虑抛物线更挺拔，而不考虑到革命的内容，怎么行！事实上，《南昌起义》泥塑设计的初稿，我就做了三次。第一稿

（图 6–21）王式廓作《南昌起义》草图 1

（图 6-22）王式廓作《南昌起义》草图 2

（图 6-23）王式廓作《南昌起义》草图 3

英雄纪念碑—南昌起义浮雕原始草图

（图 6-24）王式廓作《南昌起义》草图 4

（图 6-25）王式廓作《南昌起义》草图 5

（图 6-26）王式廓作《南昌起义》草图 6

的尺寸比现在宽得多。放大起来有 10 米左右，加上碑座同在西侧的另一块表现抗日战争的，合计长度有 20 米宽，这显然影响了整个纪念碑的造型。第二稿宽度窄。从整个纪念碑造型看，这条抛物线更挺拔，但人物去掉很多，很不像样。第三稿的宽度基本与画稿相似。但制成浮雕后，在人物组合、层次压缩、空间疏密等方面，若完全按画稿处理也觉得稀疏而不紧凑，从而气氛受到影响。为此又根据实际情况，由雕塑家依据浮雕的特点，对泥塑设计稿再作了适当的安排”。[35]

王卓予的这段回忆指出了梁思成与刘开渠在建筑与雕塑的关系方面具有不同的认识，他们从不同的审美角度坚持自己的看法，体现了他们各自鲜明的个性。最终的设计显然是双方协调的结果，既要保持纪念碑的挺拔造型，也要充分表现纪念碑碑文所表达的革命历史内涵。

四、人民英雄纪念碑建设中的石工

人民英雄纪念碑工程中不为人所知的一批石工对纪念碑浮雕的雕刻起到了重要的作用。我认为，他们是一批优秀的民间雕刻艺人，理应与画家、雕塑家一样，为历史所铭记。但以往的文献中，往往对此语焉不详，这里有必要记下他们的名字和工作。

根据 1952 年 10 月纪念碑办事处贾国卿的一份报告，工地上拟保留长期工人 104 人，其中木工 12 人，瓦工 5 人，铁工 7 人，架子工 10 人，壮工 40 人，石工 30 人。[36]但当时仅有曲阳石工 3 人，此后先后从苏州和曲阳调入石工 20 余人。据李祯祥回忆，苏州石工来得较晚，主要负责纪念碑装饰花纹的雕刻，而曲阳石工 1953 年初先后来到工地，主要负责纪念碑浮雕的雕刻工作，当然，他们也都参与了纪念碑工程的其他石料加工工作。据王卓予回忆，在纪念碑浮雕的石刻工作中，石工们也有分工，即每一块浮雕由一个技艺较高的石工负责，再配备若干个石工助手。

根据彦涵笔记本中的记录，负责纪念碑浮雕的石雕艺人名单如下：

刘润芳（石雕组组长，负责《胜利渡长江》的雕刻工作）

王二生（石雕组副组长）

冉景文　刘印登　刘志惠　高生元　高玉彦　刘典　刘秉杰　刘庆生　刘纪银　刘兰星　曹邦玉　刘银奇　杨志泉　曹风丙　曹学静　刘志丰　王胜法

根据王朝闻、王琦等主编的《中国当代美术》一书，还有刘作中、刘作美、杨志清。

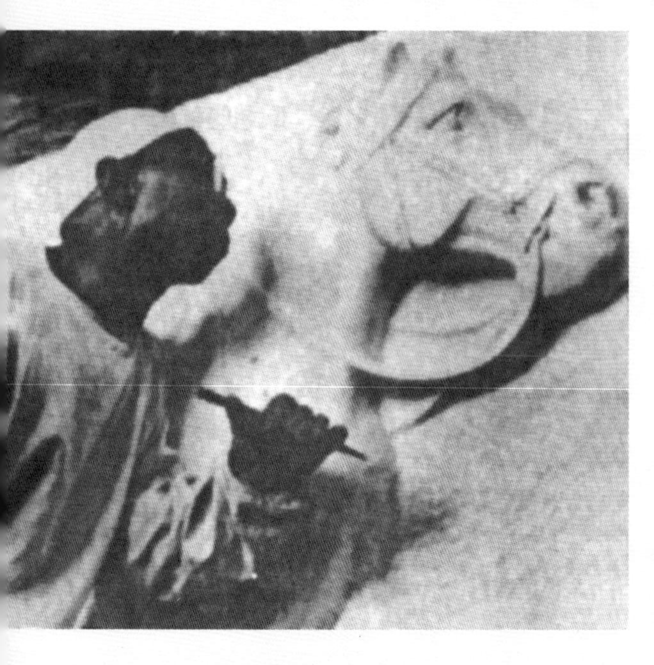

（图 6–27）石雕艺人冉景文在做技术准备（1956 年 6 月）　张祖道摄

根据北京建筑艺术雕刻工厂原厂长李祯祥的回忆，还有刘艺民、王胜杰、刘进声、杨志卿、杨志金、刘志杰。

以上所列名单共 28 人，肯定不全。据李祯祥、刘士铭等雕塑家回忆，这批石工中以冉景文[37]（图 6-27）、刘润芳、王二生等人石刻技术最高，其中冉景文善刻佛像，刘润芳以后到中央美院雕塑系进修，提高了学院写实雕塑艺术的修养，后成为北京建筑艺术雕刻工厂的高级工艺美术师，并参加了毛主席纪念堂的汉白玉毛泽东像的雕刻。

这批石工长期从事中国民间雕刻，对传统石刻工艺有很高的技艺，但对从西洋引入的西方雕刻技术却并不了解，例如他们基本上没见过用于放大雕刻的点线仪，他们有着自己习用的一套石刻方法。据当年到工地拍摄照片的《新观察》杂志记者张祖道回忆，他在工地看到了许多石工们练习刻的佛像与马等，相当精美。但梁思成对他说，要把石工们训练成比较统一的风格，如果各人风格不同，对纪念碑浮雕的刻制就不好了。因此，在刘开渠的领导下，美工组对他们进行了很长时间的培训，他们在实践中成长为新中国第一代兼通东西方石刻技艺的优秀石雕艺人。1958 年人民英雄纪念碑落成后，刘开渠将他们留在了北京建筑艺术雕刻工厂，继续为北京的古代建筑修复和城市雕塑做出贡献。也有一说是周恩来总理指示："曲阳石匠是国家的宝贝，他们和外国雕刻家相比，毫不逊色，应充分发挥他们的特长，要把他们留下来。"在雕刻人民英雄纪念碑后留在北雕的曲阳石匠，同样投入到北京十大建筑工程任务中。刘益民任北雕研究花纹雕刻组负责人，他在形式上融会了中国古代雕刻和现代雕刻的表现手法，经他设计、加工的人民大会堂柱础，富有气势。刘志丰则精通石雕的安装施工，人民大会堂的各种石雕装饰的安装施工由他负责完成。

根据1953年4月至1954年3月美工组对石工进行训练的工作计划，参与纪念碑工作的雕塑家，拿出自己的雕塑作品，让石工作为练习对象，先刻出一批石雕作品。计有刘开渠的《毛泽东半身像》，萧传玖的《朱总司令像》《刘胡兰全身像》《工农联盟》，沈海驹的《毛泽东半身像》，王丙召的《老头半身像》，谷浩的《工人半身像》，刘士铭的《农民半身像》。[38]其中滑田友的《工农努力生产，建设光辉的新中国》（图6-28）由12个石工参与，刻制了4个月，王临乙的《民族大团结》也是12个石工参加练习，从1953年11月起至1954年3月底，用去5个月。这两件作品曾经长期存于北京建筑艺术雕刻工厂，不为人所知。滑田友的《工农努力生产，建设光辉的新中国》曾在2001年5月在中国美术馆举办的滑田友雕塑回顾展中展出，现由滑田友的家属收藏，王临乙的《民族大团结》仍存于北京建筑艺术雕刻工厂。在人民英雄纪念碑浮雕目前不对观众开放的情况下，这两件作品是研究滑田友、王临乙的雕塑艺术和人民英雄纪念碑浮雕石刻风格与技术的珍贵实物。

（图6-28）滑田友作《工农努力生产，建设光辉的新中国》石雕侧面

由于纪念碑浮雕所采用的汉白玉石开采于北京房山，完整的大料不易取得，为确保不出现石料的损毁，美工组在人像练习的基础上，指导石工再进一步试刻纪念碑浮雕人物，如刘开渠的《妇女头像》（图6-29）、滑田友的《五四运动青年头像》（图6-30）。正是在一年多的石刻练习中，石工们熟悉了运用点线仪放大雕刻的技术，掌握了从粗刻到细雕的方法，有力地保证了纪念碑浮雕石刻的完成。比较完成后的石刻浮雕与泥塑稿，可以看到，纪念碑浮雕基本保留了泥塑稿的精华，虽然失去了一些细节的生动，但更为概括整体。

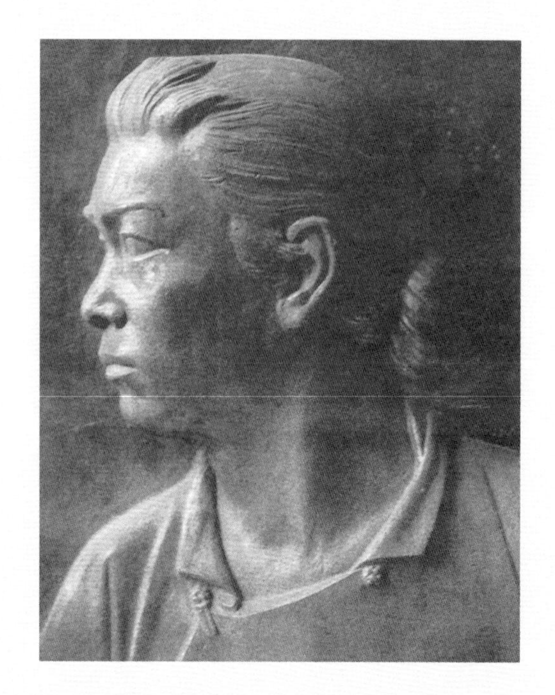

（图6-29）刘开渠《妇女头像》试刻

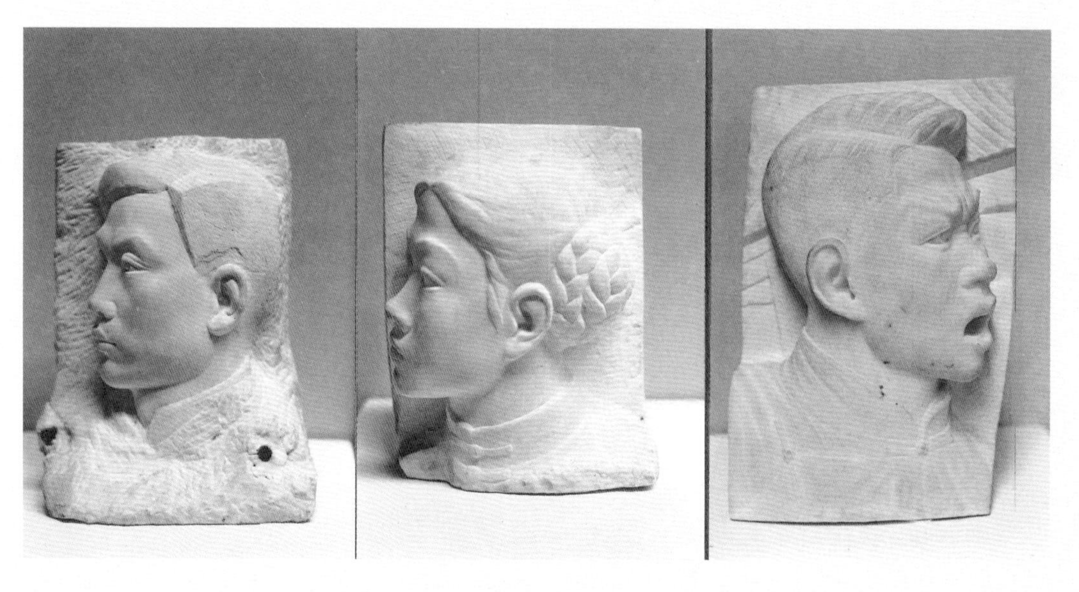

（图6-30）滑田友作《五四运动青年头像》试刻2（黑点为辅导石工使用点线仪的痕迹）

在这一章的最后，我们简要地讨论人民英雄纪念碑浮雕的署名与著作权。

应该说，纪念碑浮雕的创作是画家、雕塑家、石工共同努力的结果，但客观地说，雕塑家特别是主稿雕塑家，做出了重要的贡献。有关纪念碑浮雕创作的著作权问题，是一个相当复杂的问题，需要专题研究。据王卓予回忆，1958年在《人民画报》上发表时，刘开渠向年轻人打过招呼，说："你们还年轻，来日方长嘛，就不署你们的名了。"根据笔者手头的资料，20世纪50年代出版的有关人民英雄纪念碑的画册，在作品下方的署名均是《胜利渡长江》"刘开渠等作"，《五四运动》"滑田友等作"（图6-31），这一问题在20世纪50年代并未引起异议。据了解，王卓予、李祯祥、刘士铭、陈淑光、夏肖敏、吴汝钊等青年雕塑家当年都是直接参与了浮雕泥塑稿从小稿到放大稿的创作过程，在中国美术馆编的《中国美术年鉴1949—1989》上是标明了这些助手的名字的，还有参与浮雕雕刻的重要石工也应该进入创作群体的名单（图6-32）。笔者认为人民英雄纪念碑浮雕应定位于集体创作，它也是雕塑家的职务创作，但刘开渠

（图6-31）滑田友等作《人民英雄纪念碑浮雕——五四运动》泥塑

等 8 位雕塑家可以称为主稿艺术家，他们的作用类似首席科学家带领其他科学家和助手进行科研，将刘开渠等 8 位雕塑家视为学术论文发表时的第一作者，比较妥当。

（图 6–32）雕塑家滑田友（中）与曲阳石工刘秉杰（左）和冉景文在一起

注 释

［1］陈天：《忆人民英雄纪念碑修改方案的前前后后》，载《西北美术》1993年第4期，第58页。

［2］崔开宏：《百年雕塑纪事》，载范迪安、许江主编，殷双喜执行编辑《20世纪中国雕塑学术论文集》，青岛出版社，2000，第142页。

［3］见殷双喜于2001年3月7日在杭州对王卓予的访谈记录。

［4］白炎：《人民英雄纪念碑浮雕及其他概述》，载《北京晚报》2000年9月2日，第22版。

［5］《彦涵简历》，载《中国版画》2001年第1期，第10页。

［6］见殷双喜于2001年12月1日在北京石景山彦涵家中对彦涵的访谈记录。

［7］商玉生编著《吴作人年表》，载周昭坎主编《艺为人生——吴作人的一生》，陕西人民美术出版社，1998，第201页。

［8］吴咸编著《王式廓年表》，载王式廓艺术研究编辑组编《王式廓艺术研究》，人民美术出版社，1990，第363页。

［9］中国美术馆编著《中国美术年鉴1949—1989》，广西美术出版社，1993，第329页。

［10］王琦：《回忆与悼念》，载吴作人国际美术基金会编著《吴作人研究与追念》，北京出版社，1999，第240页。原载《美术》1997年6月第6期。

［11］《国立美术学院学年度第一学期第3次院务会议记录》，1949年12月10日，中央美院档案室藏。

［12］王朝闻：《再说新鲜感——感谢开渠师》（代序言），载杨力舟主编《艺术大师刘开渠——纪念刘开渠教授九十诞辰暨从事艺术活动七十年》，中国和平出版社，1993，第4页。

［13］章永浩：《情系母校》，载郑朝编撰《雕塑春秋——中国美术学院雕塑系70年》，中国美术学院出版社，1998，第198页。

［14］《首都人民英雄纪念碑兴建委员会档案》，23-1-4，第25页，第28页。

［15］根据中央美院档案1951年卷宗，1951年9月1日文化部决定江丰任中央美院副院长，先行到职视事，9月7日在全院公布周知。

［16］董希文1950年任中央美院预科主任。正是在这次会议上，决议冯法祀不再担任绘画系主任而任油画科主任；由罗工柳任绘画系主任；彦涵不再兼任创作室（原为美院研究部下属机构，在这次会议上取消）主任而任版画科主任。

［17］郑朝撰稿，宋忠元审稿：《浙江美术学院简史》，载中华人民共和国文化部教育科技司编著《中国高等艺术院校简史集》，浙江美术学院出版社，1991，第107页。

1953年9月24日，中央美院华东分院致函（杭美字第2720号）中央美院，通告华东分院新任领导的任命，公函内容如下：

奉中央人民政府高等教育部华东高等教育局1953年7月17日高人字第3742（1）号通知，转奉中央高等教育部任命刘开渠为我院院长，莫朴、颜文梁为副院长，莫朴兼教务长。特此函达，即希查照。

中央美术学院华东分院

1953年9月24日

很显然，这一公函是中央美院华东分院院领导班子调整后发给中央美院的一个通知，它间接地说明了中央美院华东分院相对独立于中央美院，在行政上隶属于高教部华东高教局管理，其院级领导由中央高等教育部直接任命。1953年9月刘开渠到北京工作已有半年，这一公函证实了刘开渠到北京参加人民英雄纪念碑的工作是属于借调性质。刘开渠正式调入北京是1957年。

[18] 崔开宏：《百年雕塑纪事》，载范迪安、许江主编，殷双喜执行编辑《20世纪中国雕塑学术论文集》，青岛出版社，2000，第142页。刘曦林：《刘开渠与中国雕塑》，载范迪安、许江主编，殷双喜执行编辑《20世纪中国雕塑学术论文集》，青岛出版社，2000，第34页。

[19] 见殷双喜于2001年3月8日在杭州对王卓予的访谈记录。

[20] 滑田友给刘开渠的信内容如下：

开渠兄：

在发出你的上封信后，我们就一直盼着你的回示和等待迎接着你来，焦急等着你来的日子又过了几天，但是你还没有来。美工组已经开始学习近百年史资料，近百年史有10个题目，以10个题目分成了10个小组，小组人员大致分配好，为了对问题了解全面性、深刻性和确实性，各组准备到各地去实际体验生活。虽然各项工作已开始进行就绪，但尚有许多工作问题、人事问题，需等你来商量后正式确定，希见务能早日来京，并希萧传玖兄也能同你一块来。另关杭州学生来京问题也等你来京后再决定吧。

此信没有署名和日期，从字迹和语气看，应是滑田友所写，因为当时在北京组建美工组的工作均由滑田友负责，纪念碑兴建委员会成立初期的各种会议，美工组均由滑田友代表出席。见《首都人民英雄纪念碑兴建委员会档案》，23-1-4，第39-40页。

[21] 见《首都人民英雄纪念碑兴建委员会档案》，23-2-364。这份材料表明，滑田友、曾竹韶、王临乙、张松鹤等人从1952年11月开始发放车马费，与刘开渠一样，同为每月70元。

[22] 就此事我电话询问了史超雄先生，但史超雄说不知道有迁北京这件事。他是中央美院华东分院雕塑系1954年毕业生，1952年正好是二年级。查华东分院校史资料，这一届确实是16男4女，萧传玖是他们的班主任，萧传玖未到北京的原因一是因为他在上海的一项雕塑工作尚未结束，再就是这个班的教学无法兼顾，所以滑田友提出，是否让雕塑系全体师生一齐调京，一边学习，一边工作。但实际的情况是，纪念碑兴建初期，雕塑工作主要是构图和泥塑小稿，并不需要太多的雕塑系学生，同时因为中央美院雕塑系的老师大部分在纪念碑工地，系里只有3位教师任课，教学用具也不够，因此华东分院雕塑系学生迁京与中央美院雕塑系合并上课之事并未实现。1954年，这一届学生毕业了19人，除一位女同学卢琪辉转到下一届继续学习外，王殿臣、李唐寿、章永浩、许叔阳等13位同学升入研究生班学习，其中王殿臣、李唐寿曾到纪念碑工地参与了一段时间的工作，这或许是萧传玖的安排。

[23] 崔开宏：《百年雕塑纪事》，载范迪安、许江主编，殷双喜执行编辑《20世纪中国雕塑学术论文集》，青岛出版社，2000，第140页。

[24] 张建关为天津南开大学教授，与卫生部的周西珍等人负责纪念碑所需要的古代雕塑和花纹资料的石膏翻模工作。后在郑振铎和刘开渠的支持下，到各地翻制了一批古代优秀雕塑的石膏复制品，其中有一些现藏于中央美院雕塑系。

[25] 《首都人民英雄纪念碑兴建委员会档案》，《重要文件目录》5、6。

[26] 《首都人民英雄纪念碑兴建委员会档案》，23-1-32，《美工组组织系统表》。

[27] 《武昌起义》原请广东雕塑家曾新泉来主持，他是国立杭州艺专1935年毕业生，曾任广州美术学院雕塑系主任。因其未来，刘开渠请邹佩珠（李可染夫人，国立杭州艺专雕

塑系 1943 年毕业生）先设计，因与刘开渠在创作上的意见不一致，邹很快回到中央美院，后由中央美院雕塑系青年教师傅天仇（国立杭州艺专雕塑系 1944 年毕业生）主稿。见高照：《浮雕集体创作　并非独家所为——人民英雄纪念碑雕塑创作访谈》，载《美术报》2000 年 9 月 16 日，第 16 版。

［28］根据中央美院 1953 年 8 月 29 日致纪念碑美工组发字第 609 号公函，因为教学需要，拟请滑田友、曾竹韶、王丙召自 9 月 1 日起回校兼课，于津源回校任课。

［29］由于吴作人在中央美院的工作很多，《五卅运动》的起稿工作多由王临乙负责。

［30］见殷双喜于 2002 年 4 月 19 日在广东东莞清溪镇柏朗村张松鹤家中对张松鹤的访谈记录。

［31］高照：《浮雕集体创作 并非独家所为——人民英雄纪念碑雕塑创作访谈》，载《美术报》2000 年 9 月 16 日，第 16 版。

［32］同上。

［33］见殷双喜于 2001 年 12 月 1 日在北京石景山彦涵家中对彦涵的访谈记录。

［34］彦涵将第二稿也就是定稿捐给了江苏连云港市彦涵美术馆，自己保存了第一稿和第三稿。

［35］高照：《浮雕集体创作 并非独家所为——人民英雄纪念碑雕塑创作访谈》，载《美术报》2000 年 9 月 16 日，第 16 版。

［36］《首都人民英雄纪念碑兴建委员会档案》，23-1-39。

［37］制作人民英雄纪念碑如此大规模、高标准的纪念碑浮雕，要雕刻 170 多位真人大小的浮雕人物，在当时的技术条件下，绝非易事。因此有关部门领导最初建议从苏联聘请 40 位雕刻家和工艺师来承制。据曲阳县工艺美术学会秘书长、原《河北雕塑》期刊编辑郭晨峰说，请苏联专家进行纪念碑雕刻工作的消息，让时任北京市委秘书的刘汉章（曲阳人）夜不能寐。几天后，对家乡雕刻技艺满怀信心的他走进了北京市政府秘书长薛子正的办公室，陈述了曲阳雕塑的悠久历史和精湛技艺，建议由曲阳石匠代替苏联专家完成雕刻任务。

刘汉章告诉薛子正，曲阳石雕始于汉，兴于唐，盛于元，已有 2000 多年历史，曾出现过元代大都石局总管杨琼等雕刻名家。从元大都的建设到明清北京的建造，尤其是北京中轴线上的石作都出自曲阳历代石匠之手。可以说，让曲阳石匠完成人民英雄纪念碑的雕刻，从历史文化角度讲，也是一脉相承的。刘汉章的介绍让薛子正有些心动。他决定考一考曲阳石匠的工艺水平，就对刘汉章说：“先找一位石匠来试一试吧。”就这样，刘汉章来到东裱褙胡同甲 65 号冉景文的住处，大半辈子为琉璃厂古董商创造财富的冉景文听说是为新中国作贡献，十分高兴，欣然答应下来。

不久，中央美院给冉景文送来一张毛泽东照片，请他按照片雕刻一尊毛泽东像。冉景文用了 20 多天时间，便雕刻成一尊毛泽东汉白玉半身像。当刘汉章把毛泽东雕像送给中央美院的曾竹韶等艺术家进行评定时，他们都被震惊了：不用雕塑小样和点线机，就能雕刻得如此栩栩如生，令人难以置信。第一轮考试过关，冉景文面临更难的考验。他们把冉景文请到中央美院，让其与雕塑专家进行现场比照：先让一位雕塑家以美院一位后勤工人为模特儿，精心制作了一尊泥塑头像，然后再让冉景文照着来雕刻，这次是用点线机来完成。当冉景文再次雕刻出一尊形象逼真的作品时，众多的专家对其高超的技巧都赞不绝口。曾竹韶曾回忆当时专家们对作品的评论说：忠于原作，有十二分精神。

冉景文的技艺让薛子正折服，他正式向人民英雄纪念碑兴建委员会提出建议：由曲阳雕刻艺人来承担浮雕雕刻任务。很快，纪念碑兴建委员会采纳了这个建议，并向周恩来总理做了专题汇报。周总理听了汇报后高兴地说，人民英雄纪念碑，理应由人民来雕造。并批示，立即挑选一批技艺精湛的曲阳石匠进京，到中央美院进行培训，同时与雕塑家们交流技艺，做好浮雕雕刻的一切准备工作。（以上资料见 2015 年 10 月 12 日河北新闻网记者王思达所写的报道《曲阳石匠主雕人民英雄纪念碑》。）

冉景文于 1959 年不幸早逝。当时的《美术》杂志刊发了消息：北京建筑艺术雕刻工厂民间雕刻艺人冉景文因病于 7 月 29 日在北京逝世。冉景文出生在河北曲阳一个贫农的家庭，青年时期对于石雕和木雕就有比较高的艺术造诣，随后又掌握了临摹古代人物雕像的技能。新中国成立后，党对民间艺术十分重视，他怀着兴奋的心情积极从事雕刻工作，摹制和创作了许多作品，在继承和发展传统方面有一定的成绩。为了纪念这位优秀的民间艺人，北京市美术界于 7 月 30 日举行了追悼会。中国美术家协会和北京建筑艺术雕刻工厂对冉景文家属都作了妥善的照顾。见《美术》杂志 1959 年 8 月号，第 20 页。

[38]《首都人民英雄纪念碑兴建委员会档案》，23-1-86，第 9 页。

[39]高照：《浮雕集体创作 并非独家所为——人民英雄纪念碑雕塑创作访谈》，载《美术报》2000 年 9 月 16 日，第 16 版。

第七章

人民英雄纪念碑雕塑艺术研究

一、人民英雄纪念碑的浮雕创作与艺术风格

1. 人民英雄纪念碑浮雕创作具有写实性和叙事性

人民英雄纪念碑作为面向中国和世界的公共艺术作品，就必然要考虑到广大人民的接受问题，特别是浮雕的运用，是为了更好地表达全国政协第一次全体会议通过的毛泽东撰写的三段碑文，因此浮雕采用写实性的艺术语言就成为必然，这也是写实性艺术的长处。对于浮雕的创作思想，1953 年面向公众展览时的介绍是这样写的："浮刻题材的选用，是用以代表每一历史阶段重要的和最为人所周知的人民英雄历史事迹。浮刻的表现形式，采取叙述性，因为这样具体的人民伟大斗争史和中国人的欣赏雕刻习惯，是不适于象征的表现方法。"[1]

人民英雄纪念碑的浮雕创作，是按照西方学院派的雕塑创作程序进行的，从收集材料到设计草图，然后依据草图依次创作四分之一稿、二分之一稿、原大泥塑稿（先做人体稿，再做着衣稿），翻制石膏、依据石膏稿进行石刻。在这一不断的转换过程中，必然会发生某种程度的微小改变。我们现在观看纪念碑浮雕，由于是石刻，所以有不少概括之处。而在泥塑放大稿中，可以看到虽然没有 20 世纪 60 年代《收租院》那样的超级写实，但对于每一形象的细节，也是根据现实生活加以写生，十分精确的，只是由于纪念碑浮雕的整体性和浮雕对于光影的要求，才没有流于琐碎。这和纪念碑浮雕的几位主稿雕塑家在法国留学，对雕塑与建筑的关系能够很好地把握有关。比较一下中国人民革命军事博物馆前由曾竹韶主稿的《全民皆兵》《陆海空》雕塑与该馆广场上的《军民一致》雕塑，就可以看出前者受到法国学派的影响，石刻雕塑的整体与建筑物相当和谐；而后者为

受到苏联雕塑教育影响的中央美院雕塑系毕业生所作，雕塑的泥塑感太强，光影散乱。

2. 人民英雄纪念碑浮雕的风格是统一中有多样

人民英雄纪念碑浮雕虽然是 8 位雕塑家主稿，但是给观众的印象却是十分整体的。纪念碑浮雕的厚度，从基底到表面共有 12 厘米高，层次比较多，如何保持纪念碑浮雕在整体上的中国气派，同时在统一的风格中又保持个人特点？对此，王卓予回忆说，刘开渠提出要求同存异，大的层次处理要统一，局部的处理高一点、低一点，可以有自己的表现，基本上是一致的。经过讨论，雕塑家们确定了一个基本的共识，那就是在浮雕中，人物的基本层次为三层，避免过多的层次使画面上的人物形象大小相差太多。但是在风格上还是有些差异，如傅天仇（图 7-1）的《武昌起义》突出了动势线的处理，人物从左上方下来，又冲向右上方，以士

（图 7-1）傅天仇在创作《武昌起义》泥塑稿（1956） 张祖道摄

兵手中的长枪将人物联在一起，构成向前向上的动势线，表现了革命力量不可阻挡的气势，人物的塑造比较厚，光影的对比较为强烈（图 7-2）。而王丙召的《金田起义》（图 7-3、图 7-4）更像希腊雕塑的处理方法，人物基本在一个平面上，第一层人物较薄，这是参考了希腊帕特农神庙的浮雕处理方法，也是为了解决浮雕整体平面与局部突出的矛盾。曾竹韶的作品也很有希腊的特点（图 7-5）。纪念碑浮雕总体上的风格由刘开渠把握，雕塑家们经常在一起观摩交流，相互提意见。（图 7-6）

“这 10 块题材内容不同的浮雕在艺术处理上，8 位著名雕塑家共同遵守纪念碑总体设计的要求，在浮雕厚度和人物高度方面有统一规定，但是对于浮雕起位、层次处理和形象的塑造，则‘八仙过海，各显神通’，充分发挥各自的特长，因此，在表现形式和风格上呈现了多样统一的艺术效果。”[2] 虽然刘开渠、滑田友等人在新中国成立前就有过浮雕创作，但新中国成立后国内并没有大规模的浮雕创作的成熟经验，几乎是从头摸索，所以人民英雄纪念碑浮雕就具有了新中国大型浮雕创作的开拓意义。

3. 人民英雄纪念碑浮雕与中国传统雕塑

虽然我们承认创作人民英雄纪念碑的雕塑家基本上是从法国留学归来，深谙欧洲写实雕塑的规律，但是如果说人民英雄纪念碑的浮雕创作只是对欧洲纪念碑雕塑的移植，就会将问题简单化。事实上，创作纪念碑雕塑的几位优秀雕塑家对中国传统文化有很深的理解，他们也深受中国传统雕塑的影响。据王卓予回忆，1953 年的下半年开始创作纪念碑浮雕泥塑小稿，尺寸与构图稿相似，为 30cm × 80cm 左右，共做了两次，其后停了一个时期。资料显示，至 7 月中旬，浮雕稿尚未完成。也正是在这年 7 月 17 日，纪念碑兴建委员会召开各组联席会议（由滑田友任会议主席），决定 9 月份在天安门广场纪念碑工地举办纪念碑碑形展览，展览的内容包括碑形图样、纪念碑模型、浮雕和装饰初稿，广泛听取社会公众意见。在这一展览于 9 月底结束之后，1953 年 10 月至 12 月初，刘开渠同 9 位雕塑家到山西大同、云冈、太原晋祠、天龙山、平遥，河北南北响堂山，陕西西安、顺陵、霍去病墓，甘肃麦积山，河南洛阳、龙门、巩县（现巩义市）、

（图 7-2）《武昌起义》浮雕泥塑稿（局部）

（图 7–3）王丙召等作《金田起义》

（图 7–4）王丙召等作《金田起义》（局部）

开封，山东济南、长清灵严寺等地，参观了古代雕塑（图 7-7）。作品从汉至明清，从一般浏览到重点欣赏，共看了数万件。[3] 部分青年雕塑家则留在工地上做头像，画素描，进行基本练习。

刘开渠一行这次考察虽然时间不长，但由于参观是连续不断的，所以在历代雕塑的题材和风格上得到鲜明的对比。他们感到，中国古代雕塑不管当时是在什么样的社会条件之下，艺术品的目的性总是明白的。刘开渠认为："中国古代雕刻的两种主要题材：表现人及人的活动和表现宗教或封建统治。……在以表现人和人的活动为主的雕塑艺术上，中国古代雕塑家创造了极深刻的现实主义艺术，丰富地制作了感人心弦的作品。"[4] 他特别注意到孝堂山、武梁祠等地的汉代石刻，那种反映日常生活的大型场面，以极薄的浮刻表现生活的情节，具有令人舒适的装饰性。刘开渠尤其赞赏汉代雕塑完全以人的活动和动物为题材，突出题材含意与形象特征的朴实、单纯、雄健的表现方法，为古典雕塑创立了最好的现实主义基础。对于太原晋祠的 44 尊宋塑女像和长清灵严寺的罗汉，刘开渠认为，就情感丰富、性格真实而言，完全可以和文艺复兴时期的唐那太罗（多纳泰洛）相媲美。刘开渠坚信，认真地研究这些杰

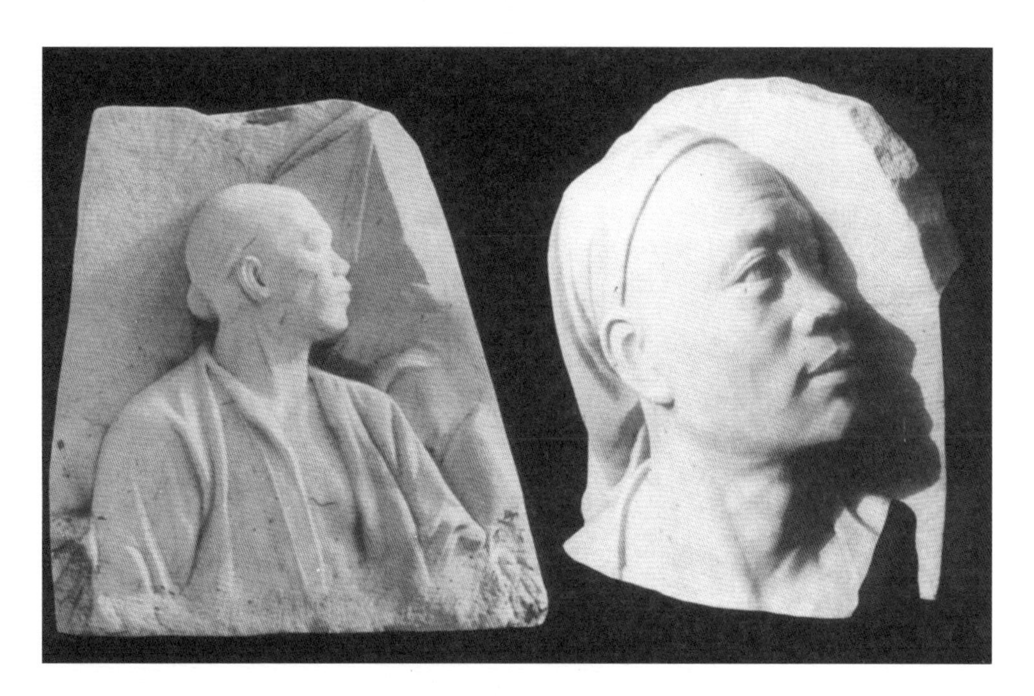

(图 7–5) 曾竹韶作《虎门销烟》头像试刻

(图 7–6)刘开渠等人在研究浮雕创作 （左起张松鹤、萧传玖、王临乙、滑田友、刘开渠、王丙召、曾竹韶）
（1956 年 7 月 11 日） 张祖道摄

（图 7–7）1953 年 10 月—12 月初，人民英雄纪念碑小组外出考察，这是在陕西顺陵考察时的合影。左起王临乙、张松鹤、萧传玖、滑田友、温庭宽、王丙召、曾竹韶、刘开渠、张发孟等

出的作品，学习古代作者的创造精神和创作方法，必然会加强和提高美术创作的力量。

在刘开渠的带领下，雕塑家们在国内各大石窟参观考察，拍摄了许多照片资料，翻制了大量实物。以这些珍贵的古代雕塑照片为基础，以后出版了一本《中国古代雕塑集》。有些著名作品的石膏翻制像则留在了中央美院等院校，如《昭陵六骏》石膏像就保存于中国美院。

对中国古代雕塑的考察研究拓展了这些长期在法国写实雕塑传统中浸润的雕塑家，对人民英雄纪念碑的浮雕创作产生了深刻的影响。例如河南巩县（现巩义市）石窟寺著名的北魏浮雕《帝后礼佛图》，是杰出的古代石刻浮雕作品，雕法精致，形象生动，行进中的人物俯仰向背，姿态表情各不相同，流畅而统一，既富于装饰性，又简洁概括。这些不同层次的人物在一个平面上完美地组合，无疑在构图方式和形象刻画方面给了雕塑家们以很大的启发。据李祯祥回忆："经过对古今中外许多浮雕进行的分析研究，确定了现今作品的风格，即浮雕人物比例适当，场面宏伟、生动、活泼，表现的内容深刻；与广场其他建筑不仅在色彩上，而且在比例上、体量上均比较协调，成为歌颂英雄、教育人民的很好的形象教材。”[5]

4. 人民英雄纪念碑浮雕的前期创作

1952 年 2 月，众人期盼已久的刘开渠终于到达北京，美工组的工作走上正轨。在他的领导下，美工组于 1952 年 6 月拟定了十分明确的工作报告和计划，共分为三个阶段，其主要内容包括：（1）根据 10 块浮雕题材学习文件和近代史。（2）各小组根据题材内容需要访问收集素材。（3）勾出绘画初稿送上级和美术界征求意见。（4）讨论碑形和浮雕内容。（5）根据雕刻需要进行基本练习。（6）依照新碑形进行浮雕起稿。（7）分组考察体验生活，到各地研究古代雕刻。（8）整理修改浮雕稿送上级审查。我们从报告中可以看出刘开渠对于浮雕创作的丰富经验和组织能力。[6]

根据美工组的工作计划，首先在中央美院举行了几次大的讲座，由范文澜、郑振铎、许德珩主讲鸦片战争以来的中国近现代史，特别是五四运动、五卅运动。由军委总政治部派出参加过抗日战争和解放战争的四位干部讲井冈山、平型关、渡江战役等。进入画稿构图阶段，所需要的题材史料及图片，由谢家声、沈海驹负责，与军委政治部、中央办公厅、中科院近代史研究所联系办理。纪念碑办事处还曾向上海、广州等地去函，要求复制“五卅运动”和黄花岗起义等革命历史的照片。美工组还组织雕塑家观看了《翠岗红旗》《钢铁战士》《南征北战》《赵一曼》《中华儿女》《新儿女英雄传》《解放了的中国》《大西南凯歌》《红旗漫卷西风》《百万雄师下江南》等革命电影。据李祯祥回忆，分小组收集资料、访问老同志的工作由画家、雕塑家共同进行，他和艾中信跑到海军去，为“甲午海战”收集资料，访问海军官兵。王卓予所在的“南昌起义”小组则访问了陈士榘等将军。

在目前所见的有关人民英雄纪念碑浮雕的图片与文字中，8 块浮雕的题目一直比较混乱。这是因为纪念碑浮雕的题材确立经历过多次改动。

1952 年 7 月 18 日和 25 日，纪念碑雕画史料编审委员会在范文澜主持下，两次召开会议，讨论纪念碑浮雕题材。7 月 30 日范文澜致信梁思成，指出：“10

面浮雕顺次序排下来，‘五四’恰在后面最大一块，似乎也不甚妥，可否与‘二七’合在一块上，如果这样，又缺少一块了，是否可在征求意见信上提出这个问题？请大家推荐一个题材。”[7] 8月4日，纪念碑兴建委员会将初步提出的10个浮雕主题（梁思成回忆为9个）和在碑座上的位置图，发给有关领导和机构以及纪念碑兴建委员会全体委员征求意见。这10个题材分别为“三元里、义和团、辛亥革命、五四运动、二七运动、五卅运动、井冈山、游击战、平型关、渡江”。8月6日郭沫若回信，建议加上“八一南昌起义”和“淮海战役”。其中“五卅运动”曾被改为“抢渡大渡河”（参图7-14）和“铁索桥”，并做出泥塑草稿，后又改回“五卅运动”。到8月26日，共收到回复16件，包括周扬、蔡若虹、江丰、茅盾等，就题材、内容和位置等，提出了许多意见。

据梁思成在《人民英雄纪念碑设计的经过》一文中的回忆，1953年1月19日，人民英雄纪念碑兴建委员会秘书长薛子正传达了毛泽东关于浮雕主题的指示：“井冈山”改为“八一”；“义和团”改为“甲午”；“平型关”改为“延安出击”；“三元里”是否找一个更好的画面；“游击战”太抽象；“长征”哪一个场面可代表？毛泽东的这一意见基本上得到了执行，根据1953年初纪念碑美工组的10个分组，可知10个题材如下：虎门禁烟、太平天国、甲午战争、辛亥革命、五四运动、五卅运动、南昌起义、延安出击、抗日游击战、渡江。此后不久，10个小组又改为8个小组。根据《首都人民英雄纪念碑设计资料》，1953年9月，最早选定并拟定的浮雕画稿为8块，即烧鸦片（或三元里）、金田起义、辛亥、五四、五卅、南昌起义、游击战争、渡江。这就基本上确立了后来的8块浮雕的主题。

1956年5月，美工组在给上级领导的请示报告中，就8块浮雕的主题列出了两套标题，即以浮雕所表现的具体历史事迹为标题和以浮雕所表现的具体事迹及其所代表的时期为标题。前者为：烧鸦片、金田起义、武昌起义、五四运动、五卅运动、南昌起义、抗日游击战争、胜利渡长江、解放全中国。后者为：烧鸦片——鸦片战争、金田起义——太平天国、武昌起义——辛亥革命、五四爱国运动、五卅工人运动、南昌起义——以武装的革命反对武装的反革命、抗日游击战争、胜利渡长江，解放全中国。[8]后来完成的浮雕题目基本上以第一套标题为准，只有“烧鸦片”改称为“虎门销烟”或“鸦片战争”，“抗日游击战争”称为“抗日游击战”，“胜利渡长江，解放全中国”简称为“胜利渡长江”。

2013年5月3日，得到有关部门批准，笔者有机会和中央美术学院雕塑系部分师生对人民英雄纪念碑做近距离考察研究，看到了8块汉白玉浮雕左下角所刻出的标题，最终标示如下：《烧鸦片　鸦片战争　1840年至1842年》《金田起义　太平天国　1851年至1864年》《武昌起义　辛亥革命　1911年》《五四运动　1919年》《五卅运动　1925年》《八一南昌起义　1927年》《游击战　抗日战争　1937年至1945年》《胜利渡长江　解放全中国　解放战争　1946年至1949年》，可以看出，最终人民英雄纪念碑8面浮雕的题目是综合了两套标题的内容，并且加上了时间，从而使浮雕主题更加明确。

这里还要提到的是，在美工组1953年的工作报告中，3月至6月有对纪念碑碑形设计的讨论，这本是建筑设计组的工作，怎么会成为美工组的任务？这就涉及1953年上半年关于碑形设计的大讨论。问题的起因是，在正式施工后，各方面特别是美术界对纪念碑的碑形仍有许多不同意见，特别是关于碑顶的设计是采用雕像顶还是建筑顶，以及与浮雕关系密切的纪念碑底层须弥座的宽度问题。1953年2月，美工组下属的研究组（包括吴作人、王朝闻、王式廓、董希文、王逊、吴劳、高庄、冯法祀等）和北京市的美术家分别召开会议，对纪念碑的碑形设计提出了很多意见。1953年3月13日，纪念碑兴建委员会建筑设计组在梁思成出国的情况下，召开了会议，出席会议的有梁思敬、莫宗江、吴良镛、林徽因、高宝真、张劳、高淑善，会后他们致信薛子正、郑振铎，谈到各方面最近对纪念碑原设计案有一些不同的意见，要求修改以及纪念碑兴建委员会内部有改组的建议。[9]这些意见反映到上级领导那里，为了慎重起见，决定于1953年5月1日前停工，进一步征求意见和新的碑形设计方案。并且召开座谈会，由薛子正秘书长向美术家们介绍了纪念碑的前期设计经过。

经过热烈的讨论，美术家们提出了许多意见，根据上级的精神，纪念碑的碑形已由中央领导决定，纪念碑的基础工程已经在做，所以最好在原基础上提意见。

第二次徵圖，又送到各種碑形的設計方案：有的就原有基礎上加以改進，有的是根據了高的原則推翻重來的。

（图 7–8）第二次征图收到的若干方案

（图 7–9）1953 年 8 月前后修改的方案

在收到了一批新的碑形设计方案（图 7-8）的基础上，经过修正的碑形设计方案（图 7-9）较前有了不少变化，1953 年 5 月 28 日，美工组全体同志整理了一个共同的意见，对纪念碑的新碑形（图 7-10）表示肯定，并提出了一些修改意见，内容如下：

大家基本一致同意新碑形。

具体修改意见，如附图。（如宽度能再大些，更好。）

碑盖简单一些，提高些，脊的形象以向外凸出为好。

浮雕部分加高加大，碑身弧线小一点。

阶梯口再放宽，每侧多一个栏杆。

第二层台，四面放宽一个栏杆。[10]

可以看出雕塑家们对于纪念碑造型为了追求挺拔而缩短底座宽度是不同意

（图 7–10）1953 年 8 月前后修改方案的环境效果图

的，所以要求加宽浮雕部分。这些意见为纪念碑的造型修改提供了有益的参考，完善了纪念碑的碑形设计，部分地弥补了雕塑家在纪念碑前期设计工作中没有参与的缺憾。事实上，早在 1953 年 1 月 22 日，梁思成曾就美工组关于重新考虑纪念碑设计的建议回函美工组。1953 年 9 月 4 日，梁思成出访苏联回国，美工组对碑形的意见交给了刘开渠、梁思成两位设计处长，梁很快回函让建筑设计组从各方面（轮廓、正面、侧面、斜角、浮雕的正视距离、观者在一个位置上的视野等）加以考虑。[11] 这也提示我们，在建筑和雕塑结合的大型公共艺术项目中，最好在前期规划时就邀请雕塑家参与，使雕塑与建筑在艺术上更加协调互补。

人民英雄纪念碑的浮雕是在天安门广场纪念碑工地南面的工作室（图 7-11）中进行的，大概的位置在现在的毛主席纪念堂北门外。据李祯祥回忆，工作室坐北朝南，东西约 60 米长，南北约 10 米宽，高约 8 米，大门朝南，北边也有门，还有临时宿舍。从工作室的内景照片来看，空间相当大，纪念碑浮雕从西边起一字排开，做浮雕时用布帘隔开，在每个浮雕放大稿旁，都有石膏小稿作为参照。

人民英雄纪念碑的浮雕创作程序受到欧洲学院雕塑的影响，十分规范。根据王卓予的回忆，综合其他材料，浮雕创作的基本步骤如下：（1）1953 年初根据主题要求和题材（历史事件），用画稿确定情节组织和人物布置。（2）1953 年下半年开始根据画稿尺寸做浮雕泥塑初稿，与绘画构图稿大小相同。确定浮雕上

（图 7–11）纪念碑浮雕创作工作室内景（1956 年 6 月 4 日）　张祖道摄

的高低，应有的光暗布置，根据浮雕的压缩需要，在层次及局部的组合动态上做修改（图 7-12、图 7-13、图 7-14、7-15、图 7-16、图 7-17）。（3）1955 年下半年做泥塑中稿定稿，也就是二分之一定稿，高约 1 米，定稿中人物衣纹比较具体，每一次定稿都花了几个月时间。（4）1956 年春天做与石刻浮雕等大的泥塑放大稿，也就是石刻所依据的定稿，在这一阶段仔细刻画人物的形象和思想感情，人物有 1.6 至 1.7 米，基本上与真人等大（图 7-18、图 7-19、图 7-20）。（5）根据放大稿翻石膏稿。（6）1957 年开始根据石膏稿运用点星仪打制石刻浮雕。[12]

是否每一次的稿子都要送中央审查？对于这一问题，王卓予回答说："没有，因为最初的构图已经送北京市和中央看过了，像《南昌起义》放大稿做完，美工组的同志看一看，没有什么问题也就算通过了。"那么，做浮雕时是完全自己想

（图 7–12）《武昌起义》四分之一比例尺石膏草型

（图 7–13）《五四运动》四分之一比例尺石膏草型

（图 7–14）《抢渡大渡河》四分之一比例尺石膏草型

（图 7–15）《南昌起义》四分之一比例尺石膏草型

（图 7–16）《敌后游击战》四分之一比例尺石膏草型

（图 7–17）《百万雄师渡长江》四分之一比例尺石膏草型

（图 7–18）滑田友作《五四运动》浮雕泥塑稿（局部）

（图 7–19）《武昌起义》浮雕泥塑稿（局部）

（图 7-20）《胜利渡长江》泥塑定稿（1956 年 7 月 16 日）　张祖道摄

象的去做，还是有模特儿参照？王卓予说："做大稿的时候，每一个人物都是先做人体，再穿衣服，人体要对照模特儿，动态是在构图阶段早已确定的，是先有动态，用模特儿对照。当时的北京有'人市'，相当于今天的劳务市场。在广安门那里，有农村的人，也有城市里的人。我那时负责挑选模特儿，那时的人工费是很低的，每天挑一到两个人，多了也用不了。也去解放军那里找一些战士来做模特儿，有些战士同意脱衣服，有些战士就不愿意脱衣服，那就穿条短裤(图 7-21)。我们的人体做得很完整，像头部、手、脚，都很完整，加上衣服也要模特儿。道具是去借的，像解放军的服装、枪支等。脸部的形象也要找，农民就找农民，解放军就找解放军，最后的形象还是艺术家的创造，是综合的，不是某一个人的。冬天里工作室很冷，就生大炉子，烧煤块，生了好几个大炉子。"[13]

5. 人民英雄纪念碑浮雕的构图创作

有关纪念碑浮雕的构图，李祯祥指出，当时不仅有可供参考的希腊帕特农神庙浮雕的表现方式，也有中国礼佛图式的构图方法，更有在当时新出现的苏联艺术家创作的《宣誓》这一作品的大透视构图。经过研究讨论，确定了现在的构图方法，它不拘泥于平行构图，每幅构图从内容出发，尽量使其表现充分，注意互

（图 7-21） 解放军战士为纪念碑浮雕创作做模特儿

相呼应，保持与建筑的和谐。可以说，人民英雄纪念碑浮雕的构图，研究和吸收了中外雕塑艺术的形式规律，在生动丰富中有概括统一，与人民英雄纪念碑碑身的建筑设计达到了很好的和谐，是新中国成立后中国浮雕艺术的历史性成就。

（1）刘开渠与纪念碑浮雕

1949年4月21日凌晨，人民解放军以木帆船为渡江工具，强渡长江（图7-22）。由彦涵起稿，刘开渠主稿所作的《胜利渡长江》（图7-23）表现的正是这一千帆竞渡的壮观场面。整块浮雕造型饱满，体积感强，人物精力充沛，突出了人民必胜的主题。这块纪念碑上最大的浮雕旁，是两块老百姓支援前线和欢迎解放军的装饰浮雕。百万雄师渡长江的胜利，加速了全中国的解放，是新中国成立的前奏，浮雕中吹冲锋号的战士形象（图7-24），充分表达了这一意境。

刘开渠谈到浮雕构图时特别强调了构图的形式感，并以自己在创作人民英雄纪念碑浮雕时的经验加以讨论。他指出："在构图上有很多形式，如金字塔形，波浪形，崇高形，优美形，挺拔形，等等。文艺复兴时期的画多用金字塔或双重金字塔形，佛教雕刻也多用金字塔形。这些形式怎样来的呢？这是从许多作家的许多作品中总结出来的。这些形式是存在于自然和生活中的。山总是下大上小的。这种从生活和自然中被感到的东西上升为形式规律，再反过来用以加强、突出自然和生活中的美。人利用形式规律、形式感表现人或人群就更易有效果。我作《打过长江去，解放全中国》（天安门人民英雄纪念碑浮雕），就是把人组织到汹涌波浪形中。我把红旗、指挥员组成波浪的最高点，压在南京城之上，形成中国人民解放大军胜利过了江，势不可当，敌人老巢已在倾覆。用这样急剧向前的波浪形式时，如没有垂直形的线，就会显得动荡不稳，所以又在构图上，加重地突出了直立的桅杆，让人感到：胜利是必然的，力量是稳固的。……

“构图也包括情节安排，情节安排就是要突出感情。构图要给人以完整的感觉，不要让人看后，觉得是大构图的一部分。一方面是构图完整，同时也要使构图表现无限，也即是单纯和丰富的关系问题。”[14]

刘开渠对于浮雕创作不仅重视整体的大效果，也重视细节的刻画，例如 1957 年王卓予回家过春节，刘开渠让他早点回来，先到南京拍一些帆船的照片，王卓予过了春节就到南京艺术学院借了相机，拍了很多照片寄给刘开渠。刘开渠还曾就渡江战

（图 7–22）解放军突击队员冲上长江南岸

（图 7–23）刘开渠主稿《胜利渡长江》泥雕稿（1956 年 7 月 11 日） 张祖道摄

（图 7–24）刘开渠对照解放军号手进行创作（1956 年 7 月） 张祖道摄

役所使用的武器造型询问过来纪念碑工地参观的陈毅同志，陈毅说武器都是从敌人那里夺来的，陈赓同志指挥了渡江战役，比较熟悉。过后刘开渠找到陈赓将军，详细了解了过江的武器，保证了浮雕的真实。[15] 当然，对刘开渠的作品也有不同看法，例如彦涵就对刘开渠说："老刘，你做的战士年龄太大，有30多岁了，渡江时的战士都是小伙子。"

（2）滑田友与纪念碑浮雕

在参加纪念碑浮雕创作的雕塑家群中，滑田友（图7-25）是最具代表性的一位雕塑家。这不仅是因为他在法国留学的时间最长（15年），对欧洲雕塑的传统理解十分深入，曾以作品《沉思》获1943年法国春季沙龙金奖，也因为他对中国传统雕塑和中国艺术的美学思想的继承与发扬。还在法国学习期间，滑田友就开始了对浮雕的研究与创作，他早期所创作的《长跪问故夫》（1934）不仅题材具有中国式的哀婉，而且造型语言也具有汉代浮雕的整体与概括。1939年他

（图7-25）滑田友在创作《五四运动》泥塑稿（1956年6月） 张祖道摄

（图7-26）滑田友浮雕构图稿《在德国法西斯的侵略下之三·逃难》（1940）

所创作的浮雕《逃难》（图 7-26）、《医治》及《离别》等展示了他对于二战期间人民的受难所表现出的人道关怀。浮雕作品《葡萄》（200cm×400cm 1938—1941）获巴黎沙龙银奖，体现了他对于大型浮雕艺术语言的熟练掌握。1948 年滑田友从法国回国后，徐悲鸿为他在北京、南京举行了“滑田友雕塑展”，轰动中国美术界。

滑田友是中国现代较早注意到对中西雕塑艺术进行比较研究的雕塑家。他认为西洋雕塑“做一个东西找大轮廓，找大的面，一步步深入细部，再把细部与整体结合，做出来的比例，解剖正确，写实工夫可以达到惟妙惟肖，栩栩如生，是好处。中国的绘画与雕塑简练，首先是大的线、面，其中气势贯联，自有结合，不是照摹对象依样画葫芦，而是找它的规律，风格鲜明，看起来印象深刻，触目难忘。但有时缺乏解剖上的研究，所以西法中的优点可以吸收运用到我们自己的东西中来”[16]。

在雕塑艺术语言方面，滑田友十分重视艺术形式。他认为，现代西洋雕塑吸收了中国的艺术形式和表现手法，但只学到了表面，形成“为形式而形式”，而我们传统艺术形式的精髓是“神似”。在教学与创作中，他运用南齐谢赫的“六法”创造性概括了雕塑艺术的原理，洋为中用，古为今用。在他的纪念碑浮雕《五四运动》（图 7-27）中，我们可以看到，他注重气韵生动，根据浮雕特点，强化线的造型，着重形的概括和简化，以人物的衣纹组织出画面的动感，以肃穆的神态表现出人物内心的激动，将西洋雕塑的严谨和中国雕塑的写意很好地结合在一起。

（3）萧传玖与纪念碑浮雕

虽然萧传玖 1941 年 27 岁时就在湖南创作了大型浮雕《前方抗战，后方生产》，但参加人民英雄纪念碑浮雕创作仍然是他艺术生涯中最为重要的一章。萧传玖在创作浮雕《南昌起义》的过程中，认真学习近现代史，访问了老同志，研究了南昌起义的过程和历史意义。由周恩来、朱德、贺龙、叶挺、刘伯承等领导的北伐军 2 万多人，在江西南昌举行起义，向国民党反动派打响了第一枪，是中国共产党独立领导武装革命的开始。为了真实地再现这一伟大的历史事件，萧传玖根据王式廓起草的画稿，重点刻画了指挥员向战士们宣布起义的瞬间。因为这一时刻

（图 7–27）滑田友等作《五四运动》石雕（局部）

（图 7–28）90 岁时的张松鹤（2002 年 4 月）殷双喜摄

最能体现战士们激昂慷慨的情绪。这是一个宏大的群众场面，人物多，结构关系复杂，把握构图的整体结构与合理布局是关键。萧传玖用严谨的艺术手法处理每一个人物和细节，反复推敲，最后用了两年多的时间，才把构图基本确定下来。为了在有限的画幅中反映热烈的战斗气氛，他巧妙地运用多层次的处理来扩大空间，使人物有充分的活动余地。为了增强整个场面的战斗气氛，完美地体现主题，他又在使浮雕保持较大凹凸的同时，加大了形体的起伏以丰富光影的变化。但是起伏太大又会出现乱与花的问题，萧传玖就根据画面需要，有些地方起伏大一些，有些地方平和一些，让主要部分跳动起来，达到人物的组合与构图节奏的协调。[17]

（4）张松鹤与纪念碑浮雕

在参加纪念碑浮雕创作的8位主稿雕塑家中，张松鹤（图7-28）得到的研究与评介很少，这也许是由于他对于名利的淡泊，也许是由于他后来没有处在中国雕塑界的主流圈中，总之，他在这8位雕塑家中是比较特别的一位艺术家。区别在于，他没有去国外留学，而是在1931年进广州市立美术学校西画系学习，兼修雕塑。1935年毕业后他回到家乡当小学教员，1936年夏应召参加陈济棠部陆军师任中尉艺术科员，编绘抗日宣传画报。1938年参加广东人民抗日游击队，曾主编《行军画报》和《行军快报》。1948年到华北解放区，与彦涵、古元一起担任华北联大美术系教员。也就是在华北大学的进修，他接受了华北军区的委托，参加了石家庄解放纪念碑的创作。1950年调北京市人民美术工作室专事雕塑创作。由于张松鹤画毛泽东像最多，水平也高，所以在1950年受胡乔木之邀，与辛莽、左辉合作绘制天安门城楼上悬挂的毛泽东巨幅画像。也许是由于这个原因，也许是纪念碑兴建委员会中华北军区代表的推荐，他被选入纪念碑美工组，担任副组长。在美工组里，他与彦涵一样，是来自解放区的革命艺术家，张松鹤将此作为向教授们学习的好机会，全力投入创作。

在纪念碑浮雕的创作中，《抗日游击战》（图7-29）基本上是张松鹤自己起稿的。张松鹤的浮雕稿最有特色的是其中的人民群众的形象和群山青松、高粱谷子所构成的风景画式的背景。（图7-30、图7-31）对于这一点，还在张松鹤起稿时，江丰就注意到了，他对张松鹤说："老张，你作的布局安排，绘画性太强。"[18]

（图 7–29）张松鹤作《抗日游击战》泥塑定稿

（图 7–30）张松鹤《抗日游击战》浮雕草图 1（1953）

（图 7–31）张松鹤《抗日游击战》浮雕草图 2（1953）

张松鹤回忆说，江丰是领导，当时不敢和他辩论，但也没有接受这个意见。“这是游击战，高粱、谷子，还有高大的山峰，太行山、长白山，这都是游击队依靠的地方，没有这些，游击队不能取胜。对于领导、专家的意见，我也要考虑，但我是一个共产党员，不能离开人民的审美的观点。”[19]张松鹤在《抗日游击战》中不仅表现了人民战争的环境，也在一个空间中同时概括地表现了游击战的前方与后方，这是不同于其他浮雕表现某一特定历史场景的创作方法的。虽然《抗日游击战》在纪念碑的8块浮雕中是人物最少的，但内容仍然十分丰富。仔细观察浮雕稿，我们可以看到，一位老农正在从树洞里掏出手榴弹来，放入担箕中，这是农民的工具，只有经历过敌后战斗生活的人，才能有这种生动的细节。位于最前列的青纱帐中的战士，以手势告诉后面的战友，十分贴切地表达了游击战的隐蔽与机动性质。整体上，人物从后方的从容坚定到前方的警觉待发，具有罗丹雕塑《加莱义民》中的时间性转换，可以说，这是一幅具有绘画中的叙事性特点的浮雕，这恰恰是浮雕区别于圆雕的象征性而与叙事性绘画有所相似的地方。张松鹤对此有清醒的认识，他认为，《抗日游击战》的成功，不是因为自己的技术高于其他教授专家，而是由于自己自抗日战争以来11年的部队生活，和战友们在一起，和人民在一起，在感情上和人民相沟通，这就决定了作品中的形象和动态来自生活，具有可信的真实感。张松鹤晚年回到家乡广东东莞，又与陈淑光、张方共同创作了《清溪革命烈士纪念碑》（图7-32），其中借鉴了许多人民英雄纪念碑的手法。

（图7-32）张松鹤晚年为家乡东莞所作的《清溪革命烈士纪念碑》

（5）王临乙与纪念碑浮雕

王临乙（图 7-33）也是中国现代雕塑事业的拓荒者之一，他于 1929 年到法国留学，先后在里昂国立美术学院和巴黎高等美术学院雕塑系学习，受业于著名雕塑家布夏，在法期间雕塑作品就得到布德尔的欣赏，学习成绩一直名列前茅，多次获得一等奖和“龚古尔美术奖”。在法期间，他与常书鸿、刘开渠等人共同发起成立了“中国留法艺术学会”，与刘开渠相交甚多。1936 年回国后，王临乙受聘于国立北平艺专，并且自 1946 年起担任雕塑系主任兼总务长。1950 年他为中央直属机关大礼堂创作了大型汉白玉浮雕《民族大团结》（200cm × 600cm），刻画了 50 多个少数民族群众载歌载舞，欢庆胜利的场面。以一种昂扬、热烈的旋律，表现了新中国建立之初的蓬勃朝气。1958 年他又指导王克庆、白澜生、曹春生为民族文化宫创作了浮雕《民族大团结》。新中国成立初期，王临乙所作的许多浮雕作品都体现了他对于大型浮雕的艺术造诣。

（图 7–33）王临乙在创作《五卅运动》泥塑稿（1956 年 6 月） 张祖道摄

人民英雄纪念碑浮雕《五卅运动》是王临乙艺术生涯中的重要代表作之一。他出生于上海，目睹了发生于1925年5月30日的一万多工人游行与集会，抗议帝国主义枪杀中共党员、工人顾正红的爱国运动。面对帝国主义的血腥暴行，中国人民不屈不挠的斗争精神深深地打动了他。在经过反复思考后，王临乙在浮雕创作中采用了整体统一的造型（图7-34），他将人物的鲜明影像置于一个连续性的运动过程中。从多位当年参加浮雕创作的青年雕塑家的回忆来看，《五卅运动》的画稿构图主要是由王临乙完成的。2015年，在中央美术学院美术馆所收藏的王临乙、王合内两位先生的珍贵资料中，中央美院雕塑系的王伟博士不辞劳苦，整理出了王临乙先生参加人民英雄纪念碑创作的全部图文资料。在这批资料中，有王临乙先生大量的创作草图（图7-35、图7-36），从最初的草图构想，到人物的动态组合构图，再到每一个人物的具体动态与细节，都明确地表明，王临乙先生对于“五卅运动”从草图到浮雕的全过程创作参与。例如，王临乙先生为了创作，深入地收集和学习了五卅运动前后的历史和党史，了解了五卅运动的前因后果和事件进程，这在他的纪念碑笔记中有详细的记载。而对于“五卅运动”的

（图7–34）王临乙等作《五卅运动》浮雕初稿（石膏）（1953 56cm×96cm×9cm）

主题确定与理解，在作为浮雕设计稿的晒蓝图（图 7-37）的右侧，写有详细的“五卅运动创作意图”，包括“基本精神”和“创作说明”两个部分。在创作说明中，有“背景是帝国主义侵略中国的主要武器：战舰、洋行、工厂、银行”等。

需要指出的是，吴作人也确实参与了《五卅运动》的草图起稿工作，只不过他担任的似乎是统稿的工作。这一点，在董希文 1953 年致吴作人的一封信中可以看出。董希文发自东城水磨胡同 49 号的信件原文是这样的：

吴先生：

画稿在全组会上又讨论了一遍，对你的这幅所提的意见，已由邹佩珠同志记录，请参考修改。另外，于津源也画了一张，今同王临乙的一幅一同送上给你，请参考他们两幅中的一些优点，合并到你的画稿里去，你以为这样的办法如何？

董希文

五日下午

根据纪念碑 1953 年 2 月的《美工组组织系统表》（《首都人民英雄纪念碑兴建委员会档案》23—1—32），纪念碑美工组将浮雕分为东西南北 4 个大组，10 个小组，以及研究组、秘书组。组长为刘开渠，副组长为滑田友、彦涵、吴作、张松鹤。北面组的组长为曾竹韶、董希文，在北面组下面，分为辛亥组、五四组、五卅组，其中五卅组的组长为王临乙、吴作人，组员为于津源。据此，我推测，王临乙、吴作人、于津源都分别勾勒了《五卅运动》的画稿，而董希文作为北面三个浮雕组的组长之一，进行协调工作，同时，他又作为《武昌起义——辛亥革命》这一小组的绘画设计，构思了《武昌起义》的草图（图 7-38、图 7-39）。

从吴作人家属收藏的吴作人的《五卅运动》草图来看，吴作人所绘草图人物较多，有 30 余人，图中最典型的是有一下蹲的男孩（图 7-40）。在王临乙保存的《五卅运动》创作稿来看，其中有两幅晒蓝草图差别较大，标号为“创 121”的一幅写有“五卅运动的创作意图”，在其后的括弧中注为“草稿第二”。画中人物较多，有 38 人，与吴作人家属所藏草图相近（只是方向相反），图中也有下蹲的男孩。而标号为“创 122”的一幅晒蓝草图则人物较少，只有 20 人，在标题“五卅运动”后的括弧中注为“初稿一”，并且写有简短的“主题意图”“背景”等文字，图

（图 7-35）王临乙《五卅运动》草图 1（1953）

（图 7-36）王临乙《五卅运动》草图 2（1953 24.8cm × 54.5cm）（资料编号：创 109）

（图 7-37）王临乙《五卅运动》晒蓝图（1953 27cm × 67cm）（资料编号：创 126）

（图 7–38）董希文《武昌起义》浮雕草图 1（1953）

（图 7–39）董希文《武昌起义》浮雕草图 2（1953）

（图 7–40）吴作人《五卅运动》浮雕草图（1953）

中最为明显的一个人物是最右侧下方分发传单的女学生，这个人物贯穿了王临乙从最初的草图构思到最后完成的晒蓝设计图，但在最后完成的浮雕作品中没有出现，而是突出了工人的形象。在王临乙的泥塑创作进程记录手册（编号101）中，有对18个人物身份的标注（临时编号4—101），其中知识分子2人，学生4人，其余都是各行各业的工人。从最后完成的《五卅运动》浮雕来看，主体人物正好是18位，形象简明突出，具有很强的雕塑感，应该是基本采用了王临乙先生的草图。当然，王临乙与吴作人两位先生在草图创作过程中的相互交流和影响也是必然存在的。有关草图创作的过程和细节还有待深入研究，包括对王、吴二人的笔迹鉴定，也是一个可以考虑的选项。

2015年，笔者在"至爱之塑——王临乙、王合内夫妇作品、文献纪念展"上有幸看到了《大渡河》（《泸定桥》）的泥塑稿，十分欣喜。在1953年9月编印出版的《首都人民英雄纪念碑设计资料》中，原有《抢渡大渡河》的泥塑稿（参见本书图7-14），但后来未被采用，我很早就知道有这样一个泥塑稿的存在，但却不知道作者是谁。现在看到这件泥塑稿，如同遇到故友，十分亲切，原来这也是出自王临乙先生之手。对于这件创作草稿，王临乙先生是十分重视的，在一幅摄于20世纪90年代的王临乙、王合内寓所的照片中，我们可以看到，王临乙先生将《抢渡大渡河》的雕塑小稿悬挂在工作室的重要位置。在王临乙先生的创作资料中，也有大量与《抢渡大渡河》有关的人物动态速写及草图。他以水彩的方式画出构图与人物剪影，一幅是红军战士飞夺泸定桥，一幅是战士乘船强渡大渡河。还有大量的单个人物动态稿，这些草稿证明了当时艺术家的浮雕创作方法，即先勾草图，然后根据构图需要找模特儿写生，先画裸体人物动态稿，再为人物着衣，或专门研究衣纹，有些草稿人物在线描中加上淡彩。可以看出，这些动态人物并非一般性的速写，而是针对创作草图中的人物进行深入细化，其动态人物与草图中的人物均有相对应的关系。至于草图使用的绘画方法，则与20世纪50年代中央美术学院其他画家的方法比较相似，即在中性色调的淡黄色画纸上以铅笔或墨水笔勾出人物形象，阴影处略加皴染，高光处以白粉画出，如王式廓画的《血衣》素描，多用此法。

在纪念碑的8块浮雕中，只有王临乙的作品没有将人物分成若干组，而是吸收借鉴了北魏浮雕《帝后礼佛图》的构图方式，在平行的构图中达到一个连绵不断的横向运动的效果，使观众感觉到行进的工人队伍向画面外的无尽延伸。为了增加浮雕画面的厚重感，他增加了人物的前后层次，将人物以不同的方式组合起来，形成三个纵深的层次。这样，不仅细致刻画了人物的阶级身份，也表现了人物的精神与个性。雕塑家刘士铭认为，“王临乙先生的《五卅运动》，动作里有节奏感，有一条线，在静止的形态上有动感”，这确实是欣赏《五卅运动》的一个要点。他的画面以大的斜线构成，表现出行进中的工人队伍的动势，充分表现了工人阶级团结的力量。《五卅运动》显示出王临乙对中国传统雕塑与西洋雕塑的融合。早在1947年3月13日，他在天津《益世报》上发表的文章《雕塑欣赏》，就对中外雕塑不同的哲学与审美观念进行了深入的分析，注意到“写实美”与“象征美”的各自特点，并指出完好的雕塑必然包含三个特点：注重轮廓、注重深浅凹凸起伏程度、注重光线流动的过程。[20]钱绍武告诉笔者，中央美院雕塑系的三位重要雕塑家滑田友、王临乙、曾竹韶都留学法国，但他们对中国传统雕塑都很有研究。20世纪60年代初雕塑系教师分工展开对中国传统艺术的教学研究，曾竹韶重点研究宋代雕塑，滑田友重点研究唐代雕塑，而王临乙重点研究秦汉艺术特别是汉画像砖艺术。他认为中国优秀的传统大型雕刻，都有很高明的处理手法，他对同学们说：“汉代的石刻，即使一些细部被风化掉，仅剩下那么一大块‘型’，你也不会觉得它空。”[21]他注意到唐代顺陵石狮在形与线的结合上所具有的独到之处，并且运用到自己的创作中，实践了他的“融会中西”的审美理想。

王临乙先生20世纪50年代参与人民英雄纪念碑浮雕创作时，正值壮年，这成为他一生中最为重要的一个创作高峰。

（6）曾竹韶与纪念碑浮雕

曾竹韶（图7-41、图7-42），1908年生于福建厦门同安，幼时即受寺庙宗祠里的中国民间雕塑影响。1928年考入国立杭州艺术专科学校雕塑系，在这里他了解了西方雕塑从古希腊到古罗马，从文艺复兴的米开朗琪罗到近代的罗丹，并注意到西方雕塑与中国文化传统相和谐的艺术美感。曾竹韶承认，他受到中国第一代雕塑家李金发的影响很大，李金发不仅向他介绍了西洋雕塑，也介绍了蔡元培的美学思想。在李金发的鼓励下，曾竹韶于1929年秋到法国留学，在巴黎国立美术学院的布夏工作室与王临乙、滑田友同学。回忆自己的求学生涯，曾竹韶认为自己研究雕刻的来源在于美术考古。在法国的10余年时间里，他每年都到周围的国家参观，重点研究希腊和意大利的艺术。他跑过希腊的10余个小岛，“对其不同时期雕塑风格的演变，对其受外来艺术影响与本土文化融合而成的完美的雕塑艺术有了更多的感性认识。这完美的雕塑和宏伟的神庙建筑如何就能成为这个国家的象征，有了这种身临其境的体会”。[22]此外，他在法国期间，还向里昂音乐学院和巴黎西赛芳音乐学院的教授学习小提琴，与冼星海同学，这些对于他日后

（图7-41）曾竹韶创作《虎门销烟》泥塑稿（1956年7月11日）　张祖道摄

（图7-42）2010年，102岁的曾竹韶先生在家中

的雕塑创作有着深刻的潜在的影响。最令他难忘的是1936年12月在伦敦举办的“中国艺术展”，他和留法的中国同学在展览中看到中国5000年来的优秀的古代艺术作品，坚定了发展民族雕塑艺术的决心。

曾竹韶的雕塑方法相当独特。据他的学生刘士铭回忆，1952年曾先生创作了著名的《老边头像》，他先堆出一个减低，然后分出大的面，画出中线，根据比例用刀雕削，不是用塑而是用减的办法做。曾竹韶说：“我的‘面’是无形的面。”在头像上有大的方向，但是没有棱角，在光线下有面，手摸是圆的，形象开始不清楚，后来逐渐清楚。他的方法与中国民间泥塑的方法有所不同，而更接近于石刻的方法，是一种减法。[23]

对于纪念雕塑，曾竹韶认为，纪念雕塑应以现实主义为主，结合实际，充分了解对象以及他对社会的贡献。通过人物表现作品内涵，在塑造作品的同时也将自己的观点体现出来。他在创作中的小稿阶段反复推敲人物形态，直到满意为止，在做定稿时，追求对人物精神世界的刻画，力求形神兼备。《虎门销烟》浮雕人物虽然不多，但是刻画得形象生动，造型结实。在比例上，曾竹韶对前后的动态关系把握得很准确，体面关系很清楚。他将人物分为三组，通过弯腰撬箱子的兵勇联结起来，以扁担的直线形成构图的三角线，整个画面人物疏密有致，俯仰自如，具有很强的节奏感，人物在沉稳的动态中透出坚毅的气质。雕塑家钱绍武在概括曾竹韶的艺术特点时，指出他的艺术风格是“含蓄和内在”，“是既能险绝而复归平正”，“作品劲气内敛，入木三分，不事浮夸，简朴平实”[24]。这一评价是中肯而传神的。

在曾竹韶先生的雕刻生涯中，参与人民英雄纪念碑的雕塑创作是曾竹韶一生中最重要、最富激情，也是体验最深、受益最大的一段经历，是他艺术创作的一个高峰期。从1953年到1957年，在45岁至49岁的壮年时期，曾竹韶将主要的精力都投入了中华人民共和国历史上最重要的纪念性雕刻工程，这一工程使他在重大历史题材的雕塑创作方面，取得了前所未有的进步。有关曾竹韶在人民英雄纪念碑时期的创作状况，曾先生写有《人民的丰碑》一文，回忆了《虎门销烟》的创作历程。通过人民英雄纪念碑的创作，曾竹韶对纪念性雕刻的艺术规律有了深刻的体会，并且从中总结了许多重要的经验，对于新中国刚刚起步的纪念性雕刻艺术的发展，做出了理论上的贡献。

通过在人民英雄纪念碑建设过程中与建筑师的合作，曾竹韶了解了纪念碑在天安门广场的建设中与周边环境的比例、尺度的关系，注意到纪念性雕刻如何配合建筑是一个复杂、艰巨的问题，对雕塑与建筑及环境景观的关系有了新的认识。他后来将这一经验运用到 20 世纪 70 年代后期毛主席纪念堂室外雕塑的创作过程中。

二、纪念碑浮雕及新中国成立初期苏联雕塑对中国雕塑的影响

20 世纪中国雕塑的发展与油画一样，也是从欧洲的学院教育体系中获得基本的教育框架，但在不同的历史时期，由于派遣留学生的不同，受到不同的流派和艺术家的影响。西方雕塑在中国的介绍与引入，最早可以追溯到蔡元培。1916 年 5 月，蔡元培在巴黎“法国华工学校师资班”上讲课时，就专门讲了什么是雕塑，评价雕塑的四个标准以及中外雕塑简况：“西方则古代希腊雕刻，优美绝伦，而 15 世纪以来，意法德英诸国，亦复名家辈出。吾人试一游巴黎之鲁佛尔（卢浮宫）及庐逊堡（卢森堡）博物院，则希腊及法国之雕刻术，可略见一斑矣。”[25]

另一位中国雕塑的拓荒者是国立杭州艺专的教授、诗人李金发，他最早探索了纪念碑雕塑这一室外艺术的样式。1926 年，李金发参与了南京中山陵孙中山纪念像的设计，虽然他创作的雕像由于筹备委员会的意见不一致而未能采用，但这开创了中国近代雕塑史上纪念碑雕塑创作的先河。此后他于 20 世纪 30 年代先后创作的纪念碑有《伍廷芳铜像》《邓仲元铜像》《李平书铜像》以及广州中山纪念堂前旧时的《孙中山像》等。值得注意的是，早在 1928 年，李金发即为上海的南京大戏院做了一件长 12 米的巨型浮雕，这种以浮雕装饰的建筑物在当时尚属罕见。作品为正在演奏、歌舞的众多人物，多为裸体，体态优美，衣裙飘带，具有古希腊雕刻花纹的样式，装饰感很强。[26]

苏联雕塑作品最早介绍到中国是在 20 世纪 30 年代。1935 年 12 月 1 日，《美术生活》第 21 期介绍了苏联的雕塑作品，有伊凡 • 萨德尔的《武器》、尼古拉 • 安

德列夫的《老妇头像》、V. 杜莫加茨基的《儿子肖像》等。[27]

但是资料表明，新中国成立初期中国的雕塑教学以法国体系为主，以后才逐渐向苏联教育体系倾斜。以浙江美术学院（今中国美术学院）为例，其前身——解放初期中央美术学院华东分院雕塑系有一批留学归来的老师，他们年富力强、思想活跃，为我国雕塑事业的发展及培养人才做出很大贡献。“他们大都于 20 世纪三四十年代从法国留学归来。……当时雕塑系没有素描课的专职教师（从他系借调），清一色的教学体系基本上参照法国的教学方法”[28]。

从课程设置上来说，“解放前，雕塑专业课的教学内容和方法，基本上是西方模式。低年级是素描、石膏临摹和泥塑头像，二、三年级则是人体习作。改为学院后，课程设置参考了苏联的美术学院。苏联与西欧的教学本来是同一体系，但苏联在循序渐进的编排上更周密科学些”[29]。

20 世纪 50 年代初期，苏联雕塑开始对中国的学院教育产生影响，特别是苏联的纪念性雕塑与室内架上雕塑，在题材和表现形式上都有其特点，这与欧洲学院教育注重头像、胸像和人体写生的教学方法有所不同。在中央美院华东分院，萧传玖开始研究苏联雕塑教育体系，着手改进教学内容和方法，加强基础训练与创作的结合。在中央美术学院，1953 年 3 月 24 日，江丰在全校所作的关于“反对官僚主义”的报告中，明确提到学习苏联的问题。但对雕塑家们来说，学习苏联只是一种比较迫切的愿望或者是说是一种形势的要求，尚未有深入的认识。在一次讨论中，就关于学习苏联的问题，滑田友说：“雕塑方面，文艺整风前没有什么，现在这一年来是在摸索中，这种科学的方法，也没有逐渐地培养起来，在教学中摸索一种科学方法。以前是形式的方法，素描与雕塑是统一联系的，很迫切地希望有个苏联专家，我们的摸索是否对，现在没有成熟系统与规律。”[30]人民英雄纪念碑的建筑设计与浮雕创作，一开始就是以中国建筑家与雕塑家为主体独立自主进行设计与创作的。虽然在 1953 年 1 月，由于最初的设计方案中，纪念碑的下面是一个陈列室，设计方案中有壁画和浮雕，人民英雄纪念碑兴建委员会曾致函文化部，希望聘请苏联专家（拟请一位雕塑家、一位画家）来华指导工作，但最终苏联专家没有参与纪念碑的工作。

1953 年，上海兴建中苏友好大厦（今上海展览馆），中央美术学院华东分院（今中国美术学院）雕塑系派遣了 26 名人员，与苏联雕塑家凯尔别、莫拉文，石膏专家叶拉金一起从事《中苏友好纪念碑》这座 7.7 米高的大型雕塑制作（图 7-43），从中学习了有关大型雕塑翻铸的经验。1956 年，文化部在中央美院开办了苏联专家克林杜霍夫任教的雕塑训练班（图 7-44），以两年的学制浓缩了苏联 6 年雕塑教学的全过程，培养了一批中国雕塑的教学骨干。1958 年以后，以苏联模式为参照，才逐步形成了中国学院教育中的苏联模式。与此同时，20 世纪 60 年代初，钱绍武、董祖诒、王克庆、曹春生、司徒兆光等人先后从苏联美术学院学习雕塑归来，在中央美院执教，对中国的学院雕塑教育产生了重要影响。

从当时的美术活动和出版文献来看，苏联美术对中国美术的影响在 20 世纪 50 年代中期才达到高峰。1957 年 11 月号的《美术》发表了编辑部的文章，称“中国美术家永远珍视先进的苏联美术的成就，衷心愿意以那些为了满足人民审美需要和以共产主义思想影响本国人民的苏联美术家作为自己的模范”。在几年当中，苏联美术家纷纷访问中国，包括苏联美术研究院院长格拉西莫夫，副院长、雕塑家马尼泽尔和通讯院士茹可夫，普希金造型艺术博物馆馆长札莫施金等。苏联画展频频来中国展出，美术出版物不断移译过来。据不完全统计，1957 年从苏联引进的美术作品约占总进口数的 80%，其中出版美术理论、技法书籍近 80 种，发行 70 余万册，印行画册 30 余种。同年有 25 名中国留学生进入列宾美术学院学习。[31]

在王卓予的记忆中，苏联雕塑家如克林杜霍夫到过纪念碑工地参观，但是没提什么意见。参与上海中苏友好纪念碑创作的苏联雕塑家凯尔别、莫拉文两位专家也到工地看过，提了一点儿意见。事实上，20 世纪中国现代雕塑的基本框架来自法国，从事纪念碑浮雕创作的几位中国雕塑家，如刘开渠、滑田友、曾竹韶、王临乙都是留法多年后回国任教，王丙召、傅天仇分别于 1940 年、1944 年毕业于国立杭州艺专，而国立杭州艺专雕塑系成立于 1928 年，其教务长林文铮直接提出雕塑教学在教材和教学方法上要仿效巴黎国立美术学院。[32] 国立杭州艺专的早期教授有留法归来的李金发、王静远，法籍教授克罗多，俄籍教授卡墨斯基

（图 7–43）1954 年中央美术学院华东分院师生与苏联专家在杭州校园合影

（图 7–44）1958 年克林杜霍夫（后排左 3）与中央美术学院雕塑训练班学生合影

也是罗丹学派的雕塑家，特别是刘开渠、程曼叔、周轻鼎等人自 20 世纪 30 年代留法归国后，最终确立了法国的写实雕塑对中国雕塑的影响。而苏联雕塑也是受法国的影响，如苏联著名雕塑家穆希娜就是布德尔的学生，还有夏德、马尼泽尔等都曾在法国留学，苏联雕塑和欧洲雕塑（图 7-45）有着传统文脉的联系，苏联雕塑家是能够接受纪念碑雕塑的。参与人民英雄纪念碑工作的雕塑家当时也参考一些希腊、罗马的画册，在 20 世纪 50 年代中期，苏联画册开始进入中国，王卓予等青年雕塑家也时常到王府井外文书店购买外文画册。

可以这样说，新中国成立初期中国雕塑注重内容，把为社会主义服务、为人民服务放在第一位，这与当时的教育思想是密切相关的。例如，中央美术学院的第一任党总支书记胡一川在中央美院建校初期就强调人生观、艺术观的改造，他在中央美院的成立大会上说："过去的旧美术学校，出过优秀的革命的人物，不能否认的确实培养出来了好些美术人才，甚至这些人才经过一定的改造后，都可以成为新中国文化建设的工作者。我们应重视这些教育的成果。我们应继承优良传统。

（图 7–45）柏林纪念阵亡苏军纪念碑

“为了胜利地完成教学任务，全体教职学员，都应不断地加强政治学习，负责的首长给了我们很多指示（注：此处指中央美院开学典礼上中央政务院的有关领导郭沫若等人的讲话），我们以新的立场观点方法，批判自己旧的思想感情，旧的艺术观点，建立新的为人民服务的革命人生观、艺术观，不然的话，艺术上的是非黑白问题，就没有一个鲜明的标准。如果不首先在方针上弄清楚，为谁培养人才，培养什么样的人才，为谁画画，画什么，怎样画才能为广大人民所接受、喜爱和有深刻的教育意义，那么他的为人民服务的革命人生观是空的。”[33]

另外，新中国成立初期，中国雕塑界曾经展开过对形式主义的批判，强调深入生活。例如 1955 年潘绍棠在《美术》4 月号上撰文批判中央美院雕塑系的形式主义。1956 年《美术》12 月号发表了一组关于雕塑的文章，其中陈天的文章批评了几年来雕塑创作中因为没有深入生活而出现的公式化和概念化的问题。这些批判一方面促使雕塑家加强个人的艺术观的改造，更加注意深入生活，另一方面也抑制了对艺术语言的研究和艺术风格的多样化。相比之下，人民英雄纪念碑美工组的雕塑家们并没有受到这种貌似激进的思想的影响，而是对艺术内容和形式都给予了高度重视，达到了主题内容与艺术形式的完美结合。可以说，较之 20 世纪 50 年代中后期中国油画日渐走向正规化教学和创作，人民英雄纪念碑的浮雕创作在艺术思想和形式语言结合的成熟度方面，要早于中国油画。

注释

［1］首都人民英雄纪念碑兴建委员会编印《首都人民英雄纪念碑设计资料》，1953，第22页。

［2］王琦主编《当代中国美术》，当代中国出版社，1996，第134页。

［3］刘开渠：《中国古代雕塑的杰出作品》，载《美术》1954年4月号，第10页。

［4］同上。

［5］李祯祥：《人民英雄纪念碑浮雕创作小记》，载马丁、马刚编著《人民英雄纪念碑浮雕艺术》，科学普及出版社，1988，第13页。

［6］美术工作组的报告和计划于1953年6月25日由刘开渠、滑田友呈交薛子正，作为文会办第237号文件存档。这一文件基本上呈现了美工组1952年12月至1953年12月的工作概况，前一部分是已经完成的工作的报告，后一部分是下半年的工作计划，具体内容如下。

第一阶段：借美院大教室临时办公工作

12月15日—30日，依照碑形10块浮刻题材学习有关文件和近代史。

1953年1月1日—28日，研究题材资料，并按小组题材内容需要访问，各小组讨论酝酿起稿。

1月29日—2月2日，参加美院忠诚老实活动。

2月4日—2月10日，构稿。

第二阶段：迁回天安门工地工作室

2月13日—3月20日，继续构稿，初稿完成，送上级和美术界提意见。

第三阶段：

3月20日—6月1日，全组参加征集碑形工作，设计碑形及天安门广场布置设计等工作。

6月1日—6月20日，深入研究历史，讨论确定新碑形浮刻内容，并开始为雕刻创作所需要之基本练习。

工作计划（1953年6月20日—12月30日）

6月20日—7月20日，依纪念碑新形进行百年史浮刻起稿，初稿完工。

8月1日—30日，依浮刻需要，各小组（30人）分别考察、体验生活。

9月1日—30日，依浮刻需要，各小组（10人）出发考察古代雕刻，研究民族遗产。

10月1日—11月15日，依总结整理浮刻稿，至细致部分画完。

11月15日—12月30日，送审、等审。

《首都人民英雄纪念碑兴建委员会档案》，23-1-86。

［7］《首都人民英雄纪念碑兴建委员会档案》，23-1-6。

［8］《首都人民英雄纪念碑兴建委员会档案》，23-1-98，第3页。

［9］《首都人民英雄纪念碑兴建委员会档案》，23-1-83。参见第四章第二节中《刘开渠与纪念碑兴建委员会设计处》。

［10］《首都人民英雄纪念碑兴建委员会档案》，23-1-38。

［11］《首都人民英雄纪念碑兴建委员会档案》，23-1-83。参见第四章第二节中《刘开渠与纪念碑兴建委员会设计处》。

［12］见殷双喜于2001年3月8日在杭州对王卓予的访谈记录。

［13］同上。

［14］刘开渠：《刘开渠雕塑文摘——论雕塑创作》，载《新美术》1983年第1期，第9页。

[15] 马丁、马刚编著《人民英雄纪念碑浮雕艺术》，科学普及出版社，1988，第15页。

[16] 刘育和：《雕塑家滑田友传略》，载刘育和编《滑田友》，人民美术出版社，1993，第10页。

[17] 见殷双喜于2001年3月8日在杭州对王卓予的访谈记录。

[18] 王卓予的回忆也谈到这一点。

[19] 见殷双喜于2002年4月19日在广东东莞清溪镇柏朗村张松鹤家中对张松鹤的访谈记录。

[20] 张铜、沈吉鹏：《著名雕塑家王临乙》，载范迪安、许江主编，殷双喜执行编辑《20世纪中国雕塑学术论文集》，青岛出版社，2000，第43页。

[21] 同上书，第45页。

[22] 曾靖、张鹏：《心系祖国——曾竹韶先生访谈录》，载《美术研究》2000年第2期，第7页。

[23] 见殷双喜于2002年1月29日在中央美院雕塑系陈列室对刘士铭的访谈记录

[24] 钱绍武：《我们敬爱的曾竹韶先生》，载《美术研究》2000年第2期，第4页。

[25] 崔开宏：《百年雕塑纪事》，载范迪安、许江主编，殷双喜执行编辑《20世纪中国雕塑学术论文集》，青岛出版社，2000，第138页。

[26] 崔开宏：《近代雕刻家李金发》，载郑朝编撰《雕塑春秋——中国美术学院雕塑系70年》，中国美术学院出版社，1998，第54页。

[27] 殷双喜主编《走向现代——20世纪中国雕塑大事记》，河北美术出版社，2008，第26页。

[28] 章永浩：《情系母校》，载郑朝编撰《雕塑春秋——中国美术学院雕塑系70年》，中国美术学院出版社，1998，第196页。

[29] 王卓予：《回顾那十七年》，载郑朝编撰《雕塑春秋——中国美术学院雕塑系70年》，中国美术学院出版社，1998，第202页。

[30] 中央美术学院档案卷宗，1953年卷，中央美院档案室藏。

[31] 王琦主编《当代中国美术》，当代中国出版社，1996，第20-21页。

[32] 在国立杭州艺专雕塑系创办之始，艺专教务长林文铮提出的要求是学习西方，中外兼容，他说："深望此后吾国之雕塑能远溯隋唐之装饰精神、埃及之坚实、希腊之壮美、印度之流动，近取乎意大利、法兰西的新精神而融化之，则吾国雕塑之复兴当不远矣！"见载郑朝编撰《雕塑春秋——中国美术学院雕塑系70年》，中国美术学院出版社，1998，第3页。

[33] 胡一川：《在中央美术学院成立大会上的讲话》，1950年4月1日，北京。手稿，未发表。

第八章

人民英雄纪念碑的工程技术概况

建筑具有艺术与实用的双重功能，作为建筑物的纪念碑，是一个既有艺术形象，又具有纪念性与教育性功能的构筑物。建筑史家楼庆西认为“建筑的形象不能任凭建筑师随意创造，而必须受物质功能要求和结构、材料、施工等技术条件的制约”。[1]楼庆西特别强调在论述古今建筑时，不但要说清它们所处的历史、文化背景，还必须介绍它们的结构、构造等形态。因为古今中外的建筑，无论是单体还是群体，都是特定历史时期政治、经济、文化、技术（包括建筑材料、结构方式、施工方法等）诸方面条件的综合产物。我们对于建筑的研究，也必须从以上方面进行综合性的研究，才能深入把握建筑作为艺术形象与实用构筑物的双重性。

一、人民英雄纪念碑碑文与题字

人民英雄纪念碑的碑文是周恩来手书的，题字则是毛泽东的手书（图 8-1）。有关这一史实，梁思成的回忆是这样的："考虑到《碑文》只刻在碑的一面，其另一面拟请主席题'人民英雄永垂不朽'八个大字。后来，彭真又说周总理写得一手极好的颜字，建议《碑文》请周总理手书。"[2]

"人民英雄永垂不朽"8 个大字，毛泽东共写了三幅，并给工作人员带来口信说，要多请专家们提意见，问哪一幅可以用，也可以从这三幅字中选一些可取的字重新编排，如果认为写得不够好，还可重写。现在纪念碑上的 8 个大字，就是工作人员征求专家们的意见后，从三幅字中取出个别字重新编排的，虽然不是取自一幅，但仍不失毛泽东的书法神韵。[3]毛主席的手书，从图片上看，是写在信笺上的，共有 5 行，从第一个"人"字上看，与纪念碑上的"人"字有所不同，这证实了 8 个大字是重新编排的说法。

周恩来为了写好碑文，每天早晨的第一件事就是写一遍碑文。他前后共写了 40 多遍，最后挑选了自己最满意的一篇（图 8-2）。[4]有一天，他来到工地，拿出他写的碑文征求刘开渠的意见，周恩来诚恳地询问："怎么样，行不行？"刘开渠说："从前只看过您的题字，还没有看到您写这么多、这么工整的书法作品。"[5]周恩来的书法浑厚、凝重，严谨大方而又富于变化。

毛主席题写的 8 个大字"人民英雄永垂不朽"和毛泽东撰写、周恩来书写的碑文（150 个字），均为镏金镌刻。为了将毛泽东的 8 个大字放大在纪念碑的碑心石上，使之坚固耐久，纪念碑兴建委员会经过论证，从贴金、镀金、喷镀、开

（图 8–1）毛泽东手书“人民英雄永垂不朽”

金等几种金加工工艺中，最终选定使用镏金工艺。1955 年 9 月 13 日，刘开渠电话记录了上级领导指示，毛泽东的 8 个大字阴文尖底，周恩来所写的字阴文圆底。8 个大字由军委测绘局 1205 工厂的周永兴等人放大，工艺美术家邱陵参与了镏金字的放大工作。镏金工作由北京市手工合作总社监制，合作总社下属的第一五金生产合作社于 1955 年 10 月开始施工并完成。[6]

毛泽东的题字原写在信笺上，每个字只有两寸左右，为刻在碑心石上需要放大 20 倍，其中一个“永”字就有两米多高，当时是用幻灯机投影放大，按照光影把字描下来。由于石碑又硬又脆，字体一刻就崩，负责刻字的书法家魏长青建议把胶皮覆盖在碑体上，将需要錾刻部位的胶皮挖下去，形成“阴文”轮廓，然后用高压喷射矿砂往花岗石上“打”，就这样打出一个个边缘整齐的大字，然后以铜为胎，经过烧银、镏金，以铜钉固定在石槽中，再以水泥灌缝。整个碑题、碑文共用黄金 130 两。[7]

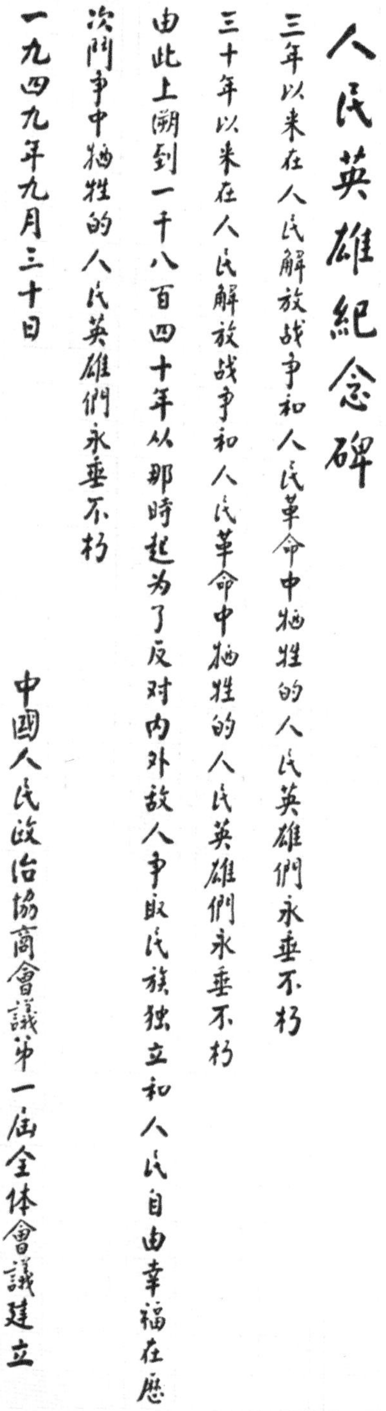

人民英雄紀念碑

三年以来在人民解放战争和人民革命中牺牲的人民英雄們永垂不朽

三十年以来在人民解放战争和人民革命中牺牲的人民英雄們永垂不朽

由此上溯到一千八百四十年从那時起为了反对内外敌人争取民族独立和人民自由幸福在歷次鬥争中牺牲的人民英雄們永垂不朽

中國人民政治協商會議第一屆全体會議建立

一九四九年九月三十日

（图 8-2）周恩来题写的人民英雄纪念碑碑文

二、人民英雄纪念碑工程的财务预算和日常生活

人民英雄纪念碑的建设，是由中央财政直接拨款，在经济上得到了有力的保证。根据《纪念碑兴建委员会组织规程草案》和成立会议记录，由中央财经委员会派代表一人担任兴建委员会委员（最初拟由中财委总建筑处冯昌伯担任，后改由北京市建设局局长曹言行担任），财务组由中财委负责。[8]

有关纪念碑的工程经费，最初是向雕塑家王卓予了解的。据他讲，纪念碑的经费是有保证的，听说全部工程费用合500万左右。[9]后经查阅有关资料，了解到纪念碑工程在不同时期有过不同的工程预算。

第一个预算是1951年2月27日北京市人民政府呈报政务院的，总计为2,736,492,000元（第一套人民币，合第二套人民币273,649.2元。1955年，人民币做过一次币值调整，调整后的第二套人民币1元等于第一套人民币1万元，以下同）。这一预算主要是由建筑设计人员做出的，与纪念碑的实际费用相距甚远，主要是工程费与杂费，而美术装修等暂无法估价，所以未计算在内。[10]

第二个预算是在1952年7月纪念碑开工前做出的，总计为人民币27,263,365,550元（合272万多元），其中土木施工费20,498,927,300元（合205万元左右），雕塑工作费3,624,249,600元（合36万多元），绘画工作费1,311,348,000元（合13万多元），建筑设计费335,962,535元（合3万多元）。[11]雕塑与绘画的费用约占总费用的18%。

第三个预算是在1952年12月交由纪念碑兴建委员会审查的，增加了兴建委员会办事处的办公经费，共计为43,280,695,539元（约合432.8万元），其中雕

塑与绘画两项合计的美术工作费为 7,005,497,600 元（约合 70 多万元），约占总经费的 16%。[12]

1958 年 11 月 30 日，在人民英雄纪念碑建成后半年多，兴建委员会做出了工程总决算，共计总预算为人民币 4,282,115.44 元，总决算为 4,047,797.57 元，完成比为 94.53%。其中雕塑工作费预算为 423,365.74 元，实际决算为 293,656.13 元，约占总经费的 7%。上述费用的支出列在优抚支出项目之下。[13] 王卓予先生所说的 500 万元左右与此决算比较接近，说明雕塑家在当时大体知道纪念碑的工程费用。

作为一个对比，我们有必要了解 1952 年的国民经济情况。人民英雄纪念碑的修建时间，正是新中国的第一个五年计划时期，1952 年是新中国国民经济全面好转的一年，1952 年底，全国工农业总产值达到 810 亿元，其中工业总产值达到 349 亿元。当年全国职工的年平均工资已达 446 元，比 1949 年增长了 70% 左右。这一年的 8 月 4 日，毛泽东在全国政协第 38 次（扩大）会议上指出，1951 年抗美援朝战争的费用和国内建设的费用大体相等，1952 年的战争费用估计只要上年的一半。8 月 6 日，中央人民政府委员会第 16 次会议听取和批准了财政部部长薄一波所作的《关于 1951 年度国家预算的执行情况及 1952 年度国家预算草案的报告》，报告说，1952 年度预算收入和支出均为 158.8 亿元，与 1951 年实际比较，收入增加 41.7%，支出增加 55.5%，这是新中国成立后国家预算在编成时出现的第一个财政收支平衡年度。[14] 以 1952 年国家财政支出 158.8 亿元计算，纪念碑的工程概算 432.8 万多元约占当年全国预算总支出的万分之二点七二五，但实际上，纪念碑的工程拨款是在年度预算的基础上逐年下拨的。

作为一个参照，将 1952 年的全国财政支出与纪念碑支出的比例换算成今天的支出，是饶有意味的。据 2002 年 4 月 22 日《京华时报》所载的新华社消息，2002 年第一季度，全国财政支出为 3511.35 亿元。将这一数字乘以 4，可概算为全年财政支出约为 14045 亿元，再乘以万分之二点七二五，约等于 3.827 亿元人民币，由此我们可以感受到作为一个大型公共艺术项目，国家为人民英雄纪念碑所做的重大投入。

虽然人民英雄纪念碑是国家工程，但涉及具体的工程项目，并非采取捐献、调拨等方法，通常都是由纪念碑兴建委员会与另一方签订合同，接受工程任务的另一方（乙方）要拿出较为详细的预算方案，即使是对于河北曲阳开采石料的个体户，也要签订合同，明确职责，确定单价与总价。例如，负责开采纪念碑碑心百吨大石料的青岛建筑材料公司第一石厂，是这样计算的：首先是车间成本 132,464,631 元（合 1 万 3 千多元），加上企业管理费 15%，等于工厂成本 152,334,326 元（合 1 万 5 千多元）；再加上利润 8%，税金 3%，等于销售成本 169,609,352 元（约合 1 万 7 千元）。[15] 在 1953 年 4 月与青岛建筑材料公司签订的开采花岗岩合同上，明确规定：质量以青岛浮山区王家麦岛大金顶山石场所产花岗石，边角垂直方正，不得有碎纹、大的坑洼、石绺，色泽均匀一致，尽可能避免干疤。数量是 374.107 立方尺，定价是每立方尺 1,481,302 元，共计 554,165,447 元（合 5 万 5 千多元）。[16] 由此可见，新中国成立初期工业企业的运作销售是相当市场化和规范化的。

另外，纪念碑兴建委员会也根据情况，即时颁发奖金。例如由于青岛大料搬运委员会和有关运输单位的积极努力，使得纪念碑碑心石大料于 1953 年 10 月 13 日上午 10 时 30 分顺利到达首都西站。并且由于张合符同志的合理化建议，采用滚杠方式运送石料，从而节省了近 20 亿元（合近 20 万元），纪念碑兴建委员会除给予运送石料到京的 30 余名工人各赠送绒衣一件、奖状一份外，还向有关单位和个人颁发了奖金共 1900 万元（第一套人民币）。[17]

1957 年 5 月，在纪念碑工程大部完成的情况下，纪念碑兴建委员会根据郑振铎副主任委员“经济方面务要多鼓励艺术作家”的指示，曾草拟了一个奖励本会雕塑家的方案，即考虑到参加纪念碑工程的雕塑家，大部分是在原单位领取工资，决定根据他们参加纪念碑工作时间的长短和所负的责任，奖励雕塑专家每人 1500 元，雕塑助手每人 500 元，参与画稿的吴作人、彦涵等 15 位画家每人 200 元，共计 37 人。奖金总数约为 21200 元。但此公文发到北京市城市建设委员会，未得到有关领导的批准。[18] 这大概就是王卓予先生对笔者所说的“北京市拿出 5 万元奖励”一事的由来。

（图 8–3）纪念碑全体职工运动会

有关参加纪念碑的雕塑家的经济状况与日常生活，过去并不为人所知。现在看来，纪念碑的建设时期（1952—1958），正是国民经济全面好转，第一个五年计划顺利完成的时期，雕塑家们在生活上并没有后顾之忧。参与纪念碑工作的工程技术人员原来大都在北京市的建设单位工作，在纪念碑工地工作与他们平时工作并没有什么不同，而参与纪念碑浮雕的著名雕塑家基本上是从全国各地借调过来的，所以他们的工资还在原单位领取。[19] 只有王卓予等青年雕塑家是由上海等地调入，工资由纪念碑办事处发放，其中王卓予、王殿臣、李唐寿、祖文轩为文艺 15 级，每月工资 63 元，后调了几次工资达到每月 84 元，吴汝钊、李祯祥、陈淑光为文艺 14 级，王卓予说在纪念碑工作的 5 年期间调过几次工资。据王卓予回忆，几位著名雕塑家每月补助数额不等的车马费，如刘开渠当时为一级教授，每月工资 300 多元，车马费每月 70 元，萧传玖每月有 30 元。[20]

日常生活中，青年雕塑家和工程技术干部吃饭是在食堂吃，参加办事处组织的工地伙食团，每月有十几元就能吃得很好。刘开渠一家在左府胡同住，请了一位师傅做饭。据李祯祥回忆，专业干部每月批准买2斤黄豆，1斤白糖，戏称为“糖豆干部”，老先生们每月还发2斤油票，可以买平价油。

纪念碑工地的作息时间与北京市政府规定的作息时间是一致的，每周一至周六为工作时间。以美工组为例，早晨8点至9点为政治学习，9点至12点为业务时间，下午2点至5点创作，每周的一、三、五下午小组讨论，周六下午政治学习。建设局在工地工作的干部如果8小时以外加班，均有加班费，按薪资分计算，如每月薪资分300分，星期日加班即发20分。施工组工地干部每日工作9小时，每两星期休息一次。

工地上有党团组织，定期举行党团活动，工地上有篮球场，还举行过文艺演出、晚会，召开过工地运动会（图8-3）。王卓予等青年雕塑家经常到王府井外文书店看书，到金鱼胡同的吉祥戏院听京戏。为了提高青年雕塑家对中国传统艺术的修养，除了让青年人跟着去云冈石窟等地考察外，也让他们到北京郊区了解古代建筑、菩萨、佛像，费用均由纪念碑美工组支付。青年雕塑家也到钢铁厂和郊区农村深入生活。

三、人民英雄纪念碑的工程概况

1. 纪念碑的结构设计

纪念碑工程事务处的结构设计组由北京市各有关单位临时抽调，由北京市建筑设计院的沈参璜主持，成员有沈兆鹏、叶于政等人。虽然当时纪念碑的建筑造型已基本确定，但仍有一些分歧意见，如碑的台基如何处理？要不要做成陈列室？下层平台要不要做成检阅台？碑身内部要不要做成空间？顶部四周是否开窗，并安装楼梯，让群众上去瞭望北京市容？还有碑顶造型意见等。由于中央要求早日完工，经过主持工程的领导初步商定：（1）台基部分先按做陈列室的设计，以后如有变更再做修改。（2）下层平台不做检阅台，因已有天安门做检阅台。（3）碑身内部做成空筒，顶部不开瞭望窗以维持碑的庄严肃穆，但在筒壁安装铁爬梯，以便日后更换碑顶造型及查看筒内构造。（4）碑顶造型设计可以推迟一些，进一步在工地制作3个不同类型的足尺模型，继续征求各方意见。后来决定暂时选用目前近乎小庑殿的形式，以后如有更好的造型，再予更换。（图8-4、图8-5）

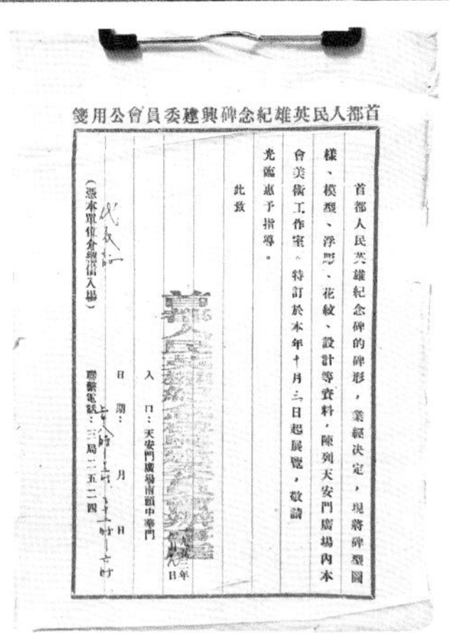

首都人民英雄紀念碑興建委員會公用箋

首都人民英雄紀念碑的碑形，業經決定，現將碑型圖樣、模型、浮彫、花紋、設計等資料，陳列天安門廣場內本會美術工作室。特訂於本年十月三日起展覽，敬請光臨惠予指導。

此致

年 月 日

入　口：天安門廣場南頭中華門

日　期：　月　日

聯繫電話：三局二五二四

（憑本單位介紹信入場）

（图8-4）1953年秋，首都人民英雄纪念碑工作人员在制作模型

（图8-5）1953年9月19日，首都人民英雄纪念碑兴建委员会关于在天安门广场举办纪念碑设计展的通知（王临乙藏）

人民英雄纪念碑的碑内部为钢筋混凝土矩形筒

体，碑体的各花岗石块用铁锭榫连成整体，同时与筒体的预埋钢筋用细石混凝土浇灌为一体，这样增加了碑体的整体性及刚度。碑顶石悬挑部分下面的筒壁留有细长的缝隙，以利通风。碑顶石块间的缝隙以金属条覆盖，以防长草，显得不严肃。

在全部陈列室的钢筋混凝土结构即将完成时，对台基部分应做成实体的意见又占了上风，最后决定放弃陈列室。但此时陈列室主体结构已浇灌完毕，为加宽二层平台，只得将陈列室四周顶板适当外挑，花岗石即铺在陈列室的顶板上，并在碑身四边的平台区各留一个进入孔，便于日后入内检查，这就是纪念碑最后的结构式样。[21]

2. 纪念碑的工程施工

1952年8月1日，人民英雄纪念碑工程正式开工。在开凿地基前先钻探地层，打了17个钻眼（图8-6），作承重试验四处，基础混凝土在地平面以下3米，距地下水面尚有60厘米，无须打桩。基础钢筋混凝土按重量比配合（图8-7），分层连续筑打，用气压振捣器振捣，于11月13日完成，养护保温在一个月以上。[22]

人民英雄纪念碑的碑身结构是钢筋混凝土空筒（图8-8），它成为碑身主要受力的内胎，外砌的花岗岩石块用镀锌的铁钉铆固，并用水泥灌浆浇铸成整体。碑体上层及月台下内部，可从几处活动的地平面盖板下去，并有铁爬梯直达碑顶，以便维修。碑身坐落在30米见方的独立扩展的钢筋混凝土平基中央，为一次浇铸而成。为了使工程主要负荷施加后，结构的重力变形尽早完成，尽量减少外砌石料结构受重力变形影响，建设者严格控制了先中央、后四周的安装程序，使工程保持了长期的变形稳定。[23]

纪念碑的有关技术数据如下：

（1）纪念碑正和天安门相对，碑身由大小不等的413块花岗石组成（每块约重一至五吨）。碑基占广场地面3000多平方米，碑高达37.94米，是用17000多块坚固美观的花岗石和汉白玉砌成的，为我国自古以来最大的一座纪念碑。碑的形式既有民族风格又有新时代特征。碑顶采用上有卷云下有重幔的小庑殿建造式样。碑心石重60吨，长14.7米。[24]

（2）碑身正面最醒目的部位装着一块高14.4米，宽2.72米的巨大花岗石，上面镶刻着毛泽东题的 8 个镏金大字。碑身另一面用每块 2.4 米高，4.62 米宽的 7 块大石（每块约重十几吨）组成，镶着周恩来书写的碑文。整个纪念碑用 17000 多块花岗岩和汉白玉砌成。[25] 自第 2 层须弥座起至碑顶重幔下，共砌有 32 层碑石，也就是说，南面周恩来总理题写的碑文共有 7 块碑石，每块碑石高度相当于 4 层碑石，再加上下各 2 层碑石。用肉眼观察，可以看出从下向上数，在第 13 层碑石处碑身开始有收分，使碑形更显挺拔。

（图 8-6）工程钻探

人民英雄纪念碑的全部建筑，加上地下 30 米见方的钢筋混凝土基础在内，总重约 10000 吨。

（图 8-7）扎钢筋

（3）人民英雄纪念碑台基与浮雕

人民英雄纪念碑的台基分两层，上层长宽各 32 米，下层台基东西长 61.54 米，南北长 50.4 米。两层台基四周都有宽敞的台阶（上层台阶 9 级，下层台阶 14 级）和汉白玉护栏。碑身台座为大小两层须弥座，下层大须弥座束腰部分，4 面镶嵌 8 块巨大汉白玉浮雕，浮雕高 2 米，总长 40.68 米。根据笔者的实地统计，浮雕共刻画人物 172 个，计《鸦片战争》（200cm×493cm）人物 17 个，《金田起义》（200cm×493cm）人物 22 个，《辛亥革命》（200cm×348cm）人物 14 个，《五四运动》（200cm×355cm）

（图 8-8）筑打纪念碑混凝土井筒

人物25个,《五卅运动》(200cm×348cm)人物18个,《南昌起义》(200cm×493cm)人物21个，《抗日游击战》(200cm×493cm)人物14个，《胜利渡长江》(200cm×640cm)人物24个，装饰浮雕《支援前线》(200×205cm)人物5个，《欢迎人民解放军》(200cm×205cm)人物12个。[26]

3. 纪念碑采用的石材

(1)人民英雄纪念碑石材开采

人民英雄纪念碑的建造，使用了大量坚固的花岗岩和汉白玉，这些石料均由采石组负责。最初曾认为汉白玉颜色太白，考虑采用北京昌平所产的黄色花岗岩，但是经矿产勘探局专家论证，黄色花岗岩多年后会变黑，所以纪念碑兴建委员会建筑专门委员会决定，选用青岛浮山所产的紫百合色花岗岩作为碑身用料(图8-9)，以山东泰山所产的青灰色花岗岩铺设纪念碑周围地面，甬道为昌平微黄花岗石。尤其是纪念碑碑心所用的大石料采自青岛浮山(图8-10)。这些石料由纪念碑兴建委员会委托青岛建筑公司负责开采，为此，石料供应组于1952年在青岛黄台支路1号设立了办事处，负责采石与运输事宜，直到1955年12月完成采石任务后才撤销。纪念碑的浮雕用汉白玉石最初是1952年从河北曲阳西羊平村开采的，1953年经美工组的调查、研究、试验和鉴定，建议改用北京房山县(现房山区)石窝村的汉白玉，而将已采集的曲阳汉白玉转给即将修建的中国历史博物馆(现中国国家博物馆)使用。2002年5月，一套人民英雄纪念碑工程图样偶然在北京现身，其中有建筑图59张，结构图10张，电气设备图3张，其中的工程图专门汇总了工程所使用的石料和钢筋混凝土情况，石料总计14181块，所有毛石总重6241吨，加工后的重量为5679吨。[27]

人民英雄纪念碑的浮雕尺寸，也受到开采石料的影响。根据资料，1952年确定供使用的汉白玉石数量与尺寸为：《鸦片战争》《太平天国》《游击战》《南昌起义》的石料为20块，高210cm，宽130cm；《五四运动》《五卅运动》《辛亥革命》的石料为9块，高210cm，宽140cm；《长江》所用石料共5块，高210cm，宽150cm；装饰浮雕所用石料为2块，高210cm，宽120cm。以上石料均厚50cm，留出了充分的加工余量。[28]

（图 8–9）纪念碑一般石料安放

（图 8–10）在青岛浮山搬运石料

（2）纪念碑的碑心石

人民英雄纪念碑碑心石的尺寸重量，根据已有的资料，有两种不同的说法：

a. 碑心石重 60 吨，长 14.7 米。[29]

b. 碑的正面，北向天安门，嵌一块约 70 吨重、14.7 米高的碑心石，镌刻毛泽东题写的 8 个大字。[30]

经过核对原始资料，上述两种说法不确切，正确的情况是：

纪念碑的碑心设计为整块大石料。1953 年春在青岛浮山开凿碑心大石料，开采出来的粗坯石料毛重达 280 吨，在工地上加工后（图 8-11），长 14.70 米、宽 2.92 米、厚 0.83 米，约为 35.6 立方米，按每立方米比重 2.64 吨计算，重约 94 吨。从图片上看，石料在青岛浮山开采后就地进行了初步加工，采用的是在山坡上铺设滑轨，用钢缆捆住石料，由山顶徐徐放下的方法。负责此次运输任务的是纪念碑工程处施工组组长陈志德工程师、石料组组长车润泽工程师。1953 年 10 月 7 日装完发车，由于鞍钢的大力支援，调用了起重技工和工具，并由青岛市各单位组成大料搬运委员会，多方协助。由于中央铁道部没有 60 吨以上的车皮，遂从燃料工业部东北电业管理局借用了 1952 年才由沈阳皇姑屯铁路工厂制造的 90 吨平车一辆，一路上加固桥梁，克服各种困难，途中得到铁道部的大力支援，于 1953 年 10 月 13 日上午 10 时 30 分顺利到达前门火车站（图 8-12）。[31]然后在路上用钢管交替铺垫，滚动运输，从前门火车站到广场纪念碑工地，几百米路用了几天时间才运到工地。石景山钢铁厂帮助检修两台起重吊杆，每台可以安全起重 50 吨，起高 40 米。在工地上展开了百吨大石的吊装方法研究。碑心石是采用先吊装后刻字的方法，即吊装后再将毛泽东的题字刻上去。最后完成的碑心石长 14.4 米、宽 2.72 米，重约 60 吨。

4. 人民英雄纪念碑的工程时间

1952 年 7 月纪念碑开工前夕，纪念碑兴建委员会工程事务处会议就已估计到工程很大，预备三年工夫完成。此后所设想的纪念碑完工时间也比较乐观，纪念碑兴建委员会在 1953 年 9 月估计，如果碑身造型能于年内确定，花纹装饰（图 8-13）及浮雕石刻能早日完成，那么 1954 年可以竖立碑身，1955 年可以安装月台台面、栏杆和镶嵌浮刻（图 8-14），争取在 1955 年国庆节落成。后来的实践证明，负责纪念碑工

（图 8-11）碑心石大石料加工

（图 8-12）北京前门车站

（图 8-13）1954 年修改的装饰纹样部位示意图

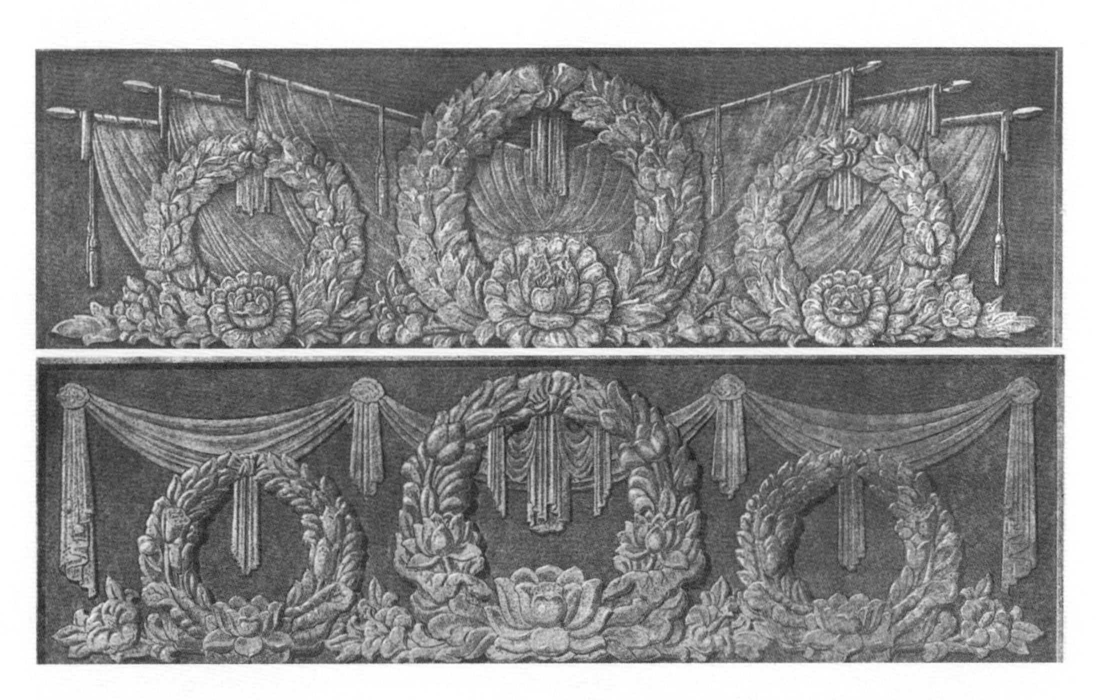

（图 8-14）人民英雄纪念碑束腰正面与侧面图

程设计的建筑师对纪念碑浮雕的草图修改和浮雕创作的程序与复杂性估计不足，自1952年至1954年11月期间，工程进展缓慢，直到1955年浮雕题材还在变，对于《秋收起义》和《二七罢工》的取舍难以定案。在20世纪50年代“大跃进”时期，纪念碑浮雕还一度作为“少、慢、费”的典型受到批判。据梁思成先生回忆，慢的主要原因一是碑顶形式定不下来，建筑师和雕塑家就采用“建筑顶”还是“群像顶”有争论。二是碑座一周浮雕主题多次送中央审查，多次发回让继续讨论，并要做出画稿再决定。三是因主题未定，雕刻家难以开始工作。且缺少石刻工人（图8-15），须临时调工训练。雕刻家认为主题决定后，由画稿、小比例尺泥塑稿到足尺泥塑稿、足尺石膏稿至正式刻成汉白玉浮雕，需要三至四年时间。[32]这一工程的实际完成时间为1958年4月22日，5月1日落成揭幕，比预计的时间晚了约两年半。现在看来，纪念碑浮雕创作在刘开渠的领导下，没有为赶工期或在领导定下的某个节日完工而粗制滥造，恰恰成为人民英雄纪念碑高水平的艺术质量的保证。艺术创作不同于城市建筑工程，只要达到国家技术标准就算质量合格。一个重要的城市公共艺术工程必须要有一定的时间，在艺术构思、造型设计和形象的表现方面反复修改完善，才能经得起历史的检验。这一点可以成为当代许多大型城市雕塑和公共艺术项目的历史借鉴。

（图8-15）专家与石工在工地上（1956）　张祖道摄

四、人民英雄纪念碑工程的科学技术问题

人民英雄纪念碑的建造，是新中国成立后第一项、也是最重大的纪念性工程。在设计过程中，突出的特点是尊重科学，重要工程事项，往往是先行试验，多请专家咨询，每一阶段工程完成后，组织鉴定。例如在纪念碑碑心大石料安装前，要进行承重试验和模型操作实验；纪念碑防雷设计由北京市电业局函送苏联专家提出意见。重大问题往往向上级领导请示，由领导决定。在前期的结构设计中，彭真市长特别告诫设计人员："这个工程一定要做好，不能出半点差错，宁可多用些材料，绝不能发生安全问题。如多用些材料，也不要你们检查浪费问题。"[33]此时正是"三反""五反"运动之后，这样的指示可见对纪念碑的高度重视。人民英雄纪念碑建造过程中的科学与严谨体现了对国家和人民的高度负责。例如：预防地震。纪念碑是一座高大的垂直建筑，防止地震成为必须考虑的问题，为此纪念碑兴建委员会向中国科学院地球物理研究所北京工作站咨询，了解了北京地区自 512 年以来的地震情况。[34]

1952 年 9 月 10 日，北京工作站函复："北京市区之内，只有受外来影响的轻微地震，不到破坏烈度，建筑只从一般坚固上设计，可无须特别加强，以防护地震。"[35]据此，设计人员在结构设计时，对若干结构部分做了一定的加强，以防地震的影响，同时也考虑到经济问题，没有无原则地加大构件尺寸，浪费材料。1976 年唐山大地震之后，北京地区的一些建筑物倒塌，但是纪念碑仍巍然挺立，证实了它的良好的抗震能力。

预防风化。为了保证人民英雄纪念碑能够在北京地区的自然条件下千秋永

（图 8–16）1954 年下半年施工情况

存，在工程施工早期，纪念碑兴建委员会就注意到纪念碑所用石材的永久性问题。1955 年 5 月底，设计处、工程处与科学家、化学家举行了座谈会，讨论纪念碑所用石料的岩石成分和防止风化问题。1957 年 2 月，纪念碑兴建委员会为防止浮雕石料风化，派出美工组青年雕塑家夏肖敏、王万景前去东北，向沈阳化工研究院洽购聚矽酸乙酯（含二氧化矽 40%），并在中国科学院化学研究所专家的指导下，做了样品试验。将聚矽酸乙酯喷在汉白玉石料上，半年后观察，石料不吸水；涂上蓝墨水，很容易除掉，而作为对照的石料则不易除掉。[36]

坚持设计原则。纪念碑建造中的科学性，还体现在对于建筑设计的原则的坚持，对未从实际出发的意见不盲从，不随意修改工程设计。这方面最有代表性的例子是 1954 年国庆节后，有领导认为正在建设中的纪念碑的碑身细瘦而高，建议“加肥”“缩短”。对此，由刘开渠处长组织了各组负责人开会加以研究，认为纪念碑尚未完工，碑体在夜间因没有灯光而显得细瘦，如果此时将混凝土碑筒加以缩短，可能会带来工程上的很多问题，最后决定维持原方案不动（图 8-16）。这一决定在 12 月 13 日以报告的形式送交彭真市长，12 月 14 日彭真批复同意，避免了纪念碑建设中的随意性。[37]

注释

[1]楼庆西:《中国古建筑二十讲》,三联书店,2001,序。

[2]梁思成:《人民英雄纪念碑设计的经过》,载《梁思成全集·第5卷》,中国建筑工业出版社,2001,第462页。

[3]马丁、马刚编著《人民英雄纪念碑浮雕艺术》,科学普及出版社,1988,第15页。关于毛泽东题字的“拼合”之说,另有一种不同说法,据当时参加具体工作的解长贺先生讲,毛泽东只写了两幅,他自己也拿不准用哪一幅,讨论未果,最后大家请来了北京书法家魏长青,他否定了拼合的办法,说这样做气脉就断了,最后由他选定了一幅。此说见北京画院编《开篇大作——人民英雄纪念碑落成五十周年纪念集》,文化艺术出版社,2010,第81页。

[4]于江编著《开国大典6小时》,辽海出版社,1999,第92页。

[5]马丁、马刚编著《人民英雄纪念碑浮雕艺术》,科学普及出版社,1988,第15页。关于毛泽东题字的“拼合”之说,另有一种不同说法,据当时参加具体工作的解长贺先生讲,毛泽东只写了两幅,他自己也拿不准用哪一幅,讨论未果,最后大家请来了北京书法家魏长青,他否定了拼合的办法,说这样做气脉就断了,最后由他选定了一幅。此说见北京画院编《开篇大作——人民英雄纪念碑落成五十周年纪念集》,文化艺术出版社,2010,第81页。

[6]《首都人民英雄纪念碑兴建委员会档案》,23-1-155。

[7]树军编著《天安门广场历史档案》,中共中央党校出版社,1998,第111页。1960年5月17日,中国革命历史博物馆(现中国国家博物院)为筹备中国革命史陈列中的“开国大典”专题,致函北京市副市长冯基平,请求征调毛泽东、周恩来为人民英雄纪念碑所写的亲笔题字这一重要文物。5月19日冯基平批复,转致保存这一文物的北京建筑雕塑工厂(时在北京新街口正觉寺),5月25日由时任北京建筑雕塑工厂厂长的贾国卿向中国革命博物馆的周葆华正式办理了移交手续,毛泽东、周恩来的题字各两张现藏于中国国家博物馆。见《首都人民英雄纪念碑兴建委员会档案》,23-1-1。

[8]北京市档案馆编《北京档案史料》,1997年第2期,第36页。

[9]见殷双喜于2001年3月8日在杭州对王卓予的访谈记录。

[10]北京市档案馆编《北京档案史料》,1997年第2期,第34页。

[11]《首都人民英雄纪念碑兴建委员会档案》,23-1-5,第30-31页。

[12]第三个预算的具体分配如下:办事处经费618,524,423元(约合6万2千元);建筑设计费658,191,372元(约合6万6千元);土木施工费33,512,116,675元(合335万多元);雕塑工作费5,677,934,400元(合56万多元);绘画工作费1,327,563,200元(合13万多元),美术工作费合计为7,005,497,600元(约合70万元)。见《首都人民英雄纪念碑兴建委员会档案》,23-1-5,第30-31页。

[13]纪念碑工程总决算的具体项目如下:行政管理费为124,667.32元;建筑设计费为63,577.74元;土木施工费为3,021,026.84元;雕塑工作费预算为423,365.74元,实际决算为293,656.13元,其他支出小项尚有电器设备费、摄影记录费、广场布置费、预备费等。见北京市档案馆编《北京档案史料》,1997年第2期,第33页。《首都人民英雄纪念碑兴建委员会档案》,23-1-10,纪念碑1952—1958年决算报表。

[14]南兆旭主编《老照片——二十世纪中国图志》,台海出版社,1998,第1105页。

[15]《首都人民英雄纪念碑兴建委员会档案》,23-1-12。

［16］《首都人民英雄纪念碑兴建委员会档案》，23-1-57。

［17］《首都人民英雄纪念碑兴建委员会档案》，23-1-12。

［18］《首都人民英雄纪念碑兴建委员会档案》，23-2-364。

［19］新中国成立以后国家干部的工资经历过几次发放体制的变化，最早是供给制，即每人每月发给若干斤小米。1950 年 8 月 25 日，全国工资准备会议召开，决定实行以实物为计算基础，用货币支付的工资制度；统一以“分”为全国工资计算单位；工资标准根据各种产业部门在国民经济中的重要性、技术繁简和劳动条件的差别来确定；工资等级，工厂工人实行 8 级工资制，管理和技术人员分别为 2 级至 5 级等。1952 年 7 月 1 日，政务院会议通过了《关于颁发各级人民政府供给制人员津贴标准及工资制工作人员工资标准的通知》。通知规定，政府供给制工作人员津贴分为 29 级，并实行工资分制。国家主席、副主席工资分为 1006 分；区、县勤杂人员（即 29 级）工资分为 85 分。每一工资分所合实物的种类和数量，关内各地均应为：粮食 0.8 市斤，白布 0.2 市尺，植物油 0.05 市斤，食盐 0.02 市斤，煤 2 市斤。1955 年 6 月 18 日，国务院发出《关于国家机关工作人员全部实行工资制待遇问题的通知》，规定自 7 月份起全部废除包干制，改行货币工资制，工作人员及其家属的一切生活费用，包括使用公家房屋、家具、水电等，都由个人负担。工资分计算办法也被废除。国家机关工作人员工资标准分为 29 级，最高一级为 649.6 元，最低 29 级为 21 元。见南兆旭主编：《老照片——二十世纪中国图志》，台海出版社，1998，第 1044 页，第 1104 页，第 1158 页。

［20］根据中央美院档案资料，1950 年 12 月当月全校经费为小米 156，005 斤，折合人民币（第一套）为 164，586，754 元，以第二套人民币值计算，每斤小米约合 0.1055 元。以此推算，徐悲鸿院长 1951 年薪给为 1300 斤小米，659 分（1952 年调为 820 分），约合人民币 137.15 元；江丰副院长 1200 斤小米，608 分（1952 年调为 760 分）；吴作人教授 1150 斤小米，583 分（1952 年调为 700 分）；王临乙教授 1140 斤小米，588 分；王式廓教授 537 分；滑田友教授 512 分；胡一川教授、张仃教授、齐白石教授均为 1000 斤小米，507 分；蔡仪教授 990 斤小米，502 分；彦涵副教授 490 分；董希文副教授 480 分；曾竹韶副教授 427 分；王丙照副教授 412 分；吴冠中讲师 365 分；傅天仇教员 278 分；刘士铭助理 210 分；于津源助理 187 分。根据当时文化部各级干部平均工资表，处级干部为 417.8 分，科长 300 分；教授 550 分，副教授 495.5 分，讲师 355.6 分，研究员 237.9 分；一级艺术干部 447.1 分，特级艺术干部分为四等，一等 760 分，二等 675 分，三等 591 分，四等 507 分。齐白石教授的薪给在 1952 年 7 月经文化部人事处核定调整为文艺标准特级，与徐悲鸿院长同为每月 820 分。见中央美术学院档案，1951 年卷，1952 年卷。中央美院档案室藏。

［21］有关结构设计的资料见沈参璜的回忆文章《人民英雄纪念碑的结构设计》，原载北京工业大学《校友通讯》第 3 期，转引自北京市档案馆编《北京档案史料》1993 年第 4 期，第 76-77 页。

［22］首都人民英雄纪念碑兴建委员会编印《首都人民英雄纪念碑设计资料》，1953，第 25 页。

［23］于江编著《开国大典 6 小时》，辽海出版社，1999，第 93-94 页。

［24］《人民英雄纪念碑落成》，载《美术》1958 年 5 月号，第 12 页。

［25］北京市档案馆编《北京档案史料》，1997 年第 3 期，第 59 页。

［26］这一数目是我在纪念碑现场计算而得出的。浮雕尺寸依据中国美术馆编著《中国美术年鉴 1949-1989》共计为 40.73 米，与流行的说法 40.68 米有 5 厘米误差。见中国美术馆编著《中

国美术年鉴1949—1989》，广西美术出版社，1993，第1325-1329页。

［27］这套图纸现存于北京市文物古建公司。见丁肇文：《50年前人民英雄纪念碑工程图纸现身京城》，《北京晚报》2002年5月26日，第1版。

［28］《首都人民英雄纪念碑兴建委员会档案》，23-1-17。《游击战》完成后的名称为《抗日游击战》，《长江》完成后的名称为《胜利渡长江》。

［29］《人民英雄纪念碑落成》，载《美术》1958年5月号，第12页。

［30］于江编著《开国大典6小时》，辽海出版社，1999，第93-94页。

［31］当时的北京前门有两个火车站，东站为客运站，西站为货运站。参见首都人民英雄纪念碑兴建委员会编印：《首都人民英雄纪念碑设计资料》，1953，第25页。

［32］梁思成：《梁思成全集·第5卷》，中国建筑工业出版社，2001，第463页。

［33］沈参璜：《人民英雄纪念碑的结构设计》，载北京市档案馆编《北京档案史料》1993年第4期，第76页。

［34］根据中国科学院紫金山天文台和地球物理研究所合编的1952年《天地年册》，北京地区地震情况如下：

512年5月23日（北魏）　山崩，城垣破溃。

1057年宋仁宗　城垣破溃，死伤严重，约11级。

1624年明天启　震多次，皇宫受震，约10级。

1626年6月28日　城垣破坏，家屋溃败，死者甚多。

1679年9月2日清康熙　城垣破坏，死伤人口。

1730年9月30日清雍正　人民、军、曹均领救济，约10级。

1882年清光绪　无记载。

［35］《首都人民英雄纪念碑兴建委员会档案》，23-1-34。

［36］《首都人民英雄纪念碑兴建委员会档案》，23-1-232。

［37］《首都人民英雄纪念碑兴建委员会档案》，23-1-93。

第九章

人民英雄纪念碑在中国现代美术史上的意义及影响

（图 9-1）人民英雄纪念碑南立面

1961 年 3 月 4 日，国务院公布第一批全国重点文物保护单位名单，共计 180 处，所选择的标准是“具有重大历史、艺术、科学价值”。其中革命遗址及革命纪念建筑物共 33 处，从 1841 年的三元里平英团遗址到 1958 年的人民英雄纪念碑（图 9-1、图 9-2）。作为新中国成立初期纪念性建筑的新创作，人民英雄纪念碑在建成后不到 3 年的时间，就被列入全国重点文物保护单位名单，这是极为不寻常的。天安门也是第一批全国重点文物保护单位，但它是作为革命遗址及革命纪念建筑物，即作为 1949 年开国大典的举行地而被列入的。[1]

人民英雄纪念碑的创作，使参与其事的雕塑家成为中国雕塑界瞩目的优秀艺术家，对当时的雕塑界产生了很大的影响，这主要表现在雕塑家的艺术价值观与追求。例如，有位雕塑工作者说：“我们雕塑家的任务，就是要在自己一生创作活动中，争取做一个打不倒的、不朽的纪念碑！”也有人说：“普及工作那是匠人干的事情，是低级的艺术，只有作纪念碑，那才是真正雕塑家干的事情，才是高级的永垂不朽的艺术。”[2] 这些言论在 1958 年的反右派斗争中作为资产阶级的名利思想受到了严厉批判，批判雕塑家将纪念碑创作当作个人成名成家的法宝。但是，人

（图 9–2）人民英雄纪念碑北立面

民英雄纪念碑浮雕创作还是对中国雕塑教育产生了重要的影响，参与其事的雕塑家对大型室外浮雕创作，有了进一步的理解。在傅天仇于 1958 年出版的《怎样做雕塑》一书中，我们可以看到他通过参与人民英雄纪念碑的创作，对浮雕艺术的专业知识有了很大提高。刘开渠在纪念碑雕塑完成后，于 1961 年在中央美院雕塑系开办雕塑研究班，培养了一批优秀的雕塑家（图 9-3），这些雕塑家后来回到各地，成为重要的创作与教学骨干，形成了中国艺术院校雕塑教育的基本构架。在 1964 年第 2 期的《美术》杂志上，钱绍武就建议，让雕塑为五亿农民服务，在农村树立烈士纪念碑、村史纪念碑、阶级斗争纪念碑，说明了人民英雄纪念碑对年轻雕塑家的深刻影响。

（图 9-3）刘开渠（左一）辅导雕研班做浮雕（1961）

一、20 世纪五六十年代中国的纪念碑

人民英雄纪念碑的修建，不是一个孤立的艺术个案，而是那个时代特有的文化潮流。新中国成立初期和 20 世纪 60 年代，为了纪念和表现人民为革命斗争和建设美好社会中高度的爱国主义和国际主义精神，歌颂革命烈士和英雄人物的丰功伟绩，建造纪念碑成为党和政府十分关心的伟大而庄严的任务。就在人民英雄纪念碑修建的同时，上海、青岛、哈尔滨等城市，也都曾计划修建大型的纪念碑。但在当时的建筑界，将纪念碑称之为“纪念塔”，仍然是着眼于纪念碑作为纪念性建筑物的特点，也说明了具有塔的高度的现代纪念碑与中国传统实心石料碑碣的区别。了解这些纪念碑的结构形制与雕塑创作，有助于我们研究新中国成立初期和 20 世纪 60 年代纪念碑创作的一般模式和基本特点。

1. 华北地区的纪念碑

华北地区的英雄纪念碑主要有以下几座：

（1）华北军区烈士陵园纪念碑

1952 年建于河北石家庄的华北军区烈士陵园内，宋泊、蒋兆和作。这是新中国成立初期较早的烈士纪念碑，主体是高擎军旗的解放军战士群像，碑身后部两侧是石刻浮雕，内容为行进中的军队。值得注意的是，这座纪念碑的浮雕创作比人民英雄纪念碑要早（人民英雄纪念碑的浮雕创作实际上开始于 1953 年），而作者之一是著名的中国画画家蒋兆和。

（2）淮海战役纪念塔

1960—1965 年建于江苏徐州淮海战役纪念馆，杨俊、吴支超、陈桂轮、夏肖敏、

吴汝钊等25人作，17.2米×2.6米。为纪念淮海战役的伟大胜利，国务院决定在徐州市兴建淮海战役烈士纪念塔，1960年4月5日奠基，1965年10月1日建成。这是由中央人民政府出资建造的又一座大型纪念碑，时间持续了5年多，参与创作的雕塑家众多，其中夏肖敏、吴汝钊是参与过人民英雄纪念碑创作的雕塑家。塔身正面有毛泽东题字“淮海战役烈士纪念塔”，塔座刻有碑文，概述了战役的经过、取得胜利的原因和意义。塔座两侧是生动地再现了参战军民克敌制胜、支援前线的大型浮雕。整个浮雕以纪念性、叙事性的形式，从属于主体纪念碑，周围还有淮海战役总前委雕像、广场、碑林等。

（3）承德英雄纪念碑

在收集人民英雄纪念碑的资料过程中，笔者在中央美院雕塑艺术创作研究所发现一帧照片，是刘焕章等几位青年雕塑家在一座大型泥塑浮雕稿前的合影。笔者猜想这或许是张松鹤创作的《抗日战争》泥塑初稿，遂向刘焕章先生去信询问。刘先生很快回信，说明此件作品不是人民英雄纪念碑，而是苏晖主稿的承德英雄纪念碑。[3]

2. 东北地区的纪念碑

据资料统计，解放初期，仅在东北三省境内已有百十座纪念塔（碑）了，仅黑龙江省就有革命烈士纪念塔和防洪纪念塔等45座以上。“并且在第二个五年计划期中，准备有9个县建纪念塔10座，其中为抗日烈士建立8座，为抗美援朝烈士建立1座，为苏军烈士建立1座。”[4]

东北地区已建成的重要的纪念塔（碑）有如下几座：

（1）锦州辽沈战役革命烈士纪念碑

位于锦州市革命烈士陵园内，整个碑身（图9-4）台座采用花岗岩结构，碑高8米，正面有朱德题字“辽沈战役革命烈士永垂不朽”，两侧是锦州攻坚战的追击战的群像浮雕，上有高5.7米的手持步枪英勇前进的解放军战士铜像（创作于1955—1957年），铜像由中央美术学院雕塑创作室谷浩主稿、张德华等集体创作，是该所成立后承接的第一件社会任务。下边是高2米的两层塔台，塔台中间有石雕花圈一个，塔后有碑文一座，从地平面算起，整个纪念碑高度为15.7米。

（图 9–4）谷浩、张德华等人作《辽沈战役纪念碑》

（2）大连苏军烈士纪念碑

此碑立于新中国成立初期的旅大市（今属大连市）斯大林广场上（1999 年迁址于旅顺苏军烈士陵园广场），为了纪念解放东北、解放旅大而光荣牺牲的苏军将士。碑身高 30 多米，表面结构用黑色、灰色和粉红色花岗石建造，碑前是一个手握冲锋枪威武站立的苏军战士铜像（创作于 1955 年），形象沉稳而概括，作者为 1937 年国立杭州艺专雕塑系毕业生卢鸿基。在碑的底座有两幅群像大浮雕，表现旅大人民欢迎苏军与和平建设的场面，碑基前端有黑色大块碑石，碑文是“永恒的光荣”和“苏联军队保卫世界和平、保卫人类的自由的丰功伟绩，万古长存！”“为击败日本帝国主义而英勇牺牲的苏军烈士们永垂不朽！”

（3）旅顺中苏友谊纪念碑

建立在旅顺市历史博物馆的前面，碑身圆柱形，由白色雪花石建造，底层和两层台基为方形，有阶梯台阶与石雕栏杆，与人民英雄纪念碑台基相似。底层有4块风景浮雕，正面是天安门和克里姆林宫，左面是中苏友谊农场，右面是鞍山高炉，背面是苏军纪念塔和旅顺解放桥。围绕碑身下面有20个人物浮雕，表现了中苏人民友谊，在碑的造型中还雕刻着200多个人物形象。

此外还有建于哈尔滨道外公园里的东北抗日爱国自卫战争烈士纪念碑；建于沈阳火车站前、哈尔滨火车站前以及长春市斯大林大街广场的三座苏军烈士纪念碑，碑顶有五星、飞机、坦克等；建于哈尔滨松花江岸斯大林公园里的防洪纪念碑，碑顶为一组雕刻群像，底部有浮雕群像。还有丹东志愿军纪念碑以及浙江一江山岛解放纪念碑等。

以上纪念碑的创作中，普遍采用了主体圆雕、碑顶群像与底层浮雕的艺术形式，碑文的题写也参照了人民英雄纪念碑的形式。事实上，人民英雄纪念碑在创作期间，就接到过各地的来信，索要纪念碑的资料与照片，纪念碑工地也接待过许多参观来访者，而纪念碑兴建委员会举办的几次碑形展览，更是有数十万人参观。由此可见，人民英雄纪念碑的创作对当时全国各地的纪念碑的创作产生了很大的影响，带动了新中国成立后各地的纪念碑创作潮流，对这些规模宏大、数量众多的纪念碑，至今尚未见到从美术史角度进行全面深入的专题研究。

二、20 世纪 80 年代以来中国的纪念碑

人民英雄纪念碑的修建与人民大会堂的修建，为中国各地区树立了一个范式，许多地方先后修建了不同形式的纪念碑和大会堂，这一潮流在 20 世纪 60 年代初逐渐趋于停滞。“文化大革命”时期，最重要的雕塑活动是各地纷纷修建毛泽东的雕塑像和制作毛泽东浮雕像章，[5] 与革命样板戏一样，这成为那一时期中国雕塑的奇特景观。这其中最有影响的是沈阳市修建的由鲁迅美院雕塑系集体创作的大型纪念性雕塑《胜利向前》（图 9-5），这一作品主体是毛泽东像，围绕四周的工农兵人物反映了中国革命的历史。雕塑总高 20.5 米，在当时是全国规模最大的纪念性雕塑，艺术质量和材料都是比较好的。

（图 9–5）鲁迅美院雕塑系集体创作《胜利向前》（局部）
总高 20.5 米，沈阳红旗广场（1967—1970）

英雄纪念碑的另一个修建高潮是“文革”以后。这一时期，随着对毛泽东、陈毅、贺龙等老一辈无产阶级革命家和革命烈士的回忆纪念，在油画与雕塑方面出现了一批纪念性创作。其中尤以纪念碑创作最为繁荣，一度成为中国城市雕塑的创作主流。这些作品不同程度地受到人民英雄纪念碑的影响，有些作品具有明显的概念化和样式化特点。对这些纪念碑做比较性的综合研究，会是一个很有意义的课题。以下择要列出一些比较重要的作品。

江西八一南昌起义纪念塔，1979 年落成，三块浮雕之一的《攻打敌营》由浙江美院（现中国美院）雕塑系集体创作（图 9-6）。这一作品是“文革”后所作，由于“文革”中雕塑创作与研究的停滞，这一作品更多地借鉴了人民英雄纪念碑，在艺术形式和人物造型上都可以看出纪念碑浮雕的影响。

南京雨花台烈士纪念碑，1989 年落成，碑前的烈士群雕创作于 1979 年，13.5 米 ×14.5 米 ×5.6 米。

（图 9–6）浙江美术学院（现中国美术学院）雕塑系教师与纪念塔之《攻打敌营》浮雕（1978）

广州解放纪念碑，1980 年重建于广州海珠广场，潘鹤、梁明诚作，高 16 米。

中国工农红军强渡大渡河纪念碑，1983 年建成于四川雅安安顺场，许宝忠、高彪、叶宗陶作，高 6.26 米。

红军飞夺泸定桥纪念碑，1986 年建成于四川泸定，隆太成、叶毓山作，碑高 30.35 米。

渡江胜利纪念碑，1979 年建成于江苏南京，吴支超等 8 人创作，高 23.4 米。

重庆三三一惨案死难志士纪念碑，1987 年建于重庆江北，刘威作，高 9 米。

歌乐山烈士群雕，1986 年建成于重庆歌乐山，江碧波、叶毓山作，高 11 米。

广西法卡山英雄纪念碑，1986 年建成，孔繁伟作，纪念对越自卫反击战中牺牲的解放军将士。

烽火岁月——广西烈士陵园纪念碑，1988 年建成，孔繁伟作。

八女投江纪念碑，1982 年建于黑龙江牡丹江市，于津源、张德华、司徒兆光、曹春生、孙家钵作，高 19.5 米。

关向应纪念碑，1988 年建成于大连金州区，张秉田作，高 8.25 米。

胡耀邦纪念碑，1989 年建于江西共青城，桑任新、马宏道作。

内蒙古人民百灵庙抗日武装暴动纪念碑，1989 年建于内蒙古乌盟，温都苏作，高 30 米。

中国少年英雄纪念碑，1989 年建于北京玉渊潭，冯河、杨淑卿作，高 15 米。

李大钊纪念碑，1989 年建于河北唐山，钱绍武作，7.5 米 ×3 米 ×4 米。

红军长征纪念碑，1989 年建于四川松潘，叶毓山、程允贤等 11 人作，高 12.5 米。

十九路军淞沪抗日无名英雄像，1992 年重建于广州十九路军淞沪抗日阵亡将士陵园，詹行宪、尹积昌作，高 3.2 米。

红军长征突破湘江烈士纪念碑园群雕，1995 年建于广西兴安，叶毓山作，35 米 ×42 米 ×1.1 米。

红军渡江纪念碑，1995 年建于云南禄劝皎平渡，李德昭等 7 人作，高 32 米。

二七烈士纪念碑，1998 年建于武汉二七纪念馆内，汪良田等作。

五卅惨案纪念碑，1998 年建于上海龙华，王克庆作，高 5.7 米。[6]

（图 9–7）中央美院雕塑系作《中国人民抗日战争纪念群雕》（工地与作品局部）（1998）

最后，我们要提到的是《中国人民抗日战争纪念群雕》（图 9-7）。这一 20 世纪 90 年代最为重要的纪念碑群雕于 1998 年落成于北京卢沟桥，由中央美院雕塑系集体创作。整体环境由毕业于清华大学的著名建筑师马国馨规划设计。这也许是 20 世纪 90 年代最后的大型英雄纪念碑，它将碑身与人物雕像融为一体，成为人物众多的人像柱，数量众多的人像柱安放在广场空间中，形成一个巨大的纪念碑群。特别是它将浮雕与四方的碑身融为一体，既是雕塑又是建筑。这一艺术构思也许受到中国民间木雕的影响，但它进一步丰富了中国的纪念碑雕塑创作。俄罗斯著名雕塑家库巴索夫认为，这一作品“应用了所有可能的欧洲写实造型艺术表现手法和中国传统造型艺术特有的表现手法，在世界大型纪念性主题雕塑史册上又增添了一部成功的作品”。[7] 可以说，这一大型群雕，延续了中央美院雕塑系前辈雕塑家从人民英雄纪念碑开始的融会中西、为社会主义服务和为人民服务的优秀传统。

（图 9–8）《中国人民抗日战争纪念群雕》作品局部

三、人民英雄纪念碑的三个重要特点

通过对人民英雄纪念碑的研究，笔者认为人民英雄纪念碑可以称为新中国成立后最具有代表性的大型公共艺术工程。它的完成，体现了三个重要特点，即人民性、民族性、整体性。

1. 人民性

早在 1949 年 10 月 8 日，滑田友在一封回复北京市建设局关于征求纪念碑设计意见的信中，就提出了四个纪念碑设计时的原则条件：一要人民一望就懂；二要适合场所；三要具有共通性；四要人民在集会时可以看见。[8]这四个原则条件，其实就是人民英雄纪念碑设计时最重要的原则——人民性。

1950 年 6 月 10 日，在北京市都市计划委员会举行的纪念碑设计讨论会上，就明确提出碑形设计的原则之一：在人民解放战争的胜利基础上，纪念为国牺牲的人民英雄们。象征要为人民大众所接收，要以简单明了为原则。[9]

参与人民英雄纪念碑浮雕创作的雕塑家傅天仇认为它有“三绝”，一是作为国家级的纪念碑在开国大典前举行奠基典礼，实属罕见。二是纪念碑浮雕在完成原大二分之一定稿时，停工三天，组织 10 万人观摩提意见，然后集中意见加以修改，这是世界首创。三是纪念碑落成初期，前往参观瞻仰的群众每天多达 10 万人次，这也是世界少有的。[10]傅天仇将此归结为“人民英雄纪念碑最显著的特征就是它的人民性”，这一点与滑田友在 1949 年纪念碑筹建之前所考虑的四个原则是一致的。笔者估计，人民英雄纪念碑自 1958 年建成后，前来瞻仰的全国人民与世界友人应以数千万人计，它充分体现了现代城市公共空间中的公共艺术所具有的广泛的群众性，它对于一代代人的价值观和人文精神的影响是无可估量的。

为什么是“人民英雄”纪念碑？首先，它反映了毛泽东反对突出个人，认为“人民群众是创造历史的主人”的唯物史观。

在中外艺术史上，有许多纪念碑是以国家领袖、民族英雄和知名人士为塑造对象的，但是新中国成立后的第一座大型纪念碑却是以人民作为浮雕创作的主体，这在毛泽东为人民英雄纪念碑起草的碑文中就可以看出。在纪念碑浮雕设计的过程中，也曾有过描绘革命领袖人物和历史上的重要人物的构思，但最终决定以人民英雄为浮雕主体，这和中国共产党 1949 年在中国革命胜利后所保持的谦虚谨慎、戒骄戒躁，反对突出个人的思想路线是密切相关的。1950 年 5 月 20 日，沈阳各界人民代表会议为纪念中华人民共和国成立，决定在中心区修建开国纪念塔，塔上铸毛泽东铜像。沈阳市人民政府为此致函中央新闻摄影局，请求代摄毛泽东全身 8 寸站像 4 幅。毛泽东在来函中就“修建开国纪念塔”旁批写“这是可以的”；在“铸毛泽东铜像”旁批写“只有讽刺意义”。[11]

1950 年 9 月 20 日，毛泽东又就中共长沙地委和湘潭县委正在韶山为他修建一所房屋和一条公路的事情，致信当时的湖南省委书记黄克诚、省人民政府主席王首道和中共中央中南局第三书记邓子恢，批示：“如果属实，请令他们立即停止，一概不要修建，以免在人民中引起不良影响。是为至要。”

10 月，毛泽东在北京第二届第三次各界人民代表会议通过的关于在天安门建立毛泽东大铜像的建议上批示：“不要这样做。”[12]

“文化大革命”期间，全国各地争相竖立毛泽东的全身塑像。1967 年 7 月 5 日，毛泽东曾明确指示林彪等人：“此类事劳民伤财，无益有害，如不制止，势必会刮起一阵浮夸风”，并要求“在政治局常委扩大会上讨论一次，发出指示，加以制止”。[13]

毛泽东一生都提倡“人民创造历史”，反对个人崇拜。这一思想也影响到人民英雄纪念碑浮雕的设计与创作。在最初确定的纪念碑浮雕方案中，有关《烧鸦片》《金田起义》两幅作品的浮雕小稿设计中，有林则徐与洪秀全的形象（图 9-9、

图 9-10）。在未被采用的《二七大罢工》浮雕草图中，最初也有林祥谦的形象[14]，在后来的设计中，这些构思得到修改，突出了人民群众的形象，真正使人民成为历史的主体。[15]

2. 民族性

人民英雄纪念碑的另一个重要特点是它的民族性，也就是为了要使人民能够

（图 9–9）《烧鸦片》四分之一比例尺石膏草型

（图 9–10）《金田起义》四分之一比例尺石膏草型

喜闻乐见，要采取人民熟悉的民族形式。也是在北京市都市计划委员会举行的人民英雄纪念碑设计讨论会上，曾明确提出“一切属纪念碑及其附属设计都要采取人民所熟悉的中国民族形式”。[16]有关人民英雄纪念碑在设计过程中对中国传统建筑文脉如台基、栏杆、碑身、碑顶、花纹等方面对民族艺术的借鉴，在本书的第三章、第五章中已多有讨论。在当时，梁思成面对许多对碑形、碑顶民族化的批评，坚持了不同于国外纪念碑的设计理念，这在今天看来，是十分难得的。事实上，梁思成对于建筑民族化的认识，并不是简单的复古，而是建立在对中外建筑艺术深入研究的基础上的推陈出新。梁思成在 20 世纪 50 年代提出了一个著名的建筑设计评价标准，按顺序排是：中而新、西而新、中而古、西而古。[17]

此外，纪念碑大量使用了花岗岩与汉白玉，这也具有独特的文化意义。岩石与永久，玉器与崇高，文字与历史，这些不仅在中国文化 ，而且在世界文化中也都具有重要的文化价值意义。从远古至今，玉石以其独特的材质感、色彩感以及在自然界中的稀少与难加工，在中国古代政治生活和礼仪制度中一直具有着重要的象征意义，在日常生活中也具有道德象征。人民英雄纪念碑的修建，与故宫建筑群遥相呼应，在浮雕用材上，在月台和栏杆用材上，大量使用了汉白玉，正是中国悠久的玉石文化与文字的运用。

2001 年 5 月，在沈阳举行的“中国古代玉器与传统文化讨论会”上，著名人类学家和社会学家费孝通谈到中国古代玉器与传统文化的关系时说，东方文化，尤其中国文化有很多独特的东西，但是哪些特点是西方文化中所未见而是中华文明所独有的呢？中华民族还有什么更好的精神的优秀传统能贡献给未来世界？费孝通说：“我首先想到的是中国玉器。因为玉器在中国历史上曾经有过很重要的地位，这是西方文化所没有的或少见的。我们是否可以将对玉器的研究作为切入点，把考古学的研究与中国的传统文化、与精神文明的研究结合起来？”

费孝通认为，玉器应该是石器的一部分，不过它成了美的石头——美玉。从石器发展成为玉器之后，器物本身就不再是普通工具，而是注入了更高一级的价值观念和意识形态。在费孝通看来，玉器不仅是社会地位的象征，还体现着中国传统的道德标准。现今凡在字典上能够找到的带“玉”字的词语几乎全是褒义词，比如“以玉比德”“化干戈为玉帛”“宁为玉碎不为瓦全”等等。这种将玉器作为美德载体的文化现象，在全世界是独一无二的。我们应该更加注重文化的意义，文化的意义在当代已成为世界的大问题。[18]

毫无疑问，人民英雄纪念碑建设过程中，大量使用北京房山地区的汉白玉，首先是因为取材的方便、材质的优秀、玉石的永久性，其次是为了与故宫建筑群取得历史文脉的联系，更重要的是汉白玉所体现出的革命先烈那种纯洁坚定的革命信念。在这里，玉石材料的选择与使用具有深远的文化意义。

3. 整体性

作为一个大型的公共艺术项目，人民英雄纪念碑具有高度的艺术完整性。这体现在几个方面：第一，人民英雄纪念碑从构想到设计施工，得到了国家领导人和广大人民群众的高度关注，在建设过程中，又多次征求社会意见，因此，它是集思广益的民族智慧的产物。第二，人民英雄纪念碑的建设，从设计规划阶段起，就与中国的文化传统、与北京的历史文脉、与天安门广场的地理环境取得了最为和谐的统一与联系，使它成为新中国最重要的政治文化中心的标志性建筑（图9-11、图9-12）。第三，人民英雄纪念碑的建筑设计、浮雕创作与工程施工，在“突出碑文”这一明确的主题思想指导下，互相协调，互相呼应，取得了政治内容的表达与艺术形式创新的完美统一。碑形建筑语言与浮雕创作的完美统一，更取得了纪念碑与天安门广场和周围建筑的景观统一，纪念碑审美功能与实用功能的统一，充分体现出纪念碑作为综合性公共艺术的整体性魅力。第四，纪念碑浮雕的创作，也是在整体性原则的指导下进行的。可以看出8块浮雕虽然表现的历史事件不一样，但都贯穿了对纪念碑碑文主题的理解与阐发。这些作品选取了最有历史意义的场景和瞬间，人民在历史的紧要关头以他们的积极行动，参与了历史的创造。位于画面中心的主要人物振臂一呼，民众群起而响应，十分鲜明地表现了中华人民共和国国歌的主题——“中华民族到了最危险的时候，每个人被迫着发出最后的吼声”。人物呼之欲出，静止的浮雕却表现出了极富动感的场景和人物的音容神情，这使得纪念碑浮雕有血有肉，避免了简单的说教，以极大的艺术感染力打动了人们，引领观众进入历史，更加珍惜今日。纪念碑浮雕不仅是新中国成立后中国雕塑艺术的一个高峰，也是20世纪中国近现代艺术中最具有历史性和艺术性的代表作。

（图9-11）1958年即将完工的人民英雄纪念碑现场

（图9-12）1958年北京天安门棋盘街，远处可见人民英雄纪念碑已经落成，但中国历史博物馆（现中国国家博物馆）和人民大会堂尚未兴建

四、新中国公共艺术的里程碑

“中国古碑都矮小郁沉，缺乏英雄气概，必须予以革新。”梁思成先生设计人民英雄纪念碑的出发点，正是他一贯提倡的“中而新”的建筑创作观点的集中反映。在这篇论文的最后，首先，我想以梁思成的学生、两院院士吴良镛对人民英雄纪念碑设计的评价展开论文的结论。

“新中国成立前夕，在梁先生主持下，清华建筑系设计的国徽方案获得通过。人民英雄纪念碑的建筑设计，梁思成先生亦是主持人之一（另一位主持人为刘开渠先生）。这两项设计，是代表国家和人民的，是划时代的，重要性自然不待说，其构思的正确，设计的匠心，艺术的修养，手法的谨严，不苟的精神，使作品达到很高的境地，作为新中国的象征是当之无愧的，中国人民引为自豪。这固然归功于国家领导人直接的领导，集体的创造，作为主持者其用人识才，把握方向，忘我的追求，多方面造诣和修养，以使设计趋于至善的精神，功不可灭。”[19]“人民英雄纪念碑的建立，是天安门广场改建的一个重要里程碑，是我国有史以来最高、最大的纪念碑。它不仅具有民族传统风格，而且具有鲜明的时代精神；不仅表彰了人民英雄千垂不朽的功绩，而且是一座具有高度艺术价值的建筑佳作。”[20]（图 9-13）

作为对人民英雄纪念碑的研究专著，本书讨论了纪念碑作为建筑艺术的公共性，从建筑的伦理功能分析了纪念碑对于人类精神生活和民族价值观念与凝聚力的作用。书中介绍了人民英雄纪念碑研究的现状。从建筑与环境的历史文脉和现代城市公共空间的角度，回顾了人民英雄纪念碑所在的天安门广场的历史与变迁，

（图 9–13）潘思同《人民英雄纪念碑》纸本水彩（1963）

由此探讨了人民英雄纪念碑的选址与规划所具有的重要政治与伦理的象征意义。从建筑的历史与文化角度，本书探讨了人民英雄纪念碑的设计与中国传统碑碣及中国古代建筑的文脉联系，从而揭示了人民英雄纪念碑碑形设计和浮雕创作体现了鲜明的民族文化精神，它们与中国传统艺术的形式与风格原型具有密切关系。对人民英雄纪念碑美工组的历史溯源，展示了纪念碑艺术创作中画家、雕塑家与建筑家的团结合作以及纪念碑浮雕创作的过程、方法和艺术特点。笔者认为人民英雄纪念碑浮雕是 20 世纪中国雕塑史上最为重要的篇章，是中国前辈雕塑家对东西方艺术深入研究并融会贯通，在传统基础上创新的成功范例。对人民英雄纪念碑的公共艺术组织模式的考察，有助于我们了解当代中国大型公共艺术项目的一般管理模式，从经济与技术角度考察了人民英雄纪念碑的项目管理，提供了有关纪念碑工程的较为详备的资料。在本书的最后部分，以比较美术研究的方法探讨了 20 世纪 50 年代中国雕塑艺术所受到的外来影响，并描述了人民英雄纪念碑对 20 世纪五六十年代和 20 世纪 80 年代中国的纪念碑艺术的持续影响。归纳了人民英雄纪念碑的基本特征即人民性、民族性和整体性，指出它在新中国纪念性建筑和大型浮雕艺术方面所具有的开创性意义。本书作为对人民英雄纪念碑的美术史专题研究，不仅充实了新中国美术史的研究，也为当代中国公共艺术的发展提供了重要的历史借鉴。

今天，我们研究人民英雄纪念碑，不仅是为了研究其独特的建筑与雕刻艺术，更是为了通过纪念碑的研究，对那些为国捐躯的人民英雄们表示我们诚挚的敬仰。这种对于民族、国家、正义等永恒的价值的信仰，在这个时代显得更为珍贵。这正如梁启超所说："信仰即神圣。在一个人为一个人的元气，在一个社会为一个社会的元气。"古罗马的伯里克利（Pericles）在埋葬伯罗奔尼撒战争初年的死亡者时发表了深情的演说："他们全体共同献身，每个人都将万古长青。就一个坟墓而言，不仅是他们的遗骨被存放于此，更重要的是神龛——他们的光荣被保存其中，以在任何纪念功绩和事迹的场合都被永远铭记的——高贵。勇士们有整个大地作他们的坟墓，并且在远离他们的土地上，有刻着他们事迹的碑文的柱子，有把他们铭记在心的人。这些作为你们的榜样，并把幸福当作自由的成果和自愿的自由，永不避开战争的危险。"[21]

1935 年 11 月 19 日，林徽因在其好友徐志摩飞机失事四周年的忌日发表了一篇悼词以表纪念，在这篇文章的最后，林徽因说："我们的作品会不会再长存下去，就看它们会不会活在那些我们从来不认识的人，我们作品的读者，散在各时、各处互相不认识的孤单的人心里……"[22]历史不会忘记那些为国牺牲的人民英雄，而那些设计修建了人民英雄纪念碑的人也将和纪念碑一样永远铭刻在后人心中。

1976 年的清明节，有百万人在天安门广场的人民英雄纪念碑的周围，用无数的花朵，纪念共和国的创始人之一，也是人民英雄纪念碑的奠基人之一——周恩来（图 9-14），它表明人民英雄纪念碑与其设计者及建设者的永存，人民英雄纪念碑已经完全融化到我们民族的精神意识里，成为中华民族文化价值与理想的不朽象征。

2014 年 8 月 31 日，十二届全国人大常委会第十次会议通过关于设立烈士纪念日的决定，将 9 月 30 日人民英雄纪念碑的奠基日确定为烈士纪念日，也是为了充分体现“国庆勿忘祭先烈”的情怀，突出国家褒扬英烈的主题。2018 年 4 月 27 日，十三届全国人大常委会第二次会议通过《中华人民共和国英雄烈士保护法》，自 2018 年 5 月 1 日开始施行。《中华人民共和国英雄烈士保护法》规定：矗立在首都北京天安门广场的人民英雄纪念碑，是近代以来中国人民和中华民族争取民族独立解放、人民自由幸福和国家繁荣富强精神的象征，是国家和人民纪念、缅怀英雄烈士的永久性纪念设施。人民英雄纪念碑及其名称、碑题、碑文、浮雕、图形、标志等受法律保护。

（图 9–14）1976 年的清明节，首都百万群众在人民英雄纪念碑前悼念周恩来总理

注释

［1］《文物》1961年第4-5期合刊，第10页。

［2］俞菘：《谈谈雕塑界的一些艺术思想问题》，《美术》1958年2月号，第43页。

［3］刘焕章回信全文如下：

双喜同志：

信收到。关于你提的问题就我所知做一回答。

（一）你寄给我的照片，大概是1958年底拍照的，照片人物由左到右分别是模特儿小李、张润垲、刘焕章、时宜、谷浩（1962年去世），谷浩同志当时是我创作室的领导。是在东大桥（现美院宿舍）创作室小工作室照的。

（二）照片上的浮雕是承德英雄纪念碑，主稿人是苏晖同志，我们帮助完成的。

（三）20世纪50年代人民（英雄）纪念碑创作时，我刚入学，未去过工地现场，当时老先生们都去做人民英雄纪念碑，当时教我们的只有刚毕业的学生刘小岑先生、于津源先生（已去世）。我所知道的情况大致如此，如有什么问题可再问。

祝好

焕章

2001年4月4日

［4］张言：《评东北地区部分纪念塔建筑的造型艺术》，《建筑学报》1959年第1期，第24页。

［5］有关这一现象，请参见王明贤、严善纯、谭天的专题研究。论文载于范迪安、许江主编，殷双喜执行编辑《20世纪中国雕塑学术论文集》，青岛出版社，2000。

［6］以上资料摘自盛扬、钱绍武主编《20世纪中国城市雕塑》，江西美术出版社，2001。

［7］《美术研究》2000年第3期，第67-68页。

［8］《首都人民英雄纪念碑兴建委员会档案》，23-1-267。

［9］《人民英雄纪念碑设计讨论纪录》，载北京市档案馆编《北京档案史料》1997年第2期，第33页。

［10］傅天仇：《人民英雄纪念碑三绝》，载马丁、马刚编著《人民英雄纪念碑浮雕艺术》，科学普及出版社，1988，第1页。

［11］南兆旭主编《老照片——二十世纪中国图志·第2卷》，台海出版社，1998，第1033页。

［12］李月兰：《反腐：重温毛泽东》，《炎黄春秋》1997年第5期。

［13］中共中央文献研究室编撰《毛泽东年谱（1949—1976）》，中央文献出版社，2013，第96页。

［14］最初的浮雕设计中，有"二七大罢工"的场面，在征求意见时，中宣部党史资料室回函，认为"林祥谦就义"的场面似可不用，因为中国革命史上牺牲的烈士很多，单独表现林祥谦一人，是不妥当的。"二七大罢工"后来没有作为浮雕题材。见《首都人民英雄纪念碑兴建委员会档案》，23-1-6。

［15］这里还有一个小小的插曲，人民英雄纪念碑最初的名称是"首都人民英雄纪念碑"，这在首都人民英雄纪念碑兴建委员会的名称上就可以看出。1953年10月21日，在面向社会

征求意见而举行的纪念碑碑形设计资料展览上，有6位人民解放军坦克兵提出意见，认为应把“首都”二字坚决去掉，因为纪念碑不只是纪念首都人民英雄的，而是包括中国革命史上各个时期的人民英雄。见《首都人民英雄纪念碑兴建委员会档案》，23-1-58。

[16]《人民英雄纪念碑设计讨论纪录》，载北京市档案馆编《北京档案史料》1997年第2期，第33页。

[17]张镈：《在我院实践创作中的体会》，载《北京市建筑设计研究院成立50周年纪念集（1949—1999）》，中国建筑工业出版社，1999，第37页。

[18]新华社，2001年6月2日14时电讯稿。

[19]吴良镛：《一代宗师名垂青史》，载《梁思成先生诞辰八十五周年纪念文集》，清华大学出版社，1986，第217页。

[20]吴良镛：《人民英雄纪念碑的创作成就》，载马丁、马刚编著《人民英雄纪念碑浮雕艺术》，科学普及出版社，1988，第10页。

[21] Thucydides, *The Peloponnesian War*, book 2, chap. 6 ; trans. Richard Crawley pp.107-108. 转引自卡斯滕·哈里斯：《建筑的伦理功能》，申嘉、陈朝晖译，华夏出版社，2001，第289页。

[22]费慰梅：《梁思成与林徽因》，中国文联出版公司，1997，第58-59页。

主要参考文献

[1] 汤姆斯基．苏联纪念碑雕刻问题 [M]. 杨成寅，译．上海：华东人民美术出版社，1953.

[2] В л．托尔斯泰．列宁纪念碑宣传计划的伟大作用 [M]. 吕叔东，译．上海：上海人民美术出版社，1954.

[3] 首都人民英雄纪念碑兴建委员会．首都人民英雄纪念碑设计资料 [A].1953.

[4] 北京出版社．人民英雄纪念碑 [M]. 北京：北京出版社，1958.

[5] 傅天仇．怎样做雕塑 [M]. 北京：人民美术出版社，1958.

[6] 人民美术出版社．首都人民英雄纪念碑雕塑集 [M]. 北京：人民美术出版社，1959.

[7] 人民日报图书馆．人民日报索引 1949.1—12[M]. 北京：人民日报出版社，1961.

[8] 文化部文物保护科研所．中国古建筑修缮技术 [M]. 北京：中国建筑工业出版社，1983.

[9] 马丁，马刚．人民英雄纪念碑浮雕艺术 [M]. 北京：科学普及出版社，1988.

[10] 王式廓艺术研究编辑组．王式廓艺术研究 [M]. 北京：人民美术出版社，1990.

[11] 中华人民共和国文化部教育科技司．中国高等艺术院校简史集 [M]. 杭州：浙江美术学院出版社，1991.

[12] 贺业钜等．建筑历史研究 [M]. 北京：中国建筑工业出版社，1992.

[13] 许志浩．中国美术期刊过眼录（1911—1949）[M]. 上海：上海书画出版社，1992：42-43.

[14] 傅公钺，张洪杰，等．旧京大观 [M]. 北京：人民中国出版社，2002.

[15] 刘敦桢．刘敦桢文集：第 4 卷 [M]. 北京：中国建筑工业出版社，1992.

[16] 中国美术馆 . 中国美术年鉴 1949—1989[M]. 南宁：广西美术出版社，1993.

[17] 刘育和 . 滑田友 [M]. 北京：人民美术出版社，1993.

[18] 杨力舟 . 艺术大师刘开渠——纪念刘开渠教授九十诞辰暨从事艺术活动七十年 [M]. 北京：中国和平出版社，1993.

[19] 陆蓉之 . 公共艺术的方位 [M]. 台北：艺术家出版社，1994.

[20]Wu Hung.Monumentality in Early Chinese Art and Architectur[M].Stanford：Stanford University Press.1995.

[21] 林洙 . 叩开鲁班的大门——中国营造学社史略 [M]. 北京：中国建筑工业出版社，1995.

[22] 高亦兰 . 梁思成学术思想研究论文集 1946—1996[G]. 北京：中国建筑工业出版社，1996.

[23] 王琦 . 当代中国美术 [M]. 北京：当代中国出版社，1996.

[24] 傅公钺 . 北京旧影 [M]. 北京：人民美术出版社，1997.

[25] 丁宁 . 绵延之维——走向艺术史哲学 [M]. 北京：三联书店，1997.

[26] 侯幼彬 . 中国建筑美学 [M]. 哈尔滨：黑龙江科学技术出版社，1997.

[27] 费慰梅 . 梁思成与林徽因 [M]. 北京：中国文联出版公司，1997.

[28] 刘叙杰 . 刘敦桢建筑史论著选集 [M]. 北京：中国建筑工业出版社，1997.

[29] 张敬淦 . 北京城市规划建设纵横谈 [M]. 北京：燕山出版社，1997 .

[30] 树军 . 天安门广场历史档案 [M]. 北京：中共中央党校出版社，1998.

[31] 金冲及 . 周恩来传 1949—1976[M]. 北京：中央文献出版社，1998.

[32] 梁思成 . 中国建筑史 [M]. 天津：百花文艺出版社，1998.

[33] 梁思成 . 凝动的音乐 [M]. 天津：百花文艺出版社，1998.

[34] 郑朝 . 雕塑春秋——中国美术学院雕塑系 70 年 [M]. 杭州：中国美术学院出版社，1998.

[35] 南兆旭 . 老照片——二十世纪中国图志（全三卷）[M]. 北京：台海出版社，

1998.

[36] 周昭坎 . 艺为人生——吴作人的一生 [M]. 西安：陕西人民美术出版社，1998.

[37] 李安保，崔正森 . 三晋古塔 [M]. 太原：山西人民出版社，1999.

[38] 梁从诫 . 林徽因文集 • 建筑卷 [M]. 天津：百花文艺出版社，1999.

[39] 于江 . 开国大典 6 小时 [M]. 沈阳：辽海出版社，1999.

[40] 于志公，徐珊 . 北京建筑 MAP [M]. 北京：中国戏剧出版社，1999.

[41] 王珂，夏健，杨新海 . 城市广场设计 [M]. 南京：东南大学出版社，1999.

[42] 梁思成 . 中国建筑艺术图集 [M]. 天津：百花文艺出版社，1999.

[43] 夏尚武，李南 . 百年天安门 [M]. 北京：中国旅游出版社，1999.

[44] 张静如，李松晨 . 图文共和国史记 [M]. 北京：当代中国出版社，1999.

[45] 北京市建筑设计研究院 . 创作·理性·发展——北京市建筑设计研究院学术论文选集 [G]. 北京：中国建筑工业出版社，1999.

[46]《北京市建筑设计研究院成立 50 周年纪念集》编委会 . 北京市建筑设计研究院成立 50 周年纪念集 (1949—1999)[M]. 北京：中国建筑工业出版社，1999.

[47] 张复合 . 建筑史论文集：第 11 辑 [G]. 北京：清华大学出版社，1999.

[48] 吴作人国际美术基金会 . 吴作人研究与追念 [M]. 北京：北京出版社，1999.

[49] 路远 . 碑林史话 [M]. 西安：西安出版社，2000.

[50] 陈履生 . 新中国美术图史 1949—1966[M]. 北京：中国青年出版社，2000.

[51] 范迪安，许江 .20 世纪中国雕塑学术论文集 [G]. 青岛：青岛出版社，2000.

[52] 方可 . 当代北京旧城更新 [M]. 北京：中国建筑工业出版社，2000.

[53] 中共北京市委《刘仁传》编写组 . 刘仁传 [M]. 北京：北京出版社，2000.

[54] 张复合 . 建筑史论文集：第 13 辑 [G]. 北京：清华大学出版社，2000.

[55] 葛兆光 . 中国思想史 [M]. 上海：复旦大学出版社，2001.

[56] 盛扬，钱绍武 .20 世纪中国城市雕塑 [M]. 南昌：江西美术出版社，2001.

[57] 梁思成 . 图像中国建筑史［M］. 北京：生活·读书·新知三联书店出版社，2011.

[58] 梁思成 . 梁思成全集 [M]. 北京：中国建筑工业出版社，2001.

[59] 张复合 . 建筑史论文集：第 14 辑 [G]. 北京：清华大学出版社，2001.

[60] 哈里斯 . 建筑的伦理功能 [M]. 申嘉，陈朝晖，译 . 北京：华夏出版社，2001.

[61] 施连方，施枫 . 趣谈老北京 [M]. 北京：中国旅游出版社，2001.

[62] 楼庆西 . 中国古建筑二十讲 [M]. 北京：三联书店，2001.

[63] 亚伯克隆比 . 建筑的艺术观 [M]. 吴玉成，译 . 天津，天津大学出版社，2001.

[64] 殷双喜 . 走向现代——20 世纪中国雕塑大事记 [M]. 石家庄，河北美术出版社，2008.

[65] 殷双喜 . 回望沧海——20 世纪中国雕塑文选（上、下）[M]. 石家庄，河北美术出版社，2008.

[66] 北京画院 . 开篇大作——人民英雄纪念碑落成五十周年纪念集 [M]. 北京：文化艺术出版社，2010.

人民英雄纪念碑兴建年表

1949年2月12日

北平和平解放后的第一个元宵节，北京20万各界人士齐聚天安门广场庆祝解放，毛泽东的巨幅画像第一次挂在天安门城楼正中。北京市民开始对天安门城楼及广场进行大清扫和大修整，共清除垃圾20多万吨。

1949年4月5日

华北人民政府将4月5日定为烈士节，通令在清明节隆重纪念烈士。

1949年9月23日

著名雕塑家滑田友写信给北京市建设局领导，建议在天安门广场建一个雕塑建筑合组的纪念碑，并强调这一纪念碑应尽可能具有中国民族性的特点。

1949年9月30日

中国人民政治协商会议第一次全体会议决议：为纪念新旧民主革命时期牺牲的烈士，在首都天安门广场兴建一座纪念碑。

下午6时，由毛泽东率领全体与会代表到天安门广场纪念碑碑址，举行奠基典礼。

周恩来在纪念碑奠基典礼时致辞："为号召人民纪念死者，鼓舞生者，特决定在中华人民共和国首都北京建立一个为国牺牲的人民英雄纪念碑。"

1949年10月1日

开国大典。北京30万各界群众齐聚天安门广场。毛泽东在天安门城楼上向全世界宣告："中华人民共和国中央人民政府今天成立了。"

《人民日报》第2版报道："革命先烈永垂不朽！为国牺牲的人民英雄纪念碑昨在首都隆重奠基，毛主席宣读碑文。"

1949年

刘开渠出席新中国第一届文学艺术工作者代表大会。

刘开渠当选为上海市美术工作者协会第一任主席。与江丰等共赴杭州接管国立艺专，任该校校长及杭州市副市长。

1949 年 12 月 12 日

《人民日报》第 1 版报道：“王荷波等 18 烈士移葬京郊革命公墓，周恩来总理亲临主祭。”

1950 年 3 月 6 日

鸦片战争以来广东人民革命烈士纪念碑在广州奠基。

1950 年 6 月 10 日

北京市都市计划委员会召开人民英雄纪念碑设计讨论会，强调纪念碑设计要采取人民所熟悉的中国民族形式。北京市在全国重点建筑设计单位内征集设计方案。先后共征集到 140 多个草案，经评议，选出 8 个方案，在天安门广场征求首都各界及市民的意见。

1951 年 2 月 27 日

北京市人民政府就今春开始兴建人民英雄纪念碑致函中央人民政府，呈上纪念碑图样四纸、模型一具、造价概算表及《纪念碑兴建委员会组织规程草案》各一件，报告由聂荣臻、张友渔、吴晗签署。

1951 年 8 月

北京市都市计划委员会将其下属设计组所绘的人民英雄纪念碑草图三种送呈北京市领导。

1951 年 8 月 29 日

北京市都市计划委员会副主任梁思成就都市计划委员会送呈北京市领导的三种人民英雄纪念碑草图一事写信给彭真市长，详呈自己对于这三个草图的批评意见，阐述了人民英雄纪念碑的基本设计思想。

1951 年 10 月 1 日

在天安门广场纪念碑奠基地点，陈列展出人民英雄纪念碑五分之一缩尺模型，同时陈列了有坡顶及有群像的两个较小的模型，公开征求意见。

1952 年 4 月 25 日

北京市有关部门召开首都人民英雄纪念碑筹建座谈会，拟定征求纪念碑图案条例。

1952 年 4 月 29 日

北京市政府邀请中央部委、军委总政治部、政协全国委员会等 9 个有关单位，举行纪念碑筹建座谈会，决定成立“首都人民英雄纪念碑兴建委员会”。

1952 年 5 月 10 日

在北京市政府会议室成立首都人民英雄纪念碑兴建委员会，全国政协、全国总工会、中央宣传部等 17 个有关单位各推派代表一人为委员。会议通过了组织规程草案，推选彭真为主任，郑振铎、梁思成为副主任，薛子正为秘书长。

委员会下设四个专门委员会：

建筑设计专门委员会　召集人：梁思成

雕画史料编审委员会　召集人：范文澜

施工委员会

结构设计专门委员会　召集人：朱兆雪

工程事务处　处长：王明之　副处长：吴华庆

建筑设计组　组长：梁思成　副组长：莫宗江

美术工作组　组长：未定

土木施工组　组长：王明之

电气设备组、石料供应组、财务核算组、摄影记录组(当时组长均未定，从略)。

以后又设立了办事处，下设文书组、会计组、总务组，负责文秘、后勤及日常管理工作。

1952 年 5 月 22 日

北京市人民政府致函政务院，报告首都人民英雄纪念碑兴建委员会的成立，将组织规程、成立会纪录、委员及重要工作人员名单各三份，呈请核鉴备案，并颁发印信。报告由北京市市长彭真，副市长张友渔、吴晗签署。

1952 年 6 月 14 日

梁思成主持建筑设计专门委员会第 1 次会议，讨论纪念碑设计。

1952 年 6 月 19 日

人民英雄纪念碑兴建委员会美术工作组成立。组长：刘开渠；副组长：滑田友、张松鹤。

1952年7月2日

建筑设计专门委员会召开第2次会议，讨论纪念碑样式及石料。

1952年7月中旬

史料委员会初步提出浮雕主题方案，共9幅（略）。

1952年7月28日

建筑设计专门委员会召开第3次会议，讨论纪念碑浮雕题材及碑文问题，研究石头材质及颜色。决定8月1日开工。

1952年7月

江丰请滑田友出任中央美院雕塑系主任。

1952年七八月间

人民英雄纪念碑兴建委员会副主任郑振铎主持召开会议，决定采用现在已建成的这一设计方案，但对碑顶暂作保留，碑身以下全部定案，并立即开始基础设计并施工。

1952年8月1日

人民英雄纪念碑工程正式开工。

1952年9月25日

完成基础挖方工程。

1952年10月17日

建筑设计专门委员会召开第4次会议，研究纪念碑建筑设计，讨论须弥座的尺寸、碑顶样式结构与石料等。

1952年11月13日

完成基础钢筋混凝土工程。

1952年12月

人民英雄纪念碑水泥基础露出地面。

1952年冬

中央美院一批画家开始参与人民英雄纪念碑的画稿工作。

先后参加美工组浮雕草图起稿工作的画家有吴作人（1908—1997）、王式廓（1911—1973）、董希文（1914—1973）、冯法祀（1914—2009）、艾中信（1915—2003）、彦涵（1916—2011）、李宗津（1916—1977）、王琦（1918—2016）等。

先后参加美工组雕塑工作的雕塑家有邹佩珠、刘士铭、王卓予、李祯祥、陈天、吴汝钊、谢箣声、沈海驹、夏肖敏、王澎、陈淑光、于津源、祖文轩、王万景、王殿臣，先学石刻后做助手的有李唐寿、胡博闻、关玉璋、秦宗一、韦植叶、侯文元等。

1953 年 1 月 19 日

人民英雄纪念碑兴建委员会秘书长薛子正传达毛泽东关于浮雕主题的指示："井冈山"改为"八一"；"义和团"改为"甲午"；"平型关"改为"延安出击"；"三元里"是否找一个更好的画面？"游击战"太抽象；"长征"哪一个场面可代表？

1953 年 2 月

在天安门广场临时搭建了占地 850 平方米的美术工作室，雕塑家在此开始学习中国近代百年历史，并根据纪念碑碑文和碑形规定进行 12 幅浮雕草图的设计。

梁思成参加中国科学院访苏代表团，约六七月间才回到北京，约半年多的时间没有参加纪念碑工作。

根据人民英雄纪念碑碑文选题开始设计浮雕稿。浮雕题材选用代表中国历史阶段最重要的和最为人所周知的人民英雄历史事迹。浮雕的表现形式，采取叙述性，因为这样表现史迹适合于人民的欣赏习惯，未采用象征的表现方法。根据碑形，雕塑家第一次设计 10 块浮雕，在碑形修正后改为 8 块。

最初投入施工的纪念碑方案为单层碑座，下有浮雕，浮雕为 8 个重大历史事件，分别为：《鸦片战争》《太平天国的金田起义》《辛亥革命的武昌起义》《五四运动》《五卅运动》《八一南昌起义》《抗日战争》《解放战争胜利》。是由以范文澜为首的雕画史料专门委员会研究确定的。

1953 年 2 月 7 日

刘开渠由杭州到北京，作为人民英雄纪念碑美术工作组组长正式参加这一公共艺术工程。

1953年3月

美工组成员参加征集碑形活动，纪念碑造型修改后，根据新碑形进行8幅浮雕草图的设计，并为雕塑进行基本练习。

1953年3月19日

为加强建筑设计组与美术工作组的工作，纪念碑兴建委员会成立设计处，将建筑设计组从工程事务处转到设计处，由梁思成与刘开渠共同担任处长，在梁思成出国未回之前，由刘开渠负责。

1953年4月11日

在青岛浮山开凿碑心大石料，毛重约280吨，加工后重约94吨，体积为14.70米×0.83米×2.92米。10月7日起运，10月13日到达首都西站，运到天安门工地后经过刻凿加工，成材为60吨。

1953年下半年

开始创作浮雕泥塑小稿。尺寸与构图稿相似，约为30cm×80cm，共做了两次，其后停了一个时期。

1953年7月17日

纪念碑兴建委员会各组联席会议，讨论准备碑形小型展览座谈会。拟在1953年9月1日—30日正式举行纪念碑碑形展览。

1953年9月

首都人民英雄纪念碑兴建委员会初步肯定了新碑形。

刘开渠参加中国文学艺术工作者第2次代表大会，当选为中国文联委员，中国美术家协会副主席。

美工组完成8幅草图的设计，并依此做四分之一的泥塑稿，从泥塑上研究浮雕效果。

1953年9月19日

首都人民英雄纪念碑兴建委员会办事处发布通知，决定于10月3日起，在天安门广场首都人民英雄纪念碑兴建委员会美术工作室内举办纪念碑设计展，展出碑形图样、模型、浮雕、花纹、设计等资料。展览入口为天安门广场南头中华门，联系电话：（三局）二五二四。

1953 年 9 月 26 日—10 月 30 日

正式举行纪念碑设计方案展览。纪念碑兴建委员会将前期的修正方案、碑形图样、模型、浮雕和装饰等初稿面向公众展出一个月。邀请人民团体、各界人士及专家参观，提供意见。拟于 10 月底将正面碑心石安装完毕。

根据群众意见，浮雕稿的题材最后定为：1. 烧鸦片——鸦片战争；2. 金田起义——太平天国；3. 武昌起义——辛亥革命；4. 五四运动；5. 五卅运动；6. 八一南昌起义；7. 游击战——抗日战争；8. 胜利渡江，解放全中国；9. 支援前线；10. 欢迎解放军。

碑形的修改，参考了中国古代建筑资料图片和实物，经过反复研究，碑身改为矩柱形，顶端盖四坡庑殿，底部由双重须弥座承托碑身。

1953 年 10 月 20 日—12 月 10 日

刘开渠同 9 位雕塑工作者到大同、云冈、太原晋祠、天龙山、平遥、南北响堂山、西安、顺陵、霍去病墓、麦积山、洛阳、龙门、巩县（现巩义市）、开封、济南、长清灵严寺等地，参观了古代雕塑。作品从汉至明清，从一般浏览到重点欣赏，共看了数万件。

1953 年底

四分之一泥塑小稿在北海白塔下的展室里，广泛征求群众意见。

1954 年 2 月 12 日

华东美协筹委会召开第一次会议，选出刘开渠、赖少其、丰子恺为正副主任。

1954 年 8 月

确定了碑身、碑座、月台等部分，并开始施工，安装石料。而碑顶造型，虽多次征求意见，反复设计修改，但仍未能确定。同时研究攒尖顶和群像顶等方案。

1954 年 9 月 15 日

全国人民代表大会第一次会议在北京开幕，齐白石、刘开渠、吴作人、梁思成、华君武、古元等当选为全国人大代表。

刘开渠当选民盟中央委员。

1954年11月6日

北京市人民政府委员会开会，彭真指示用“建筑顶”，并定了浮雕主题：鸦片、金田、辛亥、五四、五卅、南昌、敌后、渡江。同时做出纪念碑朝向改变的决定——“八个大字向北”。

1954年冬

人民英雄纪念碑碑心石安装。

1955年1月2日

梁思成因病住院，至10月出院，期间未过问碑的设计及施工。浮雕工作完全由刘开渠负责。

1955年4月1日

林徽因病逝于北京。

1955年6月9日

毛泽东主席为人民英雄纪念碑题写“人民英雄永垂不朽”8个大字。

1955年下半年

开始创作泥塑中稿（定稿）。尺寸为纪念碑浮雕尺寸的二分之一，即高为100厘米。定稿创作与小稿一样，耗费数月时间。

1955年10月前

完成纪念碑碑顶安装。

1956年春

开始放大泥塑定稿，尺寸为浮雕原大。

1956年国庆

第一块浮雕放大定稿《南昌起义》完成。

刘开渠完成《支援前线》《欢迎解放军》的泥塑工作。

1957年1月

开始浮雕石刻工作。

1957年2月

刘开渠、王朝闻、董希文组成中国美术家代表团，赴苏联参加第一届全苏美术家代表大会。

刘开渠负责创作的三块浮雕开始由著名石刻艺人王二生刻制。

1957年3月24日—31日

中央美术学院主办“四川大足古代雕刻照片展览会”。

1957年4月3日

刘开渠、王朝闻向中国美协在京理事、美术家40余人报告参加苏联美术家代表大会的经过和感想。

1958年4月22日

人民英雄纪念碑建成。

1958年5月1日

在天安门广场开大会，举行人民英雄纪念碑落成揭幕仪式，彭真在天安门城楼上宣布人民英雄纪念碑落成。在纪念碑揭幕仪式上向革命先烈敬献花圈，当晚，在天安门广场上燃放礼花。著名爱国民主党派人士、教育家、全国人大常委会副委员长黄炎培为揭幕献词一首：解放于今且十年，英雄地下慰长眠。工农跃进新生产，唱彻东方红沸天。世局翻新已显然，英雄地下慰长眠。东风早压西风倒，又一卫星将上天。

1958年下半年

人民英雄纪念碑雕塑组改组为北京市建筑艺术雕塑工厂，当时不足100人，划归北京市房管局领导，刘开渠被聘为顾问。北京市建筑艺术雕塑工厂最鼎盛时曾发展到400多人。

1958年8月

中共中央在北戴河召开政治局会议，决定在北京建设一批重大建筑工程及进一步扩建天安门广场。人民英雄纪念碑成为扩建后的天安门广场的中心建筑。

1959年10月1日

天安门广场经过整修扩建，面积由原来的11万平方米扩大为40万平方米，东西宽度为500米，南北长度为800米，能同时容纳50万人举行集会。

1959年国庆节后

周恩来总理曾指示将碑顶及人民大会堂的国徽改用能发光的材料，并指定吴晗召集一些建筑师、艺术家开会研究碑顶，也可考虑另行设计。当时各设计部门和高校又送来二三十个方案，有用雕像的，有用红星的，也有些相当“现代”的。但经过三四次会议，大家认为没有一个方案有特殊突出的优点，改了效果不一定能比现在的顶更令人满意，于是改顶的工作就暂时作罢。

1959 年 12 月

人民美术出版社编辑出版《首都人民英雄纪念碑雕塑集》，16 开本，定价 0.16 元。

1961 年 3 月 4 日

《文物》杂志 1961 年第 4-5 期合刊刊登国务院公布的第一批全国重点文物保护单位名单，共计 180 处，所选择的标准是“具有重大历史、艺术、科学价值”。其中革命遗址及革命纪念建筑物共 33 处，从 1841 年的三元里平英团遗址到 1958 年的人民英雄纪念碑。作为社会主义初期纪念性建筑的新创作，人民英雄纪念碑在建成后不到 3 年的时间，就被列入全国重点文物保护单位名单，这是极为不寻常的。

1967 年 12 月 15 日

“文化大革命”中，梁思成就人民英雄纪念碑的设计写出回忆文章《人民英雄纪念碑设计的经过》，交由其学生郑光中转交给清华大学建筑系领导，后留存于郑光中手中。

1969 年 12 月 15 日

天安门城楼彻底拆卸，按原样重建，至 1970 年 4 月 7 日完工。

1976 年 4 月清明

首都上百万人在天安门广场以人民英雄纪念碑为中心聚会，沉痛悼念敬爱的周总理。

1976 年 11 月

毛主席纪念堂在人民英雄纪念碑的南边开工建造，至 1979 年 8 月落成。纪念堂高度为 33.6 米（天安门城楼总高 33.7 米，其中城台高 12.3 米，人民英雄纪念碑高 37.94 米），建筑面积 2 万多平方米。由于人民英雄纪念碑的朝向面北，毛主席纪念堂的正门也向北。

1987 年

举办首届全国城市雕塑评奖，人民英雄纪念碑浮雕获最佳作品奖。

1988 年 1 月 1 日

北京市政府决定向社会民众开放天安门城楼，人民群众可以登楼观看广场与人民英雄纪念碑。

1988 年 5 月

为纪念人民英雄纪念碑落成 30 周年，傅天仇组织，马丁、马刚编写，北京科学普及出版社出版了《人民英雄纪念碑浮雕艺术》。

1991 年

梁思成撰写的文稿《人民英雄纪念碑设计的经过》，在学生手中存留 24 年后得以发表。

1999 年

为迎接新中国成立 50 周年，国家投入大量资金，对天安门城楼、天安门广场、人民英雄纪念碑等进行了大规模整修。

2014 年 8 月 31 日

第十二届全国人大常委会第十次会议通过关于设立烈士纪念日的决定，将 9 月 30 日人民英雄纪念碑的奠基日确定为烈士纪念日，党和国家领导人在 9 月 30 日这一天集体到天安门广场人民英雄纪念碑前纪念革命先烈，缅怀先辈的光辉业绩，这是为了充分体现“国庆勿忘祭先烈”的情怀、突出国家褒扬英烈的主题。

2018 年 4 月 27 日

第十三届全国人大常委会第二次会议通过《中华人民共和国英雄烈士保护法》，自 2018 年 5 月 1 日开始施行。《中华人民共和国英雄烈士保护法》规定：矗立在首都北京天安门广场的人民英雄纪念碑，是近代以来中国人民和中华民族争取民族独立解放、人民自由幸福和国家繁荣富强精神的象征，是国家和人民纪念、缅怀英雄烈士的永久性纪念设施。人民英雄纪念碑及其名称、碑题、碑文、浮雕、图形、标志等受法律保护。

人名索引

艾中信（1915—2003） 上海市人。1925年开始学水墨画，1927年后相继入上海南洋中学、上海大同大学理科学习，并开始在报上发表漫画作品。1936年入南京中央大学艺术系学习，1940年毕业留校任教。1943年任中国美术学院副研究员。1944年赴川西岷江上游写生，后转赴湖南安江抗日前线写生。1945年任苏联塔斯社在上海主办的《时代日报》艺术副刊编辑。1946年任国立北平艺术专科学校副教授。1950年以来，历任中央美术学院副教授、教授兼油画系主任、副院长。1952年参加人民英雄纪念碑浮雕画稿创作。1979年出席第四次全国文代会。中国美术家协会理事。油画《通往乌鲁木齐》参加第二届全国美展，为中国美术馆收藏；《红军过雪山》为中国人民革命军事博物馆收藏；《夜渡黄河》为中国革命博物馆收藏。发表《油画民族化问题探讨》《油画风采谈》等论文。出版有论文集《读画论画》《徐悲鸿研究》。

陈 天（1925—1987） 江苏邳县（今邳州市）人。1948年入北平艺术专科学校学习雕塑。1952年毕业留校作研究生。1952年12月—1954年3月曾随雕塑家滑田友参加人民英雄纪念碑浮雕创作。1954年调西安美术学院任教。1979年任副教授。中国美术家协会会员，中国工艺美术家协会会员。曾为陕西、宁夏、新疆等地建造城市雕塑，作品《干杯》参加了第六届全国美展优秀作品展。

陈淑光（1930— ） 女，北京市人。1952年毕业于中央美术学院雕塑系。曾参加人民英雄纪念碑的塑造工作。1960年进中央美院雕塑研究班，1963年毕业。曾在北京市人民美术工作室、北京市美术公司工作。后调北京画院任创作员，一级美术师。现已退休。中国美术家协会会员。作品有大理石雕《小胖》（中国美术馆收藏）、《小雪花》《红缨枪》等。

董希文（1914—1973） 浙江绍兴人。1932年考入杭州之江大学土木系，次年弃工科，考入苏州美术专科学校。1934年入杭州艺术专科预科，后升入本科，1939年被学校推荐至越南河内学习，不及半年回国。1940年到重庆，次年去敦煌艺术研究所临摹壁画，1946年在兰州、苏州举办“董希文敦煌壁画临摹创作展览”，同年至国立北平艺术专科学校。1952 年至 1953 年任人民英雄纪念碑浮雕起稿组组长。1953 年完成油画《开国大典》，次年创作油画《春到西藏》，均入选第二届全国美展。1962 年中央美院设董希文工作室。1963 年创作油画《千年土地翻了身》。中国美术家协会会员，第二届全国政协委员。曾在拉萨举办过写生画展。1973 年因病去世后，中国美术馆曾展出董希文遗作展。出版有《长征路线写生集》《董希文画集》等。曾发表过《从中国绘画的表现方法谈到油画中国风》《素描基本练习对于彩墨画教学的关系》《绘画的色彩问题》等论文。

冯法祀（1914—2009） 曾用名骆风，安徽庐江人。1933 年考入南京中央大学教育学院艺术科学习油画。1937 年在陕西三原参加红军，在总后勤部政治部宣传科任职。1938 年到武汉国民政府军委政治部三厅工作，同年入延安鲁迅艺术文学院学习。1939 年到四川江津，任教于武昌艺术专科学校。1940 年在广西柳州参加抗敌演剧四队。1942 年在重庆任国立艺术专科学校副研究员。1946 年任国立北平艺术专科学校副教授，并为天津《益世报》编辑《艺术周刊》。1949 年出席第一届全国文代会。1951 年任中央美术学院绘画系代主任兼油画科主任、副教授。1952 年参加人民英雄纪念碑浮雕画稿设计工作。1955 年参加中央美院苏联专家马克西莫夫油画训练班。1961 年到中央戏剧学院担任基础课教学。1979 年任中央美院油画系主任。1980 年、1983 年先后在北京、哈尔滨举办个人画展。1984 年赴法国巴黎考察，并在巴黎国际艺术城举办个人画展。早期油画《捉虱子》由中央美院收藏；《刘胡兰就义》参加第五届全国美展，由中国美术馆收藏；《长白山天池》陈列于人民大会堂吉林厅。发表有《徐悲鸿油画的赏析与研究》《吴作人的艺术道路》等。

范文澜（1893—1969） 著名历史学家，北京大学教授，著有《中国通史》等。

傅天仇（1920—1990） 广东南海人。1945 年毕业于国立杭州艺术专科学校雕塑系。1946 年在重庆举办个人雕塑展。1947 年至 1949 年在香港从事雕塑创作。1952 年为人民英雄纪念碑创作浮雕《武昌起义》。曾任中央美术学院雕塑系主任、教授。1963 年曾为太原晋祠艺术宫设计环境艺术方案。曾任《中国美术全集·秦汉雕塑分册》主编，《中国美术辞典》雕塑学科主编。中国美术家协会理事，全国城市雕塑艺术委员会委员。作品有天津南开大学《周恩来铜像纪念碑》（获全国首届城雕评奖最佳奖），《斯诺浮雕头像》，分别为中国美术馆、美国斯诺纪念馆收藏。出版有《傅天仇雕塑集》及《移情的艺术》论文集。

滑田友（1901—1986） 原名庭友，又名舜卿，江苏淮阴人。1919 年进江苏省立第六师范学校，1924 年毕业后曾任中小学美术、音乐教员。1930 年在上海做雕塑家江小鹣的助手，曾赴苏州保圣寺修复古代彩塑罗汉。1933 年得徐悲鸿帮助赴法国留学，考入巴黎国立高等美术学校雕塑系。雕塑《浴女》和《沉思》先后获巴黎艺术家春季沙龙银奖和金奖。1948 年应徐悲鸿之邀回国，任国立北平艺术专科学校雕塑系教授。1952 年到 1966 年任中央美术学院雕塑系主任。1952 年参加人民英雄纪念碑浮雕创作，任美工组副组长。中国美术家协会理事。雕塑作品有 1946 年做的《轰炸》，为巴黎近代艺术博物馆收藏。1949 年做浮雕《军队向前进　生产长一寸》（每块 200cm×240cm），陈列于第一届全国文代会主席台两侧，并入选第一届全国美展。1951 年为中央直属机关大礼堂创作大型浮雕《工农努力生产，建设光辉的新中国》。人民英雄纪念碑浮雕《五四运动》于 1987 年获首届全国城雕评奖优秀奖。出版有《滑田友雕塑集》。

贾国卿（1924—1963） 河北人。20 世纪 50 年代曾参与人民英雄纪念碑建设工作，任办事处秘书、工地党支部书记。后到北京建筑雕塑艺术工厂工作。中国美术家协会会员。

江　丰（1910—1982） 原名周熙，上海人。1927 年曾参加工会组织的罢工活动。1929 年，工余到白鹅西画会学画。1931 年参加上海左翼美术活动，筹建上海“一八艺社”，后参加鲁迅举办的木刻讲习会。次年，任中国左翼美术家联盟执委，参加春地美术研究所创作展览活动，之后两度被捕。出狱后，于 1936 年参与组织铁马版画会和上海木刻作者协会。1937 年，筹组第三回全国木刻流动展览会并巡回展出。1938 年赴延安，负责编辑《前线画报》，后任鲁迅艺术学院美术部主任，陕甘宁边区政府文委委员，八路军后方留守兵团文委委员，当选陕甘宁边区美术界抗敌协会主席。抗战胜利后，任华北文艺工作团政委，华北联合大学文艺学院党委副书记、美术系主任，晋察冀边区党委文委委员。

1949 年当选中华全国美术工作者协会副主席，中央美术学院华东分院副院长。1951 年调任中央美术学院副院长，徐悲鸿院长逝世后，任代院长。1953 年当选中国文联常务理事，中国美术家协会副主席。1954 年当选第一届全国人大代表。1961 年调中国美术馆研究部工作，坚持从事西方美术史研究。1979 年任第五届全国政协委员，文化部顾问，中央美院院长，当选中国文联委员，中国美协主席，次年当选中国版画家协会名誉主席。擅长版画，致力于中国新兴木刻的开拓，兼长美术史研究和美术教育。晚年尤重视民间美术的抢救和复兴工作。早期版画作品有《劳动》《要求抗战者，杀》《码头工人》等。出版有《意大利文艺复兴期的美术》《江丰美术论集》，完成有《论名画欣赏》《论印象画派》等书稿。

梁思成（1901—1972）　广东新会人。1901 年 4 月 20 日出生于日本东京，父梁启超。11 岁时由日本回到北京，14 岁时进清华学校（清华大学前身）学习，曾参加五四运动。1924 年赴美国入宾夕法尼亚大学学习建筑，1927 年以优异成绩获建筑硕士学位。后入哈佛大学研究生院，准备《中国宫室史》的博士论文，但他感到要在实践中考察，于是决定离开哈佛到欧洲考察建筑。1928 年，梁思成回国后应东北大学之邀到沈阳创办了建筑系，任系主任和教授。1931 年九一八事变后举家迁到北平，参加了中国营造学社，任法式部主任，从此投入中国古代建筑研究。1938 年举家迁至昆明，1939 年又搬到四川省南溪县（现南溪区）的李庄，在极端困难的条件下，率领营造学社的同仁坚持古建筑的调查研究工作，直至抗战胜利。1944 年至 1945 年任国民政府教育部战区文物保存委员会副主任。1946 年，梁思成应邀赴美国讲学，因他在中国古代建筑研究的杰出贡献，被普林斯顿大学授予名誉文学博士学位。同年，梁思成回到清华大学创办了建筑系。1947 年，被国民政府派往美国担任联合国大厦设计顾问团的中国顾问。1948 年，被选为“中央研究院”院士。

中华人民共和国成立以后，梁思成仍担任清华大学建筑系主任和教授，并积极参加了新中国的建设工作，曾与林徽因共同参与中华人民共和国国徽的设计，并担任了首都人民英雄纪念碑兴建委员会副主任，主持人民英雄纪念碑的建筑设计。他先后担任过北京市都市计划委员会副主任、中国建筑学会副理事长、中国美术家协会常务理事、中国文联全国委员会委员、中华全国自然科学专门学会联合会委员、中国科学技术协会委员、建筑科学研究院建筑理论与历史研究室主任，北京市城市建设委员会副主任等职。他是中国科学院技术科学部委员。曾任北京市人民委员会委员，政协北京市委员会副主席，第一、二、三届全国人民代表大会代表，第三届全国人大常务委员。1959 年梁思成加入中国共产党。1972 年 1 月 9 日病逝于北京。

梁思成是优秀的建筑学家和建筑教育家，他系统地调查、整理、研究了中国古代建筑的历史和理论，是这一学科的开拓者和奠基者，著有《清式营造则例》《中国建筑史》《中国雕塑史》《图像中国建筑史》等 5 种中英文专著、60 余篇论文，共计 150 多万字。他培养了大批建筑人才，以严谨、勤奋的学风著称。他努力探索中国建筑的创作道路，还提出了文物建筑保护的理论和方法，在建筑学方面做出了突出贡献，英国著名学者李约瑟称梁思成是研究“中国建筑的宗师”。

林徽因（1904—1955） 著名建筑师、文学家。1904 年生于杭州，父亲林长民 1876 年生于杭州，毕业于日本早稻田大学，1909 年获政治经济学学位，回国后在北平政府中任高级官吏，1920 年，林长民发起成立国联协会并任总干事，林徽因随父到伦敦，在圣玛丽女子学院学习。1924 年秋季与梁思成入美国费城的宾夕法尼亚大学学习，梁思成入建筑系注册，而林徽因却因建筑系不招收女生，只好在美术系注册，1926 年曾兼任建筑系教师。1927 年 2 月毕业获美术学士学位。1928 年与梁思成结婚。婚后与梁思成回国到东北大学创建建筑系并任教。1929 年回到北京，1931 年与梁思成一同参加营造学社，系统地展开了对中国古代建筑的调查、测绘与研究工作，开创了中国古代建筑历史与理论研究这一基础学科。1937 年 6 月，她与梁思成共同发现了中国地面上尚存的唐代木结构建筑——山西五台山佛光寺（建于 857 年）。同年 9 月因日本入侵华北而被迫逃亡，先到云南昆明，后随“中央研究院”历史语言研究所迁到四川重庆西边的小镇李庄，继续开展营造学社的研究工作。1946 年回到北平，在梁思成创办的清华大学建筑系任教。

新中国成立后与梁思成共同参与了中华人民共和国国徽的设计和人民英雄纪

念碑的基座与装饰图案的设计以及为亚洲及太平洋区域和平代表大会代表馈赠礼品的设计工作等，并参与了北京市著名工艺景泰蓝的改革工作。曾任北京市人民代表大会代表，北京市都市计划委员会委员、中国建筑学会理事。1955 年 4 月 1 日因病在北京逝世。

李金发（1900—1976）（一说为 1898—1974，待考） 又名遇安、淑良，广东梅县人。1919 年与林风眠一同到法国，先入第戎国立美术学校，后一同转学巴黎国立美术学院，林风眠先学绘画，李金发选学雕塑，在校期间曾有头像雕塑入选 1922 年巴黎沙龙展，这是中国人的雕塑作品第一次出现在法国沙龙展览上。1925 年李金发回国后历任南京美术学校校长、国立中央大学副教授、广州市立美术学校校长。1928 年蔡元培创办杭州国立艺术院，李金发任雕塑系主任。雕塑代表作品有《孙中山铜像》《伍廷芳坐像》《邓仲元立像》等。1945 年出任国民政府驻伊朗大使馆一等秘书，后代任大使。1951 年到美国定居，1976 年病逝。

李宗津（1916—1977） 曾用名问平，江苏武进人。1937 年毕业于苏州美术专科学校。长期从事美术教育工作，历任国立北平艺术专科学校、清华大学建筑系、中央美术学院油画系、北京电影学院美术系教授、教研组长。1952 年参与人民英雄纪念碑浮雕《太平天国》的画稿设计工作。1979 年在中央美院陈列馆举办李宗津遗作展览。中国美术家协会会员。油画作品《东方红》为中国美术馆收藏，《飞夺泸定桥》为中国革命博物馆收藏，《夜谈》为鲁迅博物馆收藏。出版有《李宗津画选》。

李祯祥（1932—2021） 北京人。1952 年毕业于中央美术学院雕塑系，由中央电影局分配到上海电影制片厂工作。1953 年借调到北京参加人民英雄纪念碑浮雕塑造工作，先后作为曾竹韶、王临乙的助手。1958 年留京参加筹建北京建筑雕塑艺术工厂，历任创作室副主任、主任、副厂长、厂长，主任雕塑师。现为研究员，已退休。中国美术家协会理事，北京市美协理事，北京工艺美术学会常务理事。作品《炼钢工人》参加了第一届全国青年美展，《甜女》参加了第六届全国美展。

刘开渠（1904—1993） 安徽萧县人。1920年就读于北京美术专门学校西画科。青年时期喜爱文学和艺术理论，曾在北京《晨报》《现代评论》发表小说和论文20余篇。毕业后受聘到南京大学院工作，后任教于国立西湖艺术院。1928年得蔡元培帮助赴法国留学，考入巴黎高等美术学校雕塑专业，毕业后为导师朴舍留做助手。1933年归国，任教于国立杭州艺术专科学校。一·二八淞沪抗战爆发后，创作《淞沪抗战阵亡将士纪念碑》。七七事变后随校迁往湖南沅陵，辗转于贵阳、昆明、重庆。最后流寓成都，参加中华文艺界抗敌协会成都分会的活动。同时在艰苦条件下从事雕塑创作，为成都东门广场和春熙路完成《川军出征抗日阵亡将士纪念碑》和《孙中山像》。1945年完成大型浮雕《农工之家》。1946年迁居上海，与画家陈秋草、张乐平等组织上海美术工作者协会。1949年7月出席第一届全国文代会，当选中华全国美术工作者协会常务委员。此后历任国立杭州艺专校长、中央美院华东分院院长、杭州市副市长。1952年参加人民英雄纪念碑的兴建工作，任设计处处长、美工组组长，并完成《胜利渡长江，解放全中国》《支援前线》和《欢迎解放军》三面大型浮雕创作。1959年被任命为中央美院副院长，曾主持中央美院第二届和第三届雕塑研究班的教学工作。1979年任中国美术馆馆长。1982年全国城市雕塑规划组成立，兼任组长。中国文联委员、中国美术家协会副主席。曾当选第一届至第三届全国人大代表，第五届至第七届全国政协常务委员。20世纪50年代以来，为《马克思恩格斯选集》《列宁全集》《斯大林选集》的封面创作了马、恩、列、斯浮雕像；石雕《向新时代致敬》获第六届全国美展荣誉奖，为中国美术馆收藏；人民英雄纪念碑浮雕获首届全国城雕评奖最佳作品奖。出版有《刘开渠雕塑作品集》《刘开渠美术论文集》。

刘润芳（1917—2007） 河北曲阳人。少年时期在春发永雕刻厂学徒，学习木石雕刻。1938年参加革命，以雕刻师傅身份从事地下工作。1949年参加山东临沂烈士纪念塔的石雕制作。1951年参加人民英雄纪念碑浮雕制作，并到中央美院雕塑系进修。1958年调北京建筑艺术雕塑工厂，曾任研究室副主任，高级工艺美术师。1988年离休。第五届全国人大代表，全国城市雕塑艺术委员会委员，中国美术家协会会员。作品有仿唐风格的《狮吼观音》和《白求恩像》，曾参加毛主席纪念堂的汉白玉毛泽东像的雕刻。

刘士铭（1926—2010） 出生于天津，1946 年考入国立北平艺专，1951 年毕业于中央美院雕塑研究班，受滑田友、王临乙等名师指导。1953 年参加人民英雄纪念碑浮雕创作，担任刘开渠的助手。1956 年创作的大型雕塑《劈山引水》是那个时代昂扬奋发的精神肖像，这一作品曾于 1956—1957 年到苏联参加社会主义国家造型艺术展，受到普遍赞扬。刘士铭一生坎坷，但他没有对生活失去信心，相反，在与中国社会基层民众相处的日子中，刘士铭看到了人民对生活的达观和人性的真诚。在刘士铭的作品中，最可贵的就是这种平静达观的生存境界与人性的温暖。20 世纪 80 年代以来，刘士铭专注于陶塑创作，作品一类是受中国汉代陶楼影响的农家院宅与都市居民的日常生活，一类是将人物、动物与器皿合为一体的非实用陶器，它们实际上是一种现代陶艺。这些自由天真而又富于激情的作品，表现了一个雕塑家对生命和艺术的执着，有许多精巧的构思和表现来自对生活的细腻观察和长期积累。

莫宗江（1916—1999） 广东新会县人，1916 年 6 月 20 日出生。清华大学建筑学院教授。1931 年在北京参加中国营造学社，师承梁思成先生从事中国古代建筑的研究。自 1931 年至 1937 年，他随梁思成、林徽因等先生调查、发现、研究了蓟县（现蓟州区）独乐寺、宝坻广济寺、应县木塔、五台山佛光寺等一批唐宋以来的重要古代建筑。抗日战争后随梁思成到云南、四川继续从事古代建筑研究，协助梁思成进行宋代《营造法式》的研究，完成了《中国建筑史》的写作。1946 年梁思成创办清华大学建筑系，莫宗江即到清华任教，先后担任中国建筑史、美术等课程，并被徐悲鸿聘为国立艺专的图案设计教师。

20 世纪 50 年代初，莫宗江以极大的热情参加了梁思成领导的中华人民共和国国徽和人民英雄纪念碑的设计工作，他是国徽的主要设计人之一。从 20 世纪 50 年代开始，他先后参加了《中国建筑史》教材和建筑科学研究院《中国古代建筑史》的编写工作，是主要撰稿人之一。20 世纪 60 年代初，主持了对颐和园的研究。1978 年以后，指导并参加了梁思成未完成的《宋营造法式注释》研究，直至出版。

莫宗江曾任中国建筑学会建筑史分会副主任、《中国美术全集·建筑艺术编》顾问、清华大学建筑系建筑历史教研组主任。他是中国美术家协会会员。1987年梁思成先生领导的“中国古代建筑理论及文物建筑保护”研究项目荣获国家自然科学奖一等奖，莫宗江是主要获奖人之一。1999 年 12 月 8 日，莫宗江因病在北京逝世。

彭　真（1902—1997）　原名傅懋荣，1902 年 10 月 12 日出生于山西省曲沃县侯马镇垤上村，父亲傅维山，母亲魏桂枝。他参加革命后在地下斗争中使用过许多化名，1937 年党的全国代表会议后改名彭真。1923 年加入中国社会主义青年团，同年加入中国共产党，是山西省共产党组织的创建人之一。大革命时期和土地革命时期是中国共产党北方地区的主要领导人之一。

全民族抗战爆发后，彭真作为中共中央北方局组织部部长，中共中央晋察冀分局书记，同聂荣臻等同志领导创建了晋察冀抗日根据地。1941 年到延安，任中央党校教育长、副校长，参加领导了延安整风运动。1944 年任中央组织部代部长、中央城市工作部部长。1945 年在党的七大和七届一中全会上，彭真当选为中央委员和中央政治局委员，不久又增补为中央书记处候补书记。

抗战胜利后，任中共东北局书记、东北民主联军政委，创建东北根据地。1947 年回到中央，任中央工作委员会常委，1948 年任中央组织部部长、中央政策研究室主任。

新中国成立后任中央人民政府委员、政务院政治法律委员会副主任，兼中央政法小组组长。在党的八大和八届一中全会上当选为中央委员和中央政治局委员、中央书记处书记，协助邓小平负总责。曾连任一、二、三届全国人大常委会副委员长，二、三、四届全国政协副主席。北平解放前夕兼任市委书记，1951 年 2 月又兼任北京市市长至 1966 年 5 月（第一任市长为叶剑英，1949 年 2 月 3 日中国人民解放军举行解放北平入城式，叶剑英时任北平市军管会主任）。

“文革”中彭真受到林彪、江青残酷迫害，失去党内外一切职务和人身自由。1979 年 2 月 17 日，中共中央发出《关于为彭真同志平反的通知》，同年在五届全国人大二次会议上当选为副委员长，十一届四中全会上当选为中央政治局委员。

1980 年任中央政法委书记，1983 年在六届全国人大一次会议上当选为全国人大常委会委员长。1979 年以来，他领导制定了一大批重要法律，主持修改了宪法，为社会主义法制建设奠定了坚实的基础。1997 年 4 月 26 日在北京逝世。

邱　陵（1922—2008）　河南潢川人。1947 年毕业于杭州国立艺专。曾先后担任联合国影闻宣传处美术干事、上海联营书店宣传科长，苏联兴办的（北京）时代出版社设计科长、人民英雄纪念碑兴建委员会设计处装饰组副组长等职。自 1956 年中央工艺美术学院（现清华大学美术学院）建立起至 1988 年，历任院学术委员会委员，装饰绘画系主任、教授。著有《书籍装帧艺术史》等。中国美术家协会会员、中国美协插图装帧艺委会委员、中国出版工作者协会装帧艺委会副主任、原邮电部全国邮票图稿评议委员会委员。

夏肖敏（1924—1984）　浙江人。1952 年于中央美院雕塑系毕业后，参加了人民英雄纪念碑的浮雕创作。1958 年到北京市建筑雕塑艺术工厂创作研究室任创作员，中国美术家协会会员。作品有石雕《少女》（获第六届全国美展铜质奖，中国美术馆收藏）、石雕《上夜校》、木雕《老猎人》等。出版有《夏肖敏雕塑作品选》。

谢家声（1917—2003）　别名笳声，浙江上虞人。1947 年毕业于国立北平艺术专科学校。历任敦煌艺术研究所助理研究员、中央美术学院助教，曾在天安门人民英雄纪念碑美工组工作。1958 年起在北京雕塑工厂研究室从事创作。中国美术家协会会员。擅长雕塑。作品有《王老九》《播种》（均入选第三届全国美展）、《鲁迅头像》等。

辛　莽（1916—2007）　原名吴裕春，广西人。1939 年毕业于延安鲁迅文艺学院美术系。曾任华北大学三部美术系研究员、北京市人民美术工作室副主任、北京画院画家，当选为中国美术家协会北京分会副主席。中国美术家协会会员。擅长油画。1950 年受胡乔木之邀，与左辉、张松鹤合作绘制天安门城楼上悬挂的毛泽东巨幅画像。1953 年参与人民英雄纪念碑浮雕《抗日游击战》的画稿绘制工作。作品有《晚归》（入选第二届全国美展）、《农业劳模李墨林》（入选第四届全国美展）、《毛泽东在延安窑洞中写作》《转移》等。

王丙照（王丙召）（1913—1987） 山东益都（现青州市）人。1940 年毕业于杭州国立艺专雕塑系，留校任教。抗日战争胜利后转国立北平艺专任教，后任中央美术学院教授。主要雕塑作品有人民英雄纪念碑浮雕《金田起义》等。中国美术家协会会员。

王殿臣（1930—1974） 河南郾城人。北京建筑艺术雕塑工厂石雕艺人，中国美术家协会会员。曾参加人民英雄纪念碑浮雕的石刻工作以及大连市苏军烈士塔、浙江解放一江山岛纪念碑的雕塑工作。

王临乙（1908—1997） 号黎然，中国现代著名雕塑家、教育家。1908 年 8 月 25 日出生于上海市一个世代行医的家庭中。1924 年考入上海艺术专科学校，在李毅士教授的工作室学习素描和油画。1926 年初与徐悲鸿先生相识，1928 年转入中央大学艺术系学习，1929 年冬得徐悲鸿先生的帮助，以优异成绩考入法国里昂美术专科学校学习雕塑，在校期间，一直是素描与速写这两门课的一等奖获得者，并获得过全法国美术学院速写考试第一名。在校期间的作品得到了罗丹的学生布德尔的欣赏，与其交换了作品。1931 年入巴黎国立美术学院，师从布夏教授。布夏是一位对哥特式美术研究有素的雕塑家，对王临乙有深刻的影响。1933 年曾与常书鸿、刘开渠等人共同发起成立了“中国留法艺术学会”。王临乙于 1935 年回国，即为孙中山先生纪念碑设计了雕塑稿《孙中山像》《孙中山头像》。1936 年任北平艺专雕塑教授，1937 年七七事变后随北平艺专向大后方转移，1938 年到重庆，先后在国立杭州艺专长期任雕塑教授，一度兼任系主任。其间，在 1940—1941 年曾转任国民政府教育部美术教育委员会专任委员。1942 年完成雕塑作品《汪精卫、陈璧君跪像》《大禹治水》《抗日将军张自忠墓碑》等。1946 年起任北平艺专雕塑系教授，新中国成立后任中央美术学院雕塑系教授、系主任，兼任总务长。1950 年为中央直属机关大礼堂创作了大型浮雕《民族大团结》。1953—1954 年参与人民英雄纪念碑浮雕《五卅运动》的创作。1958—1959 年参加北京十大建筑的建设工作，负责民族文化宫大门前厅四壁浮雕。20 世纪 50 年代还创作有大型圆雕《中国人民志愿军》等，此后还创作了《红军强渡大渡河》《建设十三陵水库》等大型雕塑设计稿。1997 年 7 月 16 日因病逝世于北京。

王　澎（1930—2005）　字雨行，曾用名王鸿文，笔名渴翁，堂号知渴斋，天津武清人。1952年毕业于中央美术学院雕塑系，留校当研究生，同时参加人民英雄纪念碑浮雕创作。1956年入苏联专家克林杜霍夫任教的雕塑研究班，1958年毕业留校任教。中国美术家协会以员、中国书法家协会会员。雕塑作品《牧羊少年》参加了第三届全国美展;《喜看今朝》参加了1962年全国小型雕塑展;《八路军》为中国革命博物馆收藏。发表有《雕塑构图问题》《评室外大型雕塑》等。

王　琦（1918—2016）　笔名文林、季植，若木，重庆人。1937年毕业于上海美术专科学校。1938年曾入延安鲁迅艺术文学院学习。抗日战争初期在武汉政治部第三厅从事抗敌美术宣传活动，其后在重庆参加郭沫若领导的文化工作委员会，同时任教于陶行知主持的育才学校，并加入中华全国木刻界抗敌协会，1941年当选为中国木刻研究会常务理事。1942年至1949年先后在重庆、南京、香港担任《新华日报》《新蜀报》《国民公报》《民主报》《西南日报》《新民报》《大公报》《星岛日报》的美术副刊主编，为香港人间画会理事。1949年以后，历任上海行知艺术学校美术组主任，中央美术学院教授兼《美术研究》《世界美术》副主编，《版画》《美术》杂志主编，中国美术家协会常务理事、副主席，中国版画家协会副主席兼秘书长。出版有《王琦版画集》《新美术论集》《谈绘画》《艺术形式的探索》《论外国画家》等。主编有《欧洲美术史》。

王式廓（1911—1973）　山东掖县（今莱州市）人。1930年在山东济南爱美高中艺师科学习西画。1932年至1934年，先后在北平美术学院、国立杭州艺术专科学校、上海美术专科学校学习，并参加MK木刻研究会。1934年东渡日本学习，先进川端研究所学习素描，1936年考入国立东京美术学校。1937年回国参加抗日救亡活动。1938年1月到武汉，在政治部第三厅从事美术工作，创作有《台儿庄会战》等宣传画。同年8月赴延安，任教于鲁迅艺术文学院美术系。1942年5月参加延安文艺座谈会。1947年到1949年，先后任教于北方大学、华北大学第三部美术科。1949年7月参加第一届全国文代会，当选中华全国美术工作者协会委员。1950年任中央美术学院教授、研究部主任、油画研究班主任。

1952 年参与人民英雄纪念碑浮雕画稿创作。1954 年 4 月参加中苏友好协会代表团赴苏联参观访问。1960 年当选为中国美术家协会理事。擅长素描、油画，兼事版画、中国画、书法。作品有早期套色木刻《改造二流子》，油画《农民参军》、素描《血衣》为中国革命博物馆收藏；《血衣》油画稿和多幅素描习作为中国美术馆收藏。出版有《王式廓素描集》《血衣》《王式廓画集》等。1979 年 2 月，中央美术学院与中国美术馆联合举办了王式廓遗作展。

王万景（1926—2016） 辽宁沈阳人。中央美术学院华东分院雕塑系毕业。20 世纪 50 年代参加人民英雄纪念碑浮雕创作，70 年代参加毛主席纪念堂室外大型群雕设计和创作，80 年代参加齐齐哈尔火车站大型壁画创作。曾为北京建筑艺术雕塑工厂研究室副研究员。中国美术家协会会员，中国工艺美术学会会员。作品有《傣族姑娘》（1982 年参加法国巴黎春季沙龙展，为中国美术馆收藏）、《军民鱼水情》（中国人民革命军事博物馆收藏）等。

王卓予（1927—2010）江西南康人。1951 年毕业于中央美术学院华东分院雕塑系。在上海华东文化部艺术处工作一年后，调北京人民英雄纪念碑兴建委员会美术创作组，担任萧传玖先生的助手，参加《八一南昌起义》等浮雕创作。1957 年回浙江美术学院雕塑系任教。1978 年至 1987 年任系主任、教授。在任期间，组织领导了一些大规模的社会创作，如浙江普陀山普济寺大殿佛像制作、新疆克拉玛依矿史浮雕、宁夏展览馆建筑浮雕等。个人创作主要有《拼搏者》（获第六届全国美展优秀奖）、《陈毅像》《聂耳像》《戚继光像》《冯雪峰像》等。评论者认为他的作品朴素、敦厚、简逸。出版编著有《外国城市雕塑集》等。曾任浙江省美术家协会副主席、浙江省城市雕塑规划委员会副主任、全国城市雕塑艺术委员会委员、浙江省雕塑研究会会长等。

吴汝钊（1926—2001） 四川犍为人。北京建筑雕塑艺术工厂石雕艺人。中国美术家协会会员。曾参加人民英雄纪念碑浮雕石刻工作。

吴作人（1908—1997） 安徽泾县人。1927 年考入上海艺术大学美术系，翌年转学南国艺术学院美术系，师从徐悲鸿，并参加田汉组织的南国社。后随徐悲鸿到南京中央大学艺术系继续学画。1930 年赴法国留学，考入巴黎高等美术学校西蒙教授工作室。后转比利时布鲁塞尔皇家美术学院，进院长白思天画室学习，曾获学院金质奖章和桂冠生荣誉。1935 年回国，任教于中央大学艺术系。抗日战争期间曾组织战地写生团到抗战前线写生。1934 年至 1935 年间，又赴康藏高原旅行写生，作有《藏女负水》等。20 世纪 40 年代开始中国画的艺术实践。1946 年任国立北平艺专教授兼教务主任，并当选北平美术作家协会理事长。1947 年，先后在英国、法国、瑞士举办画展。1950 年任中央美术学院教授兼教务长，1955 年任副院长，1958 年出任院长，1979 年任名誉院长，并当选中国美术家协会常务理事、副主席。1979 年当选中国文联副主席，1985 年当选中国美术家协会主席。1986 年在中国美术馆举办大型个人画展。曾连续当选第一至第六届全国人大代表。曾荣获比利时王国王冠级荣誉勋章。擅长油画、中国画。其油画《齐白石像》《三门峡》等为中国美术馆收藏，出版有《吴作人画集》《吴作人速写集》《吴作人文选》等。

萧传玖（1914—1968） 字佩之，湖南湘潭人。1929 年进国立杭州艺专雕塑系学习。1932 年参加木铃木刻研究会。1933 年赴日本，入东京日本大学艺术系师从渡边义之学习雕塑，并师从藤岛武二学习肖像画。1937 年返国，在家乡从事抗日宣传工作。1939 年赴昆明国立艺专任教。1941 年在衡阳创作大型浮雕《前方抗战，后方生产》。1946 年又回杭州国立艺专，先后任副教授、教授。自 1950 年至 1968 年去世，萧传玖一直担任浙江美术学院雕塑系主任。1950 年他创作了第一批反映工农兵生活，歌颂英雄的作品有《护厂》《工人纠察队》《毛泽东立像》《刘胡兰烈士像》等。1953 年至 1956 年他到北京参加人民英雄纪念碑浮雕的创作，他制作的《八一南昌起义》，生动地表现了中国共产党领导的军队打响第一枪的壮丽场景。在此期间他还完成了《鲁迅坐像》《鲁迅胸像》《中国人民志愿军纪念碑》、《广岛十年祭》（与苏晖、傅天仇合作）等作品。1957 年回校后，他为中国人民革命军事博物馆创作了《地雷战》《开镰》《年轻一代》《伐木工人》《东海渔民》《苏州姑娘》等作品。他的雕塑造型准确、神态生动、手法洗练、浑朴明快。生前曾任中国美术家协会理事。

彦　涵（1916—2011） 江苏连云港人。1938 年于国立艺专、延安鲁迅艺术学院毕业。抗日战争时期任青年军旅木刻家。先后任延安鲁艺、华北大学、杭州艺专、中央美院教师、教授、系主任。1951—1952 年任天安门人民英雄纪念碑美术创作组副组长。1953 年创建中央美院版画科（系）并为主任。先后兼职中国文联委员、中国美协常务理事、中国版画家协会名誉主席。在国内外举办过 30 次画展。许多作品为国内外博物馆、收藏家收藏。有关评介载入国内外一些史书、辞书。出版有《彦涵版画集》《彦涵中国画集》《彦涵油画集》《彦涵集》等。连云港市建立有彦涵美术馆。曾获得中国美术家协会、中国版画家协会杰出贡献奖等。

于津源（1926—1966） 辽宁大连人。1945 年就学于京华美术学院西画系，1946 年转学国立北平艺术专科学校，1950 年毕业于中央美术学院雕塑系，留校任教。1953 年曾短期参与人民英雄纪念碑美工组工作。1956 年至 1958 年在中央美院苏联专家克林杜霍夫主持的雕塑研究班深造，毕业后任雕塑系讲师。中国美术家协会会员。创作有大型雕塑《八女投江》立于黑龙江省牡丹江市，《毛泽东像》安放于北京民族文化宫中央大厅。

张松鹤（1912—2005） 广东东莞人。1930 年进广州市立美术学校西画系学习，兼修雕塑。1935 年毕业后在农村当小学教员。1936 年夏应召参加陈济棠部陆军师任中尉艺术科员，编绘抗日宣传画报。后参加广东人民抗日游击队，曾主编《行军画报》和《行军快报》。1948 年到华北解放区，任华北联大美术系教员。1950 年调北京市人民美术工作室专事雕塑创作。1952 年 6 月任人民英雄纪念碑美术工作组副组长，参与人民英雄纪念碑浮雕创作，作为浮雕《抗日战争》的主稿雕塑家。1958 年调任北京市美术公司创作室副主任。曾任北京师范大学美术工艺系教授。1972 年调北京中国画院从事专业创作。1979 年参加中国雕塑家考察团，赴意大利、法国考察雕塑艺术。曾担任中国美术家协会第三届理事会理事，中国人民政治协商会议全国委员会委员。作品《鲁迅像》为中国美术馆收藏；人民英雄纪念碑浮雕《抗日战争》获 1987 年首届全国城雕评奖最佳奖。发表有《怎样做雕塑》《丰富多彩的四川古代雕塑》等论文。

张文新（1928— ） 天津市人。毕业于华北大学三部美术科。历任北京美术工作室、北京市美术公司、北京画院专业画家。中国美术家协会会员。作品有油画《巍巍太行山》（获第五届全国美展二等奖，中国美术馆收藏）、《工程列车》，雕塑《鲁迅像》等。

邹佩珠（1920—2015） 女，浙江杭州人。1944年毕业于重庆国立艺术专科学校雕塑系。后在国立北平艺术专科学校、中央美术学院雕塑系任教。20世纪50年代初曾短期参加过人民英雄纪念碑的建设工作，60年代在中央美术学院雕塑创作室任创作员。中国美术家协会会员。李可染艺术基金会理事长。主要作品有《彭雪枫纪念碑》、北京体育馆大型浮雕《运动员群像》、首都工人体育场《掷铁饼运动员》等。

祖文轩（1930—2003） 女，河北人。1954年毕业于中央美院雕塑系，留校做研究生。1956年参加人民英雄纪念碑美工组工作，后在中央美院雕塑创作室从事创作。1961年调北京艺术学院任教。1962年调北京建筑艺术雕塑工厂任创作员，后为研究员。中国美术家协会会员。作品瓷雕《花木兰》曾参加世界青年联欢节美术展览，木雕《悄悄话》1982年被北京市美术家协会评为二等奖并收藏。

郑振铎（1898—1958） 中国现代著名作家、文学评论家和文学史家。祖籍福建长乐县（现长乐市），1898年12月19日出生于浙江温州。1918年考入交通部北京铁路管理学校（今北方交通大学前身）高等科。1921年毕业后到上海，入商务印书馆编译所工作，创办《儿童世界》周刊，主编《小说月报》。他与沈雁冰（茅盾）、叶圣陶等是著名文学团体“文学研究会”的重要成员。因参与爱国进步活动，1927年四一二事变后被迫出国，到巴黎、伦敦等地参观博物馆，并从事中国小说与戏曲研究，1928年回国。1930年底到北京任燕京大学教授，主讲中国小说史、戏曲史及比较文学史。曾与鲁迅合作编印《北平笺谱》《十竹斋笺谱》。1935年到上海暨南大学文学院任院长兼中文系主任、教授。著有《中国文学史》等。

新中国成立后，郑振铎从上海经香港到北京。1949年5月任华北人民政府高等教育委员会委员。1949年出席政治协商会议筹备会议第一次全体会议。7月

19日当选为中华全国文联常务委员、中华全国文学工作者协会常务委员、研究部负责人。9月21日出席中国人民政治协商会议第一届会议，被选为全国政协委员，任全国政协文教组组长。10月21日，政务院成立，担任文化部文物局局长，在第一届全国人大会议之后，被任命为文化部副部长。1952年5月，首都人民英雄纪念碑兴建委员会组成，彭真任主任，郑振铎、梁思成任副主任。郑振铎是中国科学院哲学社会科学部常委、国务院科学规划委员会委员兼考古组组长、中国科学院文学研究所所长。1958年10月17日率中国文化代表团赴莫斯科，途中不幸飞机失事遇难。

曾竹韶（1908—2012） 福建厦门人，缅甸华侨。1927年回国，1928年初考入杭州国立艺术院雕塑系。1929年秋赴法国留学。先后在里昂美术学校和巴黎国立艺术学院学习雕塑，在雕塑家布夏工作室学习。同时在巴黎西赛芳音乐学院学习小提琴，前后达10年之久。学习期间曾遍访埃及、希腊、意大利、英国、德国、奥地利、比利时等地考察艺术，对西方雕塑传统做了广泛深入的研究。1932年参与发起组织了中国留法学生巴黎艺术学会。1933年与冼星海、郑志声等人组织留法音乐学会。与在法同学共同切磋艺术并积极参与抗日救亡运动。1936年组织留法巴黎艺术学会全体成员到英国伦敦参观“中国古代雕塑艺术展览会”，为祖国杰出的传统文化所动，立志学习并发扬民族的传统雕塑艺术。1939年，在第二次世界大战法国沦陷前夕，离开欧洲经缅甸回国。历任重庆国民政府教育部音乐教育委员会委员，重庆国立艺术专科学校教授，重庆大学建筑系雕刻专业教授。新中国成立初期，于1950年3月到京参加中国革命博物馆筹备工作和天安门广场人民英雄纪念碑的建设，并在中央美术学院任雕塑系教授。曾任北京市第二、三、四届人大代表和北京市第五、六、七届政协委员。任历届全国城市雕塑规划组艺术委员会副主任、北京市人民政府专业顾问等职。

从教半个多世纪以来，曾竹韶培养了大批雕塑人才，创作了许多影响广泛的优秀作品。20世纪50年代参加天安门广场人民英雄纪念碑的建设，创作了浮雕《虎门销烟》，这是他尝试西方雕塑与民族传统技法有机融合创作新题材雕刻作品的开端。他的肖像创作注重个性与内心刻画，追求神韵，结构严谨，大气磅礴，其代表作有立于北京中山公园的《孙中山立像》，立于各重要纪念地、博物馆、著名大学的《李四光胸像》《何叔衡半身像》《蒲松龄半身像》《蔡元培半身像》《竺可桢半身像》《郭沫若半身像》《杜甫半身像》《李清照立像》《陶铸全身坐像》《贝多芬头像》等。

在教学和创作的同时，他还致力于城市雕塑和中国古代雕塑艺术的研究。50多年来，他在借鉴国外雕塑艺术继承和发扬民族优秀传统雕塑、促进建筑与雕塑相结合发展我国城市雕塑方面做了大量深入系统的调查研究，有着独到见解。著有《中国古代雕刻风格演变》《中国雕刻史》，发表了有关介绍和评论西方艺术（如希腊雕刻、米开朗琪罗、罗丹、布德尔等）、中国古代雕塑、城市雕塑与建筑的关系等方面的论文数十篇，并积极倡导在城市规划和重点建筑布局时充分发挥城市雕塑特有的作用，主张结合城市重点建筑工程有计划地建设一批反映和代表我国民族光辉历史和内在精神的大型纪念性雕塑。20世纪80年代以来，他不顾年事已高，始终不懈地关心我国雕塑事业的发展。特别对于建立中国古代雕塑博物馆，继承发扬民族雕塑优秀传统，倾注了极大的心血。联合许多艺术家和建筑学家多次向国务院和有关部门倡议在首都建立中国古代雕塑博物馆，使之成为保护珍贵的雕塑遗产、研究和发扬传统艺术、培养中国古代雕塑艺术研究人才的基地，向世界展现中国民族雕塑辉煌成就的窗口。

（编者注：为了纪念参与人民英雄纪念碑工作的建设者和艺术家，也便于读者深入了解本书所提及的人物，笔者多方收集资料，编写了这份人名索引。但由于种种原因，仍未完整全面，特别是有关工程技术人员的资料因难以查找，付之阙如，甚为遗憾。）

梦里家国

——王临乙先生与人民英雄纪念碑

殷双喜

1924年，16岁的王临乙从求实中学毕业，考入上海艺专美术系，受教于李毅士先生，学习素描与油画。1925年，17岁的王临乙目睹了五卅惨案的发生，因学潮运动，学校停课，在李毅士所开的绘画店中做助手。1926年春，由蒋碧薇的父亲蒋梅笙介绍，王临乙带着自己的单色油画，第一次拜见了徐悲鸿，得到徐悲鸿的赏识。上述三年的三件事情，似乎没有直接联系，但是20世纪50年代的人民英雄纪念碑创作，王临乙作为8位主创雕塑家之一，在其身上所发生的一切，似乎在冥冥中均与此有关，或者说，人生的轨迹是有迹可循的，人的早年生活，其实已经埋下了以后的伏笔。

1928年春天，徐悲鸿安排王临乙赴南京中央大学艺术系插班学习，并提供一切费用。至此，王临乙正式归入徐悲鸿门下，与同龄人吴作人（1908—1997）成为同学，开始了他们长达一生的诚挚友谊与合作。1927年冬，吴作人从上海艺术大学美术系转入田汉任院长的上海南国艺术学院美术系，师从徐悲鸿，1928年又追随徐悲鸿，到南京中央大学艺术系作旁听生。因为赏识两位高才生的画艺，徐悲鸿让王临乙和吴作人协助他完成油画《田横五百壮士》的放大工作。1928年7月，徐悲鸿从福建省教育厅厅长黄孟圭那里要到两个赴法留学名额，他将此给了吕斯百与王临乙。徐悲鸿对王临乙说："给吕斯百学油画，给你学雕塑，就此决定，你把手中风景画好，赠给教育厅，作为感谢留念致意。"（王伟《历史不曾忘记——王临乙艺术与教学研究》，中央美术学院2015届博士学位论文，第17页。）幸运的是，我们在中央美术学院美术馆的藏品中，看到王临乙先生1928年所做的两幅油画风景，从中可以看到王临乙深厚的油画功力与整体性的色调把握能力。1929年，在一幅蒋兆和为吴作人所作的素描上，徐悲鸿于题记中称："……随吾游者王君临乙、吴君作人他日皆将以艺显……"

1952年6月19日，首都人民英雄纪念碑兴建委员会美术工作组成立，刘开渠任组长，王临乙成为美工组成员。巧合的是，他与吴作人共同成为美工组内分的"五卅组"组长，并且在以后的创作过程中，成为"五卅运动"浮雕的主创雕塑家。值得注意的是，延续了1946年北平艺专的模式，在新中国成立后的中央美术学院的体制构架中，吴作人仍然担任教务长，王临乙以雕塑科负责人的身份兼任总务长，成为徐悲鸿的左膀右臂。

1925年5月30日，震惊中外的五卅运动在上海爆发，并很快席卷全国。五卅运动是中国共产党领导下的群众性反帝爱国运动，是中国共产党直接领导的以工人阶级为主力军的中国人民反帝革命运动，标志着大革命高潮的到来。五卅运动是一次伟大的群众性的反帝爱国运动，它大大提高了全国人民的觉悟程度和组织力量，在全国范围内为北伐战争准备了群众基础，从而揭开了1925—1927年中国大革命的序幕。正如著名工人运动领袖邓中夏所说："五卅运动以后，革命高潮，一泻汪洋，于是构成1925至1927年的中国大革命。"

人民英雄纪念碑浮雕《五卅运动》可以视为王临乙雕塑艺术生涯中的最重要的代表作。他出生于上海，目睹了发生于1925年5月30日的一万多名工人游行与集会，抗议帝国主义者枪杀中共党员、工人顾正红的爱国运动，面对帝国主义者的血腥暴行，中国人民不屈不挠的斗争精神深深地打动了他。在经过反复思考后，王临乙在浮雕创作中采用了整体统一的造型，他将人物的鲜明影像置于一个连续性的运动过程中。2001年，在我的博士论文《永恒的象征——人民英雄纪念碑研究》一文中，我根据多位当年参加浮雕创作的青年雕塑家回忆，确认《五卅运动》的画稿构图主要是由王临乙完成的，但囿于当时的资料所限，我无法获得更多的图像资料加以确定。15年后，在中央美术学院美术馆所收藏的王临乙、王合内两位先生的珍贵资料中，中央美院雕塑系的王伟博士不辞劳苦，整理出了王临乙先生参加人民英雄纪念碑创作的全部图文资料，令人兴奋。在这批资料中，有王临乙先生大量的创作草图，从最初的草图构想，到人物的动态组合构图，再到每一人物的具体动态与细节，都明确地表明，王临乙先生对于"五卅运动"从草图到浮雕的全过程创作参与。例如，王临乙先生为了创作，深入地收集和学习了五卅运动前后的历史和党史，了解了五卅运动的前因后果和事件进程，这在他的纪念碑笔记中有详细的记载。而对于五卅运动的主题确定与理解，在作为浮雕设计稿的晒蓝图的右侧，写有详细的“五卅运动创作意图”，包括“基本精神”和“创作说明”两个部分。在创作说明中，有“背景是帝国主义侵略中国的主要武器：战舰、洋行、工厂、银行”等。

需要指出的是，吴作人也确实参与了《五卅运动》的草图起稿工作，只不过，他担任的似乎是统稿的工作。这一点，在董希文致吴作人的一封信中可以看出。董希文发自东城水磨胡同49号的信件原文是这样的：

吴先生：画稿在全组会上又讨论了一遍，对你的这幅所提的意见，已由邹佩珠同志记录，请参考修改。另外，于津源也画了一张，今同王临乙的一幅一同送上给你，请参考他们两幅中的一些优点，合并到你的画稿里去，你以为这样的办法如何？

董希文

五日下午

根据纪念碑1953年2月的《美工组组织系统表》（首都人民英雄纪念碑兴建委员会档案，23-1-32）可知，纪念碑美工组根据浮雕分为东西南北4个大组，10个小组，以及研究组、秘书组。组长为刘开渠，副组长为滑田友、彦涵、吴作人、张松鹤。北面组的组长为曾竹韶、董希文，在北面组下面，分为辛亥组、五四组、五卅组，其中五卅组的组长为王临乙、吴作人，组员为于津源。据此，我推测，王临乙、吴作人、于津源都分别勾勒了《五卅运动》的画稿，而董希文作为北面三个浮雕组的组长之一，进行协调工作。

从吴作人家属收藏的吴作人的《五卅运动》草图来看，吴作人所绘草图人物较多，有30余人，图中最典型的是有一下蹲的男孩。在王临乙保存的《五卅运动》创作稿来看，其中有两幅晒蓝草图差别较大，标号为“创121”的一幅写有

“五卅运动的创作意图”， 在其后的括弧中注为“草稿第二”。画中人物较多，有38人，与吴作人家属所藏草图相近（只是方向相反），图中也有下蹲的男孩。而标号为“创122”的一幅晒蓝草图则人物较少，只有20人，在标题“五卅运动”后的括弧中注为“初稿一”，并且写有简短的“主题意图”“背景”等文字。图中最为明显的一个人物是最右侧下方分发传单的女学生，这个人物贯穿了王临乙从最初的草图构思到最后完成的晒蓝设计图，但在最后完成的浮雕作品中没有出现，而是突出了工人的形象。在王临乙的泥塑创作进程记录手册（编号101）中，有对18个人物身份的标注（临时编号4-101），其中知识分子2人，学生4人，其余都是各行各业的工人。从最后完成的《五卅运动》浮雕来看，主体人物正好是18位，形象简明突出，具有很强的雕塑感，应该是基本采用了王临乙先生的草图。当然，王临乙与吴作人两位先生在草图创作过程中的相互交流和影响也是必然存在的。有关草图创作的过程和细节还有待深入研究，包括对王、吴二人的笔迹鉴定，也是一个可以考虑的选项。

从创作构图的角度看，在人民英雄纪念碑的8块浮雕中，只有王临乙的作品没有将人物分成若干组，而是吸收借鉴了北魏浮雕《帝后礼佛图》的构图方式，在平行的构图中达到一个连绵不断的横向运动的效果，使观众感觉到行进的工人队伍向画面外的无尽延伸。为了增加浮雕画面的厚重感，他增加了人物的前后层次，将作品中的18个不同身份的人物加以组合，形成三个纵深的层次。不仅细致刻画了人物的阶级身份，也表现了人物的精神与个性。雕塑家刘士铭认为，“王临乙先生的《五卅运动》，动作里有节奏感，有一条线，在静止的形态上有动感”，这确实是欣赏《五卅运动》的一个要点。他的画面以大的斜线构成，表现出行进中的工人队伍的动势，充分表现了工人阶级团结的力量。《五卅运动》显示出王临乙对中国传统雕塑与西洋雕塑的融合。早在1947年3月13日，他在天津《益世报》上发表的文章《雕塑欣赏》，就对中外雕塑不同的哲学与审美观念进行了深入的分析，注意“写实美”与“象征美”的各自特点，并指出完好的雕塑必然包含三个特点：注重轮廓、注重深浅凹凸起伏程度、注重光线流动的过程。钱绍武先生曾告诉我，中央美院雕塑系的三位重要雕塑家滑田友、王临乙、曾竹韶都曾留学法国，但他们对中国传统雕塑都很有研究。20世纪60年代初雕塑系教师分工展开对中国传统艺术的教学研究，曾竹韶重点研究宋代雕塑，滑田友重点研究唐代雕塑。而王临乙重点研究秦汉艺术特别是汉画像砖艺术，他认为中国优秀的传统大型雕刻，都有很高明的处理手法，他对同学们说：“汉代的石刻，即使一些细部被风化掉，仅剩下那么一大块‘型’，你也不会觉得它空。”王临乙先生注意到唐代顺陵石狮在型与线的结合上所具有的独到之处，并且运用到自己的创作中，实践了他的“融合中西”的审美理想。

还有一个重要的收获是，这次有幸看到了《大渡河》（泸定桥）的泥塑稿，令我十分欣喜，在1953年9月编印出版的《首都人民英雄纪念碑设计资料》中，原有《大渡河》的泥塑稿，但后来未被采用，我知道这样一个方案的存在，但却不知道作者是谁。现在看到这件泥塑稿，如同遇到故友，十分亲切，原来这也是出自王临乙先生的手泽。对于这件创作草稿，王临乙先生是十分重视的，在一幅摄于20世纪90年代的王临乙、王合内寓所的照片中，我们可以看到，王临乙先生将《强渡大渡河》的雕塑小稿悬挂在工作室的重要位置。在王临乙先生的创作资料中，也有大量与《强渡大渡河》有关的人物动态速写及草图。他以水彩的方式画出构图与人物剪影，一幅是红军战士飞夺泸定桥，一幅是战士乘船强渡大渡河，还有大量的单个人物动态稿，这些草稿证明了当时艺术家的浮雕创作方法，即先勾草图，然后根据构图需要找模特儿写生，先画裸体人物动态稿，再为人物着衣，或专门研究衣纹，有些草稿人物在线描中加上淡彩，可以看出，这些动态人物并非一般性的速写，而是针对创作草图中的人物进行深入细化，其动态人物与草图中的人物均有相对应的关系。至于草图使用的绘画方法，则与20世纪50年代中央美术学院其他画家的方法比较相似，即在中性色调的淡黄色画纸上以铅笔或墨水笔勾出人物形象，阴影处略加皴染，高光处以白粉画出，如王式廓画《血衣》素描，多用此法。

王临乙先生20世纪50年代参与人民英雄纪念碑浮雕创作时，正值壮年，这成为他一生中最为重要的一个创作高峰。考虑到他参与这一重大公共艺术创作时，正是他在1952年的“三反”运动中受到诬陷，但是王临乙先生没有就此消沉不振，而是积极地投入到人民英雄纪念碑的创作中，我们在有限的历史照片中很少看到王临乙先生的笑容，在纪念碑兴建委员会档案的会议记录中，王临乙先生的发言也不多，但是言简意赅。也许，这从另一侧面，反映了王临乙先生那一时期的创作心态与精神面貌。

在即将迎来中央美术学院建校百年的重要时刻，中央美术学院对校史上重要的美术家、教育家举办系列回顾展，是十分重要的重大学术举措。这表明中央美术学院对历史的尊重，对前辈的敬意，在深切的缅怀与追忆中，我们得以进入历史。王临乙、王合内两位先生，不仅在20世纪中国雕塑史上是值得深入研究的重要艺术家，也是中央美术学院校史上无法回避的高峰。令人欣慰的是，两位先生虽然没有后嗣，但是他们留下了丰富的图文资料，和两位先生的重要雕塑作品，共同成为中央美术学院宝贵的精神财富。对这些资料和作品的深入研究，必将丰富20世纪的中国雕塑史和中央美术学院校史，特别是两位先生留下的丰富图像资料，大大拓展了我们对20世纪中国雕塑的认识。曹意强教授指出：“‘图像证史’给予我们的启示是，其作为历史研究的方法，要基于重视‘将图像作为第一手资料阐明文献记载无法记录、保存和发掘的史实，或去激发其他文献无法激发的历史观念，而不仅仅充当史料的附图’。”（曹意强著：《“图像证史”——两个文化史经典实例：布克哈特和丹纳》，收入其所著《艺术史的视野：图像研究的理论、方法和意义》，中国美术学院出版社，2007年，第59页）

当此深秋，天蓝叶黄，莘莘学子，校园熙攘。披卷展读，重温手泽，一生坎坷，梦里家国，更平添我们对王临乙、王合内两位先生的无限敬意与缅怀。

2015年11月8日

大道沧桑

——曾竹韶先生雕塑艺术研究

殷双喜

2006年冬天，我在厦门鼓浪屿的厦门工艺美术学院开会，使我意外的是这所景色优美的校园里到处安置着不同风格的雕塑作品，并且这所学院还有着实力不凡的雕塑系。傍晚时分在海滩散步，涛声中想到了一位老人，80多年前从这里走出国门，从此为20世纪中国雕塑艺术的发展贡献了一生。

这位世纪老人就是我们敬爱的曾竹韶先生，1908年7月7日生于厦门市，在鼓浪屿这座充满艺术与音乐的美丽小岛上度过了童年时期。

《为雕刻艺术奋斗一生》，这是曾竹韶先生1990年为悼念在巴黎共同学习雕塑的著名美术史家王子云先生所写的文章的题目，这个题目其实也可以看作曾竹韶先生百年人生的写照。

曾竹韶先生的百年人生，与雕塑和音乐融为一体，也与20世纪中华民族艰难多舛的命运血肉相连。与20世纪初的那些五四人文知识分子一样，他怀抱着艺术报国的理想，不远万里到欧洲学习，又在抗日战争的炮火中回到中国，献身艺术教育。新中国成立以后，为复兴民族雕刻艺术，殚精竭虑，在雕塑创作、雕塑教育、古代雕塑研究、城市雕塑等多个方面，为新中国雕塑艺术的发展，做出了巨大贡献，成为一代宗师。而先生又是那样的谦恭低调，从不张扬，淡泊名利，神清气朗。

黑格尔曾经将艺术视为了解一个民族精神状态的重要途径。每个民族、每个时代的精神价值都反映在这个时代的艺术之中，那些杰出的艺术家，更是凝聚了一个民族的文化理想，研究这些杰出艺术家的创作和艺术思想，有助于我们了解中国艺术与文化的历史走向。20世纪承继了19世纪的变革趋势，千年中国在动荡中走向新生，国家在社会精神教育上扮演着重要的角色，以艺术的功能来宣扬教化，而艺术家在国家的支持下，以美育来完成对国民的启蒙，以艺术来启发人性、培养情操。曾竹韶先生的艺术与他的时代互相呼应，体现了时代的要求，他忠实于他所热爱的雕塑艺术，注重艺术教育的传递。更重要的是他以敏锐细腻的艺术感受，关注人生，以充满慈悲的博爱，将他对于人性的思考，对人类的爱以完美的艺术形象表现出来，不仅赋予人物形象以全新的结构，更赋予饱满的思想与情感，从而在20世纪中国雕塑从传统走向现代的历史进程中，成为具有奠基意义的雕刻大师。

本文不是对曾竹韶先生艺术人生的全面研究，而是对曾先生的雕塑艺术实践及艺术思想的若干重要方面，做一些初步的研究与解读。

20世纪中国肖像雕塑的大师

在曾竹韶先生的艺术生涯中，纪念性雕刻与肖像雕塑创作占有最为重要的地位。这与曾竹韶先生的早年留学生涯有关，也与他所处的时代的要求有关。

1929年9月，曾先生留学法国，1932年考入巴黎高等美术学校雕塑系，师从布夏先生，1935年毕业后在罗丹的学生马约尔的工作室继续学习，他所处的历史时段，正是欧洲艺术从19世纪的写实主义向现代艺术的转型时期。在法国，一代雕塑大师罗丹在1919年刚刚去世，他的雕塑成为古典雕塑向现代雕塑转换的分水岭。20世纪30年代，曾竹韶游学巴黎，有机缘在卢森堡博物馆观摩学习罗丹的《青铜时代》和《施洗者约翰》这两座巨制的原作。面对着这些壮丽沉雄、栩栩如生的形象，曾竹韶流连忘返，为罗丹艺术中的造型真实，主题深刻，性格突出，充满运动的生气蓬勃而深深感动。1939年，在罗丹逝世20年后的时刻，也是曾竹韶学成即将回国的前夕，在社会舆论的影响下，法兰西政府把曾经遭到拒绝的《巴尔扎克像》安放在巴黎赫斯巴街道和蒙巴那斯街道的交叉口。青年曾竹韶在巴黎，亲眼看见了这一动人的景象，可以说，充满人文主义激情，源自文艺复兴米开朗琪罗的雕塑传统的罗丹，给予曾竹韶的影响是深远的。以至于40年后的1979年，曾竹韶还在《美术研究》第4期上发表了热情洋溢的长文《罗丹：伟大的探索者和革新者》，将罗丹称为19世纪文艺革命的一员闯将，称“罗丹的雕刻对于19世纪后半世纪的欧洲艺术界的确是一道划破万里长空的闪电，是一声震聋发聩的惊雷”。

由此，我们不难理解，曾竹韶先生的雕刻艺术，继承的正是法国雕塑中最有激情的人文主义传统，在这一传统中，人的形象，人的尊严，在艺术家的创造性劳动中，获得了源于生活而又超越生活的真实表达。另一方面，曾竹韶所生活的20世纪，无论对于欧洲还是中国来说，都是一个天翻地覆的时代，无数的民族英雄和人民革命，创造了人类历史上没有过的丰功伟绩，在这样的时代，国家和民族非常需要雕刻艺术家，塑造最能代表一个民族精神气质的英雄和伟人，而曾竹韶这一代雕刻家，就自然肩负着这样的历史使命，时代的需要与雕刻家的艺术才能和高超技艺相结合，创造了新中国雕塑的一个高峰，为我们留下了珍贵的艺术财富。

在20世纪中国雕塑发展史上，曾竹韶先生最为突出的贡献应该说是纪念性雕刻，特别是纪念性的肖像雕塑，包括一些亲人和平凡人物的肖像（如《曾润像》《老边头像》等），他为我们留下了许多难忘的人物肖像雕刻的杰作。其中，最有代表性的，应该是《蔡元培先生像》与《孙中山先生像》。具有历史巧合的是，曾竹韶先生1928年考入杭州国立艺术专科学校雕塑系，他的老师，20世纪第一代留学回国的雕塑家和诗人李金发，1925年从法国回国后作的第一件胸像就是《蔡元培》，同年李金发担任了南京中山陵的建筑设计评委，并于次年开始孙中山像的设计，只是因为种种原因，设计未被采用（国民政府最后邀请并采用了法兰西研究院院士、著名雕塑家保罗·隆德夫斯基的创作设计）。而在曾竹韶的手中，完成了李金发希望由中国雕塑家来做中国人的形象的愿望。

1981年秋，曾竹韶先生接受北京大学的委托，为蔡元培先生塑像。虽然在国立杭州艺专的时候，曾竹韶先生见过蔡元培先生，但为了塑造这样一位近代史上的民主革命前驱，一位有卓越贡献的科学家、教育家和美学家的形象，曾竹韶先生还是不辞劳苦，对20世纪上半叶的社会背景和蔡元培先生的思想进行了深入的理解。他为此跑到天津，向一位正在整理《蔡先生全集》的学者高平叔请教。高指出蔡元培先生任北京大学校长10年，实际在校5年，把一个腐败不堪的旧北大，改造成为中国新文化运动的摇篮，并非偶然。[1]

从天津回北京以后，曾竹韶先生就放弃了原来制作的塑像草稿，重新构思。曾先生认为，纪念碑肖像雕塑，就其本质来说是传记性的，既要求形似，尤其重在神似，要通过形象来表现其内在的精神风骨，艺术家在再现历史人物时，应该比现实的历史人物更高大、更完美。

为了刻画出蔡元培先生“寓威严于和蔼之中”的形象，突出表现蔡元培先生的性格特征，曾竹韶先生在刻画蔡先生的额头和天庭时，力求显示出他那松柏挺拔严峻的性格；在刻画他的眉宇、双眼时，着重表现了他内心至诚、和蔼、对青年谆谆善诱的美德。

从《蔡元培先生像》的创作，我们可以看出，曾竹韶先生对待纪念性肖像雕塑的基本创作思想，那就是一定要充分占有资料，多方了解社会和历史背景，把握要雕塑的人物的思想、性格与形象特征，要认真听取多方面的意见，特别是雕塑对象的亲属和朋友的看法，选取最能表现主体人物性格的动态与形象特征，突出传达人物的内心精神。概言之，曾竹韶的肖像雕刻，运用的是写实的方法，但追求的却是写意的精神。“以形写神”，这一切其实也是来自中国传统艺术“传神写意”的审美理想，正如吴冠中所说，中西艺术在最高的层面上是相通的。

同样的创作思想与创作方法，也表现在孙中山铜像的构思与塑造上，为了表现孙中山先生“天下为公，和平、博爱”的伟大胸怀。关注“民族、民权、民生”的博爱思想。根据孙中山铜像筹建委员会对塑造铜像的指导思想和“全身立像，着中山装”这两个具体要求，曾竹韶先生经过反复思考，选取孙中山先生提出“联俄、联共、扶助农工”三大政策，继而改组国民党、实现国共合作这一历史阶段的形象，确立了孙中山先生铜像的总体形态，是表现他站立在讲台上宣传革命道理时的雄姿，塑像的面部表情庄严肃穆，忧国忧民，但同时充满革命必胜的信心。通过动态、表情的塑造，曾竹韶先生力求使人物内在精神力量从作品之中体现出来。当人们面对伟大革命先驱的铜像时，仿佛能听见他还在呼唤：“革命尚未成功，同志仍须努力！”

在塑造孙中山先生像的过程中，筹委会随时关注塑像的进程，组织观看有关的影片资料，并在塑像接近完成之际，邀请有关领导、学者、与孙中山先生相识的老革命家等到曾竹韶的工作室提意见，这对于提高塑像质量起了重要的作用。曾竹韶先生认为，这是一条非常宝贵的经验，在以后建立纪念碑或名人雕塑时应该推广此法。[2]

共和国纪念性雕刻的奠基者

在曾竹韶先生的雕刻生涯中，参与人民英雄纪念碑的雕塑创作是曾竹韶一生中最重要、最富激情，也是体验最深、受益最大的一段经历，是他艺术创作的一个高峰期。从1953年到1957年，在45岁至49岁的壮年时期，曾竹韶将主要的精力都投入了中华人民共和国历史上最重要的纪念性雕刻工程，这一工程使他在重大历史题材的雕塑创作方面，取得了前所未有的进步。有关曾竹韶在人民英雄纪念碑时期的创作状况，曾先生写有《人民的丰碑》一文，回忆了《虎门销烟》的创作历程，本文在这里不再赘述。

我在这里讨论的是，曾竹韶通过人民英雄纪念碑的创作，对纪念性雕刻的艺术规律获得了最为深刻的体会，并且从中总结了许多重要的经验，对于新中国尚不成熟的纪念性雕刻艺术的发展，做出了理论上的贡献。首先是，艺术家如何在这类重大历史题材的纪念性雕塑创作之中，正确体现创作主体的历史内涵，并且通过雕塑艺术充分表达出来，做到来源于历史又高于实际。

其次，曾竹韶认为："用什么样的历史观指导创作是完成纪念碑浮雕设计的核心问题。艺术创作的构图设计是体现作品主题思想的基础，属于对主体反复深入研究的范畴，而绝不是单纯的雕塑技术问题。如果对于作品的主题思想缺乏深刻明确的认识和理解，构图的设计就缺乏构思的依据，就会觉得无从下手。特别是对于表现重大历史题材的重要纪念性雕塑，要求雕塑工作者必须努力学习相关的历史和理论知识，具备相应的时代视角和将这些认识融入作品构图的能力。而且这一过程绝非一蹴而就，一定是随着对主体的不断深化理解，经过反复推敲才可能达到比较理想的境界。"[3]在人民英雄纪念碑浮雕创作过程中，辩证唯物历史观的学习贯彻始终，艺术家们逐渐树立了"只有人民才是推动历史前进的动力"的观点。确立了"人民是真正的英雄"这一主要原则。与国外的纪念碑相比，中国的人民英雄纪念碑浮雕的鲜明特点是没有采用常见的用历史人物表现历史事件的手法，而是针对纪念碑的主题，以重大历史事件为题材，完全用群众的英雄形象来表达重大历史事件，树立人民的丰碑。曾竹韶先生总结的这一理论，对于我们现在正在进行的国家重大历史题材创作工程，如何突出人民对于创造历史的重要性，仍然具有十分重要的现实意义。

正是在人民英雄纪念碑的创作基础上，曾竹韶先生总结了纪念性雕塑建设的经验。它包括：

一、雕塑是造型艺术，它不同于绘画，它是立体的，是硬质的，是永久性的。由于它有上述特点，因此，在规划一个纪念碑性的雕刻时，要求有周密的计划，只许成功，不能失败。要精益求精，不作权宜之计，如果创作条件不具备，计划不够成熟，地点不够理想，宁愿推迟，而不要匆促上马。

二、一个纪念碑性的雕刻要付诸实施。领导要把好质量关，审查稿件应从严；雕刻家对完成计划要认真负责，要有充分的信心，因为这是千秋万代的事业，不容许有任何疏忽。

三、在一个纪念碑性雕刻计划批准之前，要有充分的准备阶段，它包括：决定题材，搜集有关资料，充分掌握资料和研究分析资料，是创作成功的关键。从画草图，塑小稿、中稿（一米高）到像放大，要有步骤、有计划地进行。竖立的地形的勘察，碑座的设计，都要同时做出计划。[4]

曾先生的这些思想，对于我们今天从事重要纪念性雕刻工程，提高城市雕塑的质量具有非常重要的指导意义。

与此同时，曾竹韶通过在人民英雄纪念碑建设过程中与建筑师的合作，了解了纪念碑在天安门广场的建设中与周边环境的比例、尺度的关系，注意到纪念性雕刻如何配合建筑，是一个复杂、艰巨的问题，对雕塑与建筑及环境景观的关系，有了新的认识。他后来将这一经验运用到 20 世纪 70 年代后期毛主席纪念堂室外雕塑的创作过程中。在一篇总结性的文章中，曾竹韶先生指出："纪念碑性的雕刻既不同于宣传鼓动性雕刻，也不同于室内架上雕刻，更与装饰雕刻有别。毛主席纪念堂的雕刻和一般纪念碑性的雕刻也不完全一样，有它的特殊性，设计方案时，要考虑它的特殊性。纪念堂雕刻不是一般的陵墓雕刻，也不是单一的纪念碑，而是必须结合已经建成的纪念堂这个建筑物。"[5]

曾竹韶先生进一步研究了雕塑与建筑和环境的密不可分的关系，他认为，雕刻家需要通过形象表现思想内容，要考虑到和利用周围建筑物所包含的形象。必须考虑和在构图时尽力克服周围建筑物可能对雕刻形象受到损伤的各种障碍。他提出的“建筑形象的造型也是纪念碑雕刻艺术的构成部分”，在中国现代雕塑史上最为明确地提出了雕塑与建筑的共生共存及相互转换的重要思想，提示未来的雕塑家必须学习研究建筑与环境，具备建筑与环境的设计敏感，某些纪念性建筑如林缨的越战纪念碑，本身就可以视为公共艺术意义上的现代雕塑。

20世纪80年代后期，在为中央美院雕塑系研究生举办的有关纪念性雕刻的讲座中，曾竹韶先生指出：要较好地完成一座纪念碑雕像，应该在雕刻家的主导作用下，解决下列任务：

一、包括主像、碑座，影像和浮雕的整个构图的处理。

二、纪念像与周围建筑环境和场地联系的处理。

三、纪念像的装置工作，应因城市设计所规定的基本人流的方向而决定。

四、雕像与碑座的联系问题，对整个纪念像构图的处理有着巨大的作用。碑座垂直线的高度，照例当与雕像的高度相适应，这个正确比例将会给整个纪念像增加庄严的纪念性和美观。

利用碑座上刻画英雄或名家的生平事迹，能使纪念像与生活着的人民与观众取得直接联系，雕刻家应当把整个纪念像当成一个统一体，完整的形象来处理。[6]

曾竹韶先生有关纪念性雕塑的一系列思想，是新中国雕塑发展史上的重要经验，值得我们深入研究。

著名的雕塑教育家

有关曾竹韶先生在新中国雕塑教育史上的重要贡献，不是本文的研究重点。因为曾竹韶先生的一生，培养了许多优秀的雕塑家，他们在与曾先生耳提面命、共同生活的学习生活中，感受到先生如春风化雨一般的艺术熏陶和无私的知识传递，会有很多人总结曾竹韶先生的雕塑教育思想。我这里只是提请大家注意一点，曾竹韶先生在人民英雄纪念碑创作过程中积累的浮雕创作经验，非常深刻，值得研究，例如曾先生指出：

一、在创作含背景的低浮雕方面，应加强背景与浮雕人物之间的联系，从而形成一个统一体。浮雕中形体的外轮廓侧面是垂直于底面，而形体边缘的轮廓线是圆向底面的。如此形体处理造成的视觉效果就如同物象从背景生长出来一般。一件成功的浮雕作品，其塑造特点是从高点向低点逐渐过渡，从而使观赏者对浮雕的长、宽、厚度有明显的感受。

二、浮雕形体要能够在平面基础上立体起来而不是平铺在平面上。越靠近底面越要向深度过渡，此类塑造技法需要运用透视缩短原理来表现。浮雕平均高度要统一在一定水平面范围内，低浮雕比高浮雕更加要遵守这一原则。浮雕作品的艺术效果要达到画面整体层次有序，均匀合理。组织安排凸出形体在不同水平面上的合理位置至关重要。[7]

曾先生的经验提醒我们，当代雕塑教育必须与重要的社会实践创作结合，如果没有在创作第一线探索和积累的重要经验，就不能很好地在学院教育中将艺术家在前沿艺术创作过程中的经验及时传递给学生，启发学生进行创造性的学习。

需要指出的是，曾竹韶先生在20世纪80年代开始提出“创建民族雕刻体系”的重要思想，并且将这一思想贯彻到中央美院的雕塑教育中。1986年，他首次在中央美术学院雕塑系招收“古代雕刻专业”的研究生，为在雕塑系建立“民族雕刻体系”准备师资。他同时在重要的全国性会议上呼吁，希望全国的美术学院雕塑系，也着手招收“古代雕刻专业”的研究生，在各省美术学院雕塑系建立“民族雕塑教育体系”，从而形成中国雕塑创作中的民族雕刻风格。应该说，从教育出发，探讨中国雕塑创作的艺术体系，曾竹韶先生抓住了中国雕塑发展的根本，教育体制与艺术思想的滞后，必然对中国现代雕塑的发展造成深远的影响。1986年，在一封给雕塑系时任领导盛扬先生的信中，曾竹韶先生提出，为了指导“古代雕刻专业”的研究生，为将来建立“中国古代雕刻博物馆”做准备，建议在雕塑系设立“中国古代雕刻研究室”。首先着手将雕塑系历年收藏的古代雕刻作初步整理。希望学校能拨给一间房子，可以将雕刻陈列出来。[8]曾先生的这一建议，后来得到了实施，即使在望京万红西街中转办学的艰难时期，雕塑系也设立了一个中国古代雕刻陈列室，陈列了雕塑系师生历年来考察、收集、复制的中国古代雕塑艺术品，为学生建立了一个最为直观的艺术教学环境。在曾竹韶先生的文集中，有一份并不起眼的“中国古代雕刻专业研究培养计划”，我以为，这是一份具有前瞻性意义的教学计划，它将古代美术史论、画论、文论学习与田野考古、艺术遗产普查结合起来，将临摹古代雕刻、研究传统技法与创作现代题材雕塑结合起来，其实已经鲜明地建立起了中国雕塑专业研究生教育的基本框架。曾先生甚至预见到，毕业的研究生，以后可以继续攻读博士，成为具有实践经验和学术素养的专家。中央美院在近年已开始探索实践类博士的招生与教学，我认为，曾先生的教学计划，对于未来培养高端的综合研究性艺术人才是具有重要参考价值的。

新中国城市雕塑的开拓者

在某种意义上讲，曾竹韶先生20世纪50年代参与的人民英雄纪念碑雕塑与北京“十大建筑”的建设，都属于城市雕塑的范畴。在这些项目的设计创作中，曾竹韶先生积累了丰富的城市雕塑与公共艺术的经验。虽然在20世纪30年代，李金发、刘开渠也做过一些城市的纪念雕刻与建筑浮雕，但真正意义上的城市雕塑建设是在新中国成立之后。在这一意义上来说，曾竹韶先生作为新中国城市雕塑的开拓者之一，是实至名归的。

我们这里讨论的，主要是20世纪80年代以来，中国城市雕塑的发展的新一轮高潮。1982年2月，以刘开渠先生为首的中国著名雕塑家，上书中央领导，希望抓住历史机遇，发展城市雕塑，成立全国城市雕塑规划领导小组。10天后，这一建议就得到了中央的批准回复，由原城乡建设环境保护部、文化部、中国美术家协会共同组织成立了全国城市雕塑规划组。[9]曾竹韶先生被聘为规划组艺术委员会的副主任。面对中国雕塑界这一历史性的发展机遇，曾先生发挥了他的广泛影响，为中国的城市雕塑发展再上一个新的台阶做出了突出贡献。追根溯源，这是因为曾竹韶先生早年留学法国10年，对欧洲的10余个国家的城市雕刻进行了广泛的考察，对世界城市雕刻的重要性有着深刻的认识，他的内心深处，希望我们的祖国，不仅经济繁荣，国力强大，更希望中国在精神文化的建设上，能够为世界文化做出应有的贡献，而城市雕塑则是一个国家、民族和城市的文化形象的最主要的塑造者，雕刻家有责任为民族和城市建设高质量的艺术作品，传之后代。曾竹韶先生指出：“在欧洲先进国家，都以雕刻点缀都市环境，凡行政中心、交通街道，商埠、车站、广场、公园、学校、医院、科学艺术的院落，会堂戏院的门前以及游泳池、体育场等，处处以雕刻点缀。歌颂群众爱戴的人瑞，表扬为人民解决困难，献出自己的力量乃至付出自己的生命的英雄豪杰，塑造他们的精神面貌，为之立像纪念，作为后人楷模。

“雕刻用一切值得歌颂的人物与事迹去美饰城市，也就是对一个国家的政治社会生活作形象历史记录。故参观一个国家，必先观光其主要城市，也就是建筑与雕塑先入来宾之眼。来宾将凭此认识和估计这个国家的政治经济生活的实况，艺术文化的水平。政府有关部门开始对之重视，是国事日趋整规的征象。”[10]

在城市雕塑的发展中，曾竹韶先生不仅大力呼吁，而且进行了深入的理论研究，提出了一系列具有重要意义的理论问题，并且进行了深入的思考。

首先，曾竹韶先生强调城市雕塑要注意统一规划与环境配合。他认为我国幅员广大，历史悠久，美化现代城市的任务比较大，如何统一安排，如何划分先后缓急，如何有计划、有重点地使用现有雕塑队伍的力量诸问题，都需要提到议事日程上。

要进行统一规划，首先要对现有的城市雕刻建设进行调查，要对全国雕刻队伍力量进行调查，在调查的基础上，进行周密的研究，然后订出统一规划。调查研究包括两个方面：一是基本情况、取得的成绩和存在的问题，二是对今后城市雕刻建设的设想。认真做好调查研究工作，特别是对雕塑队伍的摸底工作，对制订和实施统一规划是非常重要的。

曾竹韶先生强调了城市雕塑的公共性并且对城市雕塑进行了分类。他指出城市雕刻是建立在大庭广众面前的艺术创作，它用伟大历史事件和纪念历史人物，反映时代精神来教育群众，鼓舞群众。因此，它既具有历史意义，也具有现实意义。城市雕刻要与城市环境、建筑物、园林密切结合，使它们各得其所，各抒所长，相得益彰。[11]

曾竹韶先生特别强调了城雕艺术创作的独创性以及与所处城市环境相协调的独创性，强调突出社会主义现代雕塑艺术创作的鲜明个性，应反对简单的模仿和雷同。对于不同类型、不同规模、不同地位的城市，其城雕创作的内容、题材、表现方法甚至风格等等也应有所区别，在城雕建设和管理工作中的重要性和具体要求也应有所不同侧重。如北京作为历史名城，又是抗日战争全面爆发地以及历次革命运动发生地，特别是作为社会主义中国的首都，全国政治、文化中心，无疑必然要有足够的大型历史性的、有象征性的纪念性城雕建设才能相称。纪念我国人民在二次世界大战中战胜日本帝国主义，具有国际意义的抗战胜利应有的大型纪念性雕塑，以及一些近现代为开创新时代的大批民族英雄、革命者的纪念像，纪念历史事件的雕塑等，必定要占北京城雕建设的相当大的比重。

城市雕塑与建筑是环境和空间艺术，都具有艺术和城市建设的双重性，是城市规划的重要组成部分，某些雕塑或建筑还往往成为一个城市的象征，它反映着一个民族的精神和灵魂。由于这一特殊性，在规划和建设上又是不允许失败的艺术。每个城市的建设都有其特有的历史、区位和发展特征，作为来自社会生活实践的城雕艺术品，必然要与其所在的城市历史、发展和环境相协调，与所在城市的特点和环境密切相关。因此，兼有双重性的城雕创作必须能够反映所在城市的个性，也就是说应该具有独创性：包括与城市相称的区域特性，强烈的时代特征（历史的和当前的，以至未来的），鲜明的民族色彩，要与当地的建筑风格、地理环境相协调。

现在看来，中国不同城市发展自己的城市雕塑，如何寻找鲜明的个性化形式，根据不同城市的历史与地域文化，发展属于自己的城市雕塑风格，形成独特的城市文化风貌，是曾竹韶先生早已注意到的问题。目前许多城市盲目建设质量低下的抽象的不锈钢雕塑，已经成为严重的视觉公害，这些城市雕塑垃圾不仅浪费了纳税人的钱，也污染了城市的视觉环境。曾竹韶先生在城市雕塑方面的前瞻性提示，使我们进一步认识到城市雕塑的理论研究已经是一个迫在眉睫的现实任务。

曾竹韶先生对城市雕塑的研究，还注意到城市雕塑的体制问题。应该说，他是国内较早注意到城市雕塑制度研究的雕塑家。

曾竹韶先生强调城雕规划和计划需要与城建规划和计划同步，这是中国城市雕塑发展过程中一直难以解决的一个重大问题。他指出："城雕建设是城市建设的重要组成部分。特别是大型的纪念性城雕是永久性的造型艺术，除了其艺术性和题材选择必须充分论证和精心设计之外，目前特别需要解决的是，这些城雕建设项目在建设进度上应该与相应的城市建筑同步设计和进行建设。由于我国的国情，城雕工作的重要性和城雕建设的特点往往被有关主管领导忽视，因此，当前城雕建设速度落后于相应的城市建筑是非常普遍的。特别是邓小平同志发表了关于加快改革开放步伐的谈话后，各地的建设步伐明显加快，城市面貌日新月异，而相应的城雕建设项目如果不能及时落实，跟上改革的步伐，那么无论原来规划得再好，有时也难以再建。从重要的大型城雕建设的艺术特征出发，建议有关部门在规划、计划城市建设项目时，对有关的城雕建设项目要同时立项，力争同步开始兴建，鉴于大型城雕建设的设计需要较长的时间，不一定同时竣工，但应同时开始建设，从而保证城雕规划的实施。”[12]

曾竹韶先生强调问题的关键在于，建筑家与雕刻家就应该从速联合起来，肩负起建设现代化城市的重任。“已经有相当长的时期，建筑家和雕刻家缺乏联系，往往是建筑物已经建成了，然后再考虑要增添雕刻，例如建国十周年的北京市十大建筑，军博馆前的“陆海空”雕刻；民族宫内部的浮雕，雕刻本身相当完美，可是安装在建筑物上，结合效果很不理想，原因是雕刻计划不是与建筑计划同时配合制定，因而空间、光线都与建筑物不够协调；农展馆前两座群雕，安排的空间位置与建筑物也不协调；毛主席纪念堂的四座群雕，因为赶任务，无论内容还是形式都和建筑物不和谐，后来又组织一个工作组来重新修改，但发动全国的雕刻力量，至今尚未能提出较理想的方案。以上几个例子，都说明建筑与雕刻需要综合处理，才能收到良好的艺术效果。”[13]

为了美化首都的城市建设，曾竹韶先生建议在原北京市规划局下设一个“建筑雕刻小组”，由少数有经验的建筑家和雕刻家组成，集中力量，以较快的进度，统筹首都的城市建设和城市雕刻。在研究吸收我国古代建筑与雕刻综合艺术的优良传统的同时，借鉴西洋建筑与雕刻综合艺术的优点，提出首都城市建设城市雕刻的初步方案，在国家经济高潮到来时，付诸实施。[14]可以说，首都规划建设委员会目前已经成立的北京城市雕塑与环境艺术委员会，北京市美协成立的北京公共艺术委员会，与曾先生所提的“建筑雕刻小组”相似，正是城市未来公共艺术管理的组织雏形。

就北京市的城市雕塑发展，曾竹韶先生多次在各种重要会议上进行呼吁，并且与叶如璋委员在1986年的北京市政协会议上共同发表关于“七五”北京城市雕塑发展的建议。

独具特色的雕塑史论研究

曾竹韶先生那一代的雕塑家，青年时期就负笈远游，具有广阔的世界艺术的视野，回国后又主要从事雕塑教育，这就铸就了他们这一代雕塑家的学者气质。数十年来，曾竹韶对于雕塑历史理论和遗址的美术考古，从未间断，撰写了大量有关中西雕塑的论著，他在新中国雕塑发展史上的重要地位，是与他全面的雕塑史论研究相联系的。曾竹韶先生青年时代在法国留学期间，几乎跑遍了欧洲国家，参观博物馆、考察古代雕塑遗作，中年以后又在中国国内考察中国古代雕塑，获得了从中国雕塑传统出发，发展中国现代雕塑的坚定信心。在20世纪中国雕塑教育史上，旗帜鲜明地提出要研究中国传统雕塑，使之进入中国雕塑教育体系，成为发展现代中国雕塑的基本资源的，当属曾竹韶先生。我这里主要就曾竹韶先生对中国传统雕塑的研究成就做些探讨。

曾竹韶对于中国古代雕塑的热爱，源自他在欧洲的一次难忘的经历。

20世纪二三十年代，曾竹韶在法国学习雕塑时，曾到过欧洲各国的主要博物馆和重要的教堂，对希腊和欧洲文艺复兴时期的大师推崇备至。当时他对祖国的雕塑艺术并不熟悉。但有一件事给他留下了终生难忘的印象，也使他立志研究和弘扬中国的雕塑艺术，使之真正成为全人类共有的精神财富。1936年，中国政府派人携带近百件古代雕刻艺术品到伦敦会同伦敦博物馆收藏的中国雕刻（多数是英法联军、八国联军掠夺的，也有中国奸商盗卖的）举办展览会。数百件展品立即轰动了整个欧洲。青年曾竹韶从巴黎去伦敦参观后，非常激动，立即回巴黎与王子云一起，组织巴黎中国留法艺术学会的同学前往参观。这次参观，使曾竹韶认识到，中国雕刻艺术无论质量还是数量都可与西方国家并驾齐驱，在许多方面有过之而无不及。但由于种种原因分散在四面八方，又缺乏整理和研究，没有得到充分研究、学习和发扬。[15]1937年，曾竹韶就立下决心回国学习祖国的雕刻遗产。但卢沟桥事变发生，日寇发动全面侵华战争使曾竹韶学习祖国雕刻遗产的愿望成了泡影。直到新中国成立，才为曾竹韶创造了学习传统雕塑的条件。1953年，在人民英雄纪念碑的建设过程中，为了更好地借鉴中国传统雕塑，使纪念碑的浮雕创作具有更为鲜明的民族特色，刘开渠组织了纪念碑美工组的主要雕塑家到全国各地参观考察，10月20日至12月10日，刘开渠同曾竹韶等9位雕塑工作者到大同、云冈、太原晋祠、天龙山、平遥、南北响堂山、西安、顺陵、霍去病墓、麦积山、洛阳、龙门、巩县（现巩义市）、开封、济南、长清灵严寺等地，参观了古代雕塑。作品从汉至明清，从一般浏览到重点欣赏，共看了数万件，并且组织翻制了若干古代雕塑的复制品，回来后还出版了《中国古代雕塑集》。[16]

曾竹韶后来回忆他面对中国古代雕塑杰作时的激动心情："当我第一次站在云冈石窟的面前，我的喜悦是难以用言语形容的。我如饥似渴地从一个洞窟观摩到另一个洞窟。真是鬼斧神工，既庄严又壮丽。佛教世界的人物众多，每一尊佛像，每一尊菩萨、观音、阿难、迦叶、供养人都是一个精美的雕像。我对着他们，丝毫没有宗教意识，我对着的都是活生生人类社会的典型人物性格。他们完全可以和我在希腊列岛，我在意大利佛伦萨斯所见到的雕刻比美。这些壮伟的雕像，都是中国古代雕刻匠师胼手胝足、呕心沥血创作出来的杰作，他们高超的艺术技巧，使我惊奇，使我神往。"[17]

中国古代雕刻艺术，其年代之久远，藏量之丰富，技巧水平之高超，可以说是世界上首屈一指的。有感于此，曾竹韶撰写了许多有关中国古代雕塑的高水平的论文，如他在山东长清灵岩寺考察后，写作了《灵岩寺宋齐古〈施五百罗汉记〉考》一文，还有《麦积山石窟造像风格浅析》《大足宝顶山石窟艺术的创作特点初探》等重要论文。他还撰写了《中国古代雕刻风格演变》一书，与夫人黄墨谷合写了《中国古代雕刻发展史》，已经完成的上半部就有近2万字，可惜下半部不幸遗失。

对于自己数十年如一日，对中国传统雕塑的考察、研究与撰述，曾竹韶先生是这样认识的："'蓄三年之艾，以治七年之病'，我现在从事的正是这种披荆斩棘、铢累寸积的工作，摆在面前的是有许多困难，例如有许多重要文物都是在荒远的穷乡僻壤，缺乏交通工具；有许多名胜古迹、寺庙石窟和陵墓，不许拍照临摹，还有许多珍贵的雕像，位置在光线不充足的洞窟里，我们的照相器材不够精密和先进，因此，要得到合用的研究资料还需要我们克服种种障碍。要敲开中国古代雕刻艺术之宫的大门，让那些埋藏在深山野林的瑰宝，焕发出光彩，为世可用，需要有'愚公移山'的精神。"[18]

在中国古代雕塑的研究过程中，曾竹韶先生采用了实地考察和比较研究的美术史研究方法，获得了许多很有价值的学术成果。例如，有关重庆市大足区宝顶山石窟的研究，就是一个很有代表性的个案。曾竹韶先生将宝顶山石窟与敦煌、云冈、龙门诸石窟，既置放于中国雕塑发展的历史长河中看到其延续性，又注意到其因为时代和地域的不同而形成的艺术风格的差异。

他指出宝顶山石窟是利用溪源夹岸，南北两岩的石壁造成的，但前后相互衔接，绵延 200 多米，是一幅大壁画。全部石刻都是经过精心设计，作为一个整体，有计划、有步骤地在差不多一世纪之间先后完成的。石窟成为一个整体，在中国石窟史上是少有的，它体现了宋代雕刻匠师非凡的艺术才能。

敦煌、云冈、龙门诸石窟的特点是以个别龛洞为主体，或集合无数小龛为一大窟，结构是分散的，同时又由于时代漫长，开凿者往往随心所欲，任意在原来的龛洞附近增建新洞。因而，出现重复雷同，甚至破坏当代艺术品的不良现象。宝顶山石窟完全是另一种气象，它全窟的组织结构极严整，主题思想很明确。

敦煌、云冈石窟着重于概括佛教的典型。而宝顶山石窟则着重现身说法。它完全突破了传统石窟一铺数像的格局和高度集中概括的表现方法，普遍采用"说话人"叙述故事的方式。以连环画式的浮雕为主，以文字说明为辅助。[19]

据此，曾竹韶认为宝顶山雕刻是中国古代雕刻史的分水岭，它既继承了汉画像石和汉俑的手法，南北朝、隋唐的传统技法，在创作上开了同一组雕刻中运用多样创作方法的先例，达到了一定的成就，另一方面受了时代学术思想和其他文艺影响，在内容和形式上都有了不同的发展。

作为一个雕塑家，曾竹韶并未停留在对古代雕塑的一般性考察与描述上，而是敏锐地与当代写实雕塑的发展联系起来。他认为，我们在研究古代石窟雕刻，特别是研究宝顶山的石窟时，应该充分注意，写实创作方法有赖于细致的艺术加工，只有在深化题材的基础上才能产生较高的艺术效果，不然就会流于平庸，或显得缺乏艺术魅力。宝顶山的石刻有一部分确实存在这种缺点，元、明、清的雕刻也同样存在这种缺点。由此，我们可以看到，作为雕塑家的曾竹韶，在中国传统雕塑研究方面有独特的方法论与思考角度。

曾竹韶先生对中国古代雕塑研究的贡献，还在于他对隋代彩塑的重新评价。

过去人们论述古代雕塑艺术，往往将隋代作为一个过渡时期，认为它是北朝到唐代的过渡，没有形成自己的风格。而曾竹韶观摩了敦煌石窟的隋代彩塑以后，感到过去对这个时期的雕塑认识很模糊，忽略了它的特点。隋代能突破已经具有比较固定风格的发展了百余年的北朝石窟艺术，创造性地形成了新的流派，而且达到了一定的高度，大大地丰富了雕塑艺术，是值得雕塑史大书特书的。

曾竹韶认为隋代彩塑是中国古代雕塑艺术浪漫主义流派的光辉典范，它对研究中国古代雕塑艺术发展规律具有极其重要的意义。隋代虽然国祚短暂，只有38年，但石窟艺术却仍然集中在短期间大量发展，单单在敦煌一处，就有140窟，现存塑像达350躯之多，仅次于历史长达数百年的文学艺术高度发展的唐代，应该给隋代以适当的雕塑史的地位。

此外，曾竹韶还根据自己的考察，尤其强调了中国彩塑的独立性，讨论了彩塑与绘画的关系。

常书鸿先生在《敦煌彩塑》一文中指出："绘画技巧水平的高低，将是影响彩塑的成功与失败的关键。""彩塑是雕刻与绘画的综合艺术。"而曾竹韶先生认为这些论点是值得商榷的。根据他的实地参观，同时结合麦积山的泥塑进行分析，曾竹韶认为唐代的彩塑是以塑为主，色彩是附加的。从文献所记载的杨惠之的塑造方法，也证明这一点。宋朝刘道醇所著《五代名画补遗》记："惠之尝于京兆府塑倡优人留杯亭，像成之日，惠之亦手装染之。"可见杨惠之是先塑成像，然后加以装染。从敦煌石窟和麦积山现存的泥塑来考察，有些塑像颜色虽然褪尽，但作为泥塑仍然有很高的艺术价值。[20]

中国古代早期的雕塑艺术是以石刻为主的，先秦、两汉、魏晋南北朝时期虽然都有泥塑，但就其塑造方法和所达到的艺术效果而言，它们属于石刻的体系。那些出土的陶俑，可以说明这一点。隋唐以后，彩塑才形成独特的风格，产生了和石刻不同的塑造方法。

敦煌彩塑独特风格的形成，给我国雕塑艺术开阔了新的途径，在中唐以后，彩塑艺术的发展远远超过石刻艺术，甚至连天龙山、炳灵寺以及其他地区的石刻都带着浓厚的彩塑趣味，使石刻艺术变得更丰富多彩。[21]

曾竹韶对中国古代彩塑的研究，大大拓宽了我们对中国传统雕塑中彩色运用的理解，使我们看到了从秦始皇兵马俑到汉代木俑、隋代彩塑、唐代彩陶俑，乃至宋、元、明、清的彩色泥塑等一脉相传的中国雕塑的色彩系统，对于我们发展中国当代雕塑具有很大的启迪价值。正是由于曾竹韶先生对中国传统彩塑的重视，中央美院雕塑系的师生每年都坚持对中国各地的古代雕塑进行了考察和研究，山西平遥双林寺彩塑的发现与保护，就是与美院雕塑系师生的努力分不开的。

最后，我要说的是，曾竹韶先生一生对于中国古代雕塑的研究，对于中国古代雕塑专业研究生的培养，对于现代雕塑发展要研究借鉴传统雕塑的呼吁，都落脚于他一生都在为之奋斗、奔走呼号建立“中国古代雕刻博物馆”的努力。有关这一问题，限于篇幅，笔者拟在将来专文加以研究。可以肯定的是，曾竹韶先生一直期待中国有一座像卢浮宫那样的国家古代艺术史博物馆。早在 1943 年初，他就在成都担任华西大学的四川石刻博物馆的顾问，对馆藏的石刻进行整理和研究，可以说，曾竹韶先生也是中国艺术博物馆领域的开拓者，虽然中国古代雕刻博物馆至今尚未实现，但他呼吁建设的抗日战争纪念馆、国家歌剧院都已建成，曾竹韶先生希望中华民族应该有自己的雕塑艺术博物馆的愿望是一定能够实现的。

回顾 20 世纪的中国雕塑发展史，曾竹韶这一代雕塑家筚路蓝缕，引入西方雕塑，潜心创作，无私育人，从无到有，开创了中国现代雕塑的新时代，使我们这个传统雕塑的大国重新在世界艺术之林获得了应有的尊重。曾竹韶先生的百年人生，给我们积累了宝贵的艺术财富，值得我们持续深入地研究和继承。无论我们今天从事何种雕塑艺术创作，都应该饮水思源，尊重并研究我们得之不易的中国近现代雕塑传统，薪火相传，以更大的勇气和毅力进行创造性的劳动，为中国雕塑在世界当代艺坛创造更加辉煌的历史。由此，我们才能无愧于曾竹韶先生这一代前辈雕塑家对我们的殷切期望。

注释

[1] 曾竹韶：《高山仰止——塑造蔡元培先生铜像感想》，1983年4月14日。

[2] 曾竹韶：《塑造孙中山先生铜像的感想》，1988年。

[3] 曾竹韶：《人民的丰碑——记〈虎门销烟〉的创作历程》，2002年7月。

[4] 曾竹韶：《对城市雕刻的几点意见》，1982年8月。

[5] 曾竹韶：《关于纪念堂雕刻创作》，1978年。

[6] 曾竹韶：《纪念性雕刻艺术》，1986—1989年。

[7] 曾竹韶：《浮雕创作教学随笔》。

[8] 曾竹韶：《致盛扬同志信》，1986年。

[9] 程丽娜：《人生是可以雕塑的——回忆刘开渠》，百花文艺出版社，2004年8月第1版，第135页。

[10] 曾竹韶：《城市雕塑的意义》。

[11] 曾竹韶：《在全国城雕工作会议上的讲话》，1992年。

[12] 曾竹韶：《在全国城雕工作会议上的讲话》，1992年。

[13] 曾竹韶：《在全国城雕工作会议上的讲话》，1992年。

[14] 曾竹韶：《论建筑雕刻综合艺术》，《建筑学报》，1984年6月。

[15] 曾竹韶：《政协北京第七届五次会议上的发言》，1992年4月。

[16] 殷双喜著：《永恒的象征——人民英雄纪念碑研究》，河北美术出版社，2006年6月第1版，第163页。

[17] 曾竹韶：《中国古代雕刻风格演变·序》。

[18] 曾竹韶：《中国古代雕刻风格演变·序》。

[19] 曾竹韶：《大足宝顶山石窟艺术的创作特点初探》。

[20] 曾竹韶：《敦煌石窟艺术参观汇报》，1962年4月。

[21] 曾竹韶：《敦煌石窟艺术参观汇报》，1962年4月。

（编者注：原文发表于《美术研究》2008年第1期，谨以此文向敬爱的曾竹韶先生表达崇高的敬意和深切的怀念。）

真正的艺术

——刘士铭雕塑艺术研究

殷双喜

刘士铭出身知识分子家庭，受过良好的传统文化教育，1946 年考入国立北平艺专，1951 年毕业于中央美术学院雕塑系研究生班，受王临乙、滑田友、曾竹韶等名师指导。1953 年参加天安门人民英雄纪念碑浮雕创作，担任刘开渠、王丙召的助手，参与了《金田起义》等浮雕的塑稿工作。他是新中国培养的第一代雕塑研究生，接受过中央美院雕塑系留法一代雕塑家的扎实的西方艺术教育，特别是王临乙先生，亲自执教人体习作课和创作课，使他受益匪浅。1954 年刘士铭回校后也曾担任曾竹韶先生的助教，但是，他没有成为学院派的主流雕塑艺术家，而是在中国社会的基层生活中与中国传统艺术与民间艺术相遇，走上了一条独立苍茫的探索之路。今天，我们走近这位老人，面对琳琅满目的作品，不能不为他的传奇人生而感慨，也为他那些发自内心的艺术作品而感动，在他的身上，不仅体现了 20 世纪中国知识分子的气节风骨，也从一个侧面折射了 20 世纪中国雕塑发展的艰难之路，其中有许多现象值得我们研究与品味。

刘士铭的艺术在不同的历史时期具有不同的基调

一、青春期的昂扬与浪漫

1946年，他考入国立北平艺专雕塑系，是徐悲鸿校长亲自招收的第一批学生。在这所创立于1918年的中国最早的设立美术、音乐、戏剧专业教育的艺术学校中，他刻苦学习，成为早露才华的艺术“尖子”。他的毕业创作《丈量土地》（1949）反映了北京郊区土改时农民在分田时的喜悦心情，《丈量土地》中的老农，曾经为辛苦劳作压弯的腰，开始挺直起来，对未来的新生活充满了幸福的渴望。王临乙先生始终关注着这件作品的创作，认为刘士铭的艺术感觉很好，强调要保持新鲜的感觉。这一作品不仅在全院的创作竞赛中获奖，而且被捷克斯洛伐克的国家博物馆（现捷克国家博物馆）所珍藏。1951 年他创作的雕塑《志愿军英雄》，被竖立在北京王府井十字路口中心花坛。1956 年他被借调到武汉，与伍时伟合作创作长江大桥汉阳桥头的圆雕，历时 9 个月。1958 年，为了向党的七一献礼，刘士铭创作了大型雕塑《劈山引水》，这是那个时代昂扬奋发的精神肖像。1959 年这一作品经华君武提议，放大至 220cm×224cm×100cm，更名为《移山造海》，送到莫斯科参加社会主义国家造型艺术展，受到普遍赞扬。《劈山引水》表现了与时代同呼吸、与人民共命运的炽热激情，讴歌了那个时代中国人民迸发出来的战天斗地的英雄气概。这件气势磅礴的大型雕塑作品，当时矗立在北京长安街中山公园的入口，其照片在全国报刊登载，出版了彩页画册，社会影响很大，是一件全国人民家喻户晓的代表作。周扬称赞“这是一件永恒的不朽作品”，钱绍武先生称之为“在我国雕塑史上是会留下来的少数作品之一”。这件作品后来用水泥放大，保定市以 4000 元购藏，作为太行人民的形象和保定的象征，安放在保定市东风公园内，至今保存完好，实属难得。1959 年，他负责并组织创作了中国人民革命军事博物馆广场《官兵一致》群雕像以及北京工人体育场的主像雕塑。可以说，刘士铭的青年时期作为受徐悲鸿欣赏和老一辈雕塑家器重的青年雕塑家，是意气风发、人尽其才、艺途坦荡的，这一时期他的作品与新中国成立初期那种朝气蓬勃的时代精神相呼应，主要是具有纪念碑性的大型创作。

二、中年的苦涩与执着

自 20 世纪 60 年代起，刘士铭的生活发生重大变化，他远离北京，到河南、河北生活，此后离家别子，一生坎坷，诸多磨难。但这些没有使他对生活失去信心，相反，在与中国社会基层民众相处的日子中，刘士铭看到了人民对生活的达观和人性的真诚。他的艺术发生了重大的转折，更深入地探触了中国人的精神世界，表现了一个中国雕塑家的人文情怀，在刘士铭的作品中，最可贵的就是这种平静达观的生存境界与人性的温暖。

根据靳之林先生的回忆，1961 年刘士铭离开美院到河南，先后在郑州艺术学院和开封师范学院（现河南大学）任教 10 年，后来又借调到河南省博物馆、河北保定群众艺术馆、中国历史博物馆（现中国国家博物馆）工作。在这期间，他从事文物修补和复制，复制临摹了大量的彩陶罐和汉俑。从仰韶文化马家窑文化的彩陶、殷墟妇女墓的玉人动物、云南石寨山青铜器动物虎吃猪虎咬牛及小型说书俑复制品、汉代陶俑、丝绸之路上的波斯俑及小型马踏飞燕的作锈工作及秦代陶量的复制，夏的陶炉、新疆出土的唐代食盘面饺面塑，直到西夏的腰牌等不计其数。这些大量的艰苦的历史文物的复制、修复工作，使他有机会更深入地进入民族历史文化和民间艺术传统的研究、感悟和吸收，使他的艺术进入更高层次的升华。（靳之林《民族雕塑艺术家刘士铭》，载《刘士铭作品集》，中央美院雕塑系编撰出版，1998 年）

刘士铭谈起这一段时期工作的感受时说：“中国传统的艺术和表现手法给我的印象特别深，秦代雕塑非常写实，秦俑那种写实的程度，比我们今天作品交代得还清楚。譬如手的关节，甚至指甲盖都要做出来，不仅眼睛胡子，甚至脚上系的鞋带都要交代得清清楚楚。从甲胄每片的结构交代清楚而且每个战士个性、面貌的不相同，可以看出士兵的民族特征。但是到了汉代，则重在精神上的夸张，汉俑的做法不是把东西看得那么复杂，把什么东西都搞得那么写实。汉代《说书俑》给我的印象特别深。《说书俑》整体动作的感觉和脸部表情那么夸张，那么生动到位，观察那么深刻精到。骨骼筋肉解剖以至眉毛表情、皱纹夸张到位，甚至连脚趾头都有表情，但胳臂、手则很简单概括。我还复制过一台元代砖雕一出伴有吹口哨的戏曲人物，还有宋代的美人砖浮雕，做饭烹调的女人非常精彩。”

从 20 世纪 70 年代中期开始，由于借调到中国历史博物馆工作，刘士铭展开了对中国传统陶俑与古代青铜器的研究，并且在自己的创作中自觉地借鉴中国传统艺术，特别是《说书俑》的生动传神，神似与气韵。古代艺术家将动物与器皿相结合，那种奇特的想象力，影响刘士铭创作出《三女陶鼎》（1981）、《老虎背女人》这样的作品。

1980 年刘士铭重返中央美院任教，这极大地激发了他的创造热情，进入了一个创作的高峰期。他先后创作出《农家小院》《农家窑洞》《安塞腰鼓》《吹唢呐的汉子》《黄河渡船和艄公》《河南坠子》《山西梆子》等大量反映河南河北的民俗风情和北京城市生活的作品。此时，因为中央美院硬质材料工作室和电陶窑工作室的成立，使得刘士铭有条件专注于陶塑创作，作品一类是受中国汉代陶楼影响的农家院宅与都市居民的日常生活，一类是将人物、动物与器皿合为一体的非实用陶器（它们实际上是一种现代陶塑艺术）。这些自由天真而又富于激情的作品，表现了一个雕塑家对生命和艺术的执着，有许多精巧的构思和表现来自对生活的细腻观察和长期积累。这一时期是刘士铭反思自己所受的西方学院教育，转向对中国传统艺术的研究与融合期。

刘士铭的老师滑田友先生是中国现代较早对中西雕塑艺术进行比较研究的雕塑家。他认为西洋雕塑“做一个东西找大轮廓，找大的面一步一步深入细部，再把细部与整体结合，做出来的比例、解剖正确。写实功夫可以达到惟妙惟肖，栩栩如生，是好处。中国的绘画和雕塑简练，首先是大的线和面，其中气势贯联，自由结合，不是照摹对象那样依样画葫芦，而是找它的规律，风格鲜明，看起来印象深刻，触目难忘。但有时缺乏解剖上的研究，所以西法中的优点可以吸收运用到我们自己的东西中来”。（刘育和《雕塑家滑田友传略》，北京，人民美术出版社，1993 年版，第 10 页）刘士铭的雕塑不是简单的民间工艺美术的复制，他将自己受过的雕塑教育，如春雨无痕般融入一种自由率真的表达之中，这种心灵的自由表达，正是汉代先人面对自然时的从容天真，由此，刘士铭在中国传统雕塑和西方写实雕塑的体系基础上，发展出一种平易近人、自信大度，具有很强的中国气息的雕塑风格，对中国雕塑的现代发展做出了自己的贡献。

但是在中年时期，他内心深处的浪漫情思也常常遏止不住地流露出来。《想飞的人》（1982）塑造的是中国历史传说中的人物，为自己做了鸟一样的翅膀，准备飞上蓝天，这是他早年浪漫主义的想象力的复活，其实是处在社会基层的人渴望升腾的象征，也反映了那个时代解放思想对自由的追求和中华民族图强奋发的精神。《吹唢呐的汉子》（1986）与《安塞腰鼓》（1989）的基调是昂扬向上的，《青春飞扬》（1989）塑造了众多少女手臂与秀发相连，在风中活泼起舞。

三、晚年的平淡与温情

爱情是刘士铭作品中的重要主题，刘士铭艺术中的爱情是一种心胸博大的爱。他的作品中不仅有恋人之爱，如公园里倚靠在长椅上喃喃私语的《情人》(1983)，相拥在街头穿着时髦的《皇城根恋人》(1983)，抱坐在一起的《热恋》(1988)；还有母子之爱，如《洗澡》(1989)、《妈妈回来了》(1990)；还有亲人之爱，如《姥姥抱抱》(1992)；还有军民之爱、小人物之间和动物的亲情之爱，如《海豹母子》(1993)、《母子猴》(1994)、《鸽子》(1995)；等等。作于1983年的《后台演员》表现的是母子之爱，将乡村民间剧团演员在演出间隙为孩子喂奶把尿的情景刻画得十分传神。《荷叶婴儿》(1989)是奇特的造型，也有生活的依据。《永恒的爱》(1991)是独特的造型，一个男童倒立在父亲的头顶上，欢乐之情，溢于言表。他所涉及的是人类日常生活中最为本质和永恒的情感(如天真无拘的童心与相濡以沫的母爱)，是在任何时代和社会都令人动情的人类的最美好的品质。他甚至以“温柔娴静”“忠厚善良”这些词来命名他创作的人物形象。正是靠着这些品质和情感，我们才得以度过生命中许多艰难的时刻，并且对生活和未来充满了信心。

20世纪80年代后期，船民生活成为他的一个重要创作题材，以《水上人家》《长江木排》(2004)为例，他创作了大量的船工与农民形象，这其中有各种不同的船，船上也有各种不同的农家器具。我时常揣测，刘士铭所创作的大量船的形象与船上人家的作品，除了表现现实生活中他的所见所感，是否也表达了对于人生与长河、进取与拼搏的生命感悟？否则，他不会从20世纪50年代创作《归家船妇》到晚年创作《黄河船工》(1996)、《长江木排》(2004)，始终保持了对这一题材的浓厚兴趣。

概括刘士铭的雕塑艺术，可以看到这样一些特点

一是对时代变化的敏锐。从他早期的《丈量土地》(1949)、《劈山引水》(1958)，中年的《解放军震后修房》(1980)，一直到《居民楼》(2005)，他的目光始终不离时代变迁中的中国老百姓的生活。如《居民楼》描绘的是搬迁至新的居民楼的老北京居民，在楼下聚在一起闲聊的场景，一方面是生活条件改善后的喜悦，另一方面是对原有的四合院早晚相见言谈甚欢的大院生活的怀念。他的作品不仅有对农村环境由于《沙漠化》(2000)而改变的忧虑，也有回到北京后，面对日新月异的城市发展，塑造了繁忙的《建筑工地的水泥车》，以及从《四合院》（2004）搬迁到《居民楼》（2005）的老城居民，他甚至细心地注意到北京街头抱着孩子做掩护的《卖光盘的农妇》。这种对于生活中新鲜事物的敏感也是刘士铭对于生活的热爱所带来的，在他的作品中，这种自然的生活状态与自由的表达方式形成了刘士铭雕塑艺术中最为可贵的生动与质朴，我们从中看到的似乎是原生态的生活，但又是感动了艺术家后经其提炼出来的生动瞬间。由此，他将诗意赋予了日常生活，使平凡获得了历史性的永恒。

二是他对于艺术创作精益求精。为了深入表达对某一创作母题的认识，他往往抓住同一题材反复做，如《渔妇归》（1956）、《知青清洁女工》（1981）、《吹唢呐的汉子》《老虎背女人》《母亲》（1993）、《后台演员》（20世纪90年代）、《自塑像》《农家院》《黄河渡船》等。这与中国文人画家的创作有相似之处，在不同的反复和调整中获得一次性速塑所不能达到的深入刻画。

三是对中国传统戏曲的热爱。刘士铭对于中国传统戏曲的热爱近乎痴迷，不说他在王府井时经常到吉祥戏院听戏，他对民间传统戏曲特别是地方戏尤其是梆子一类爱如至宝。诸如河北梆子、山西梆子、河南梆子等等，他收集有许多著名戏曲演员的唱片，只要电视台有戏曲节目，他是必定要看的，而且常常看了之后，凭记忆用泥巴塑造出剧中的人物和情景。我们从《赵云》（1993）、《长坂子龙》（1994）等作品中，可以看到传统戏曲人物的飒爽英姿和英雄豪气，同时又与民间美术的类型化、装饰性特征不同，具有很强的艺术家的手塑感，他手下的人物都具有独特的个性与姿态动作。可以说，中国传统戏曲那种写意化的表达方式和行云流水般的自由转换给了刘士铭的艺术以潜移默化的影响，而他与著名豫剧表演艺术家马金凤所持续一生的艺术情缘更是令人感动的传奇故事。

刘士铭作品的第四个突出特点是他对日常生活的关注和细腻观察，并且注意表达一些特殊的场景与习俗。作于1984年的《修鞋》，刻画了一对青年坐在小凳子上看着修鞋工为他们修鞋，女孩的一只脚因为没处放，直接放在了男孩的脚上，这样的细节在刘士铭的作品中经常可以看到，使人发出会心的微笑。《架鱼鹰的男人》（1986）描绘了黄河岸边乡民肩扛小木船，带着鱼鹰去捉鱼的场景。《铁华轧面条》（1998）描绘的是一位大学教授推着自行车去轧面条的日常生活，《爆米花》（1998）的老人是我们小时候最盼望见到的人，孩子们从家中拿些玉米或大米，加点糖精，在他那神奇的炉子里转上十来分钟，“砰”的一声响，空气中就弥漫着一股令人垂涎的米花香味。那个时候的煤是凭本限量供应的，为了节省用煤，城市里的人常常把一种黏土掺到煤里烧，乡里农民就用架子车拉着这样的煤土在城里挨家叫卖，一车两三元钱。《拉煤土的少女》（1998）就反映了20世纪60年代的城市生活，这样的生活在今天的大都市已经消失，年轻一代已经很难想象那个逝去的年代，而刘士铭为我们留下了那个时代原汁原味的生活记忆。

小鸟的生活是刘士铭晚年最爱表现的一个题材，它反映了刘士铭最为善良的人性品格与慈善心肠。在《隔笼相望》（1990）这一作品中，大麻雀站在鸟笼的外面，与铁丝笼里的小麻雀相对而望，其中所表达的禁锢与无奈让我们想到很多。《张罗捕雀》（1990）是两只麻雀站在罗网旁，张嘴啾啾，似乎在商量要不要冒险。而在《麻雀》（2005）这一作品中，大麻雀歪着头小心地喂食小麻雀，亲子之情，洋溢在阳光下。每天，这些麻雀都要飞到他的窗前吃他撒在那里的鸟食，无论风雨阴晴，刘士铭都坐在窗前等着它们到来，它们已成了他晚年生活的一部分。

刘士铭的雕塑作品中还有一类是农家院落，如《洛阳地下窑塬》（1997）、《做饭》（1997）、《喂羊》（1999）等，在这些陶制的中国黄土塬上的农民窑洞或平原院落中，我们跟随着艺术家神奇的手指，从高处俯瞰到千百年来最为原生态的农民生活，牲畜在栏头嘶叫，猪崽在槽头吃食，鸡飞狗叫，一片生机。如果从中国古代雕塑史来看，我们也许可以找到刘士铭的这些陶塑作品与汉代陶楼的文脉关系，但确切地说，刘士铭的作品更多地来自生活而非艺术史，他看到并感受到了陶渊明诗歌中那种“依依墟里烟”的质朴的乡村气息，又用他的神奇的手为我们揭示了中国农家院落里的朴素与祥和。

刘士铭具有驾驭雕塑题材与自由造型的惊人能力，不论什么样的题材和形象，只要是打动了他，心有所动，就会拿起泥团，让感情在手下自由流淌，让生命在泥土中活灵活现。陶塑《砍沙包》中三个女孩子的动态和神态，具有速写般的生动，我们似乎能听到孩子们欢快的笑声。在我看来，他的一些动物雕塑，如《黄河鱼鹰》（1998）、《孤独的小狮子》（1999）等作品中的动物形象，像孩子一样童心可掬，生动幽默，神完气足，完全可以成为儿童动画的设计原型。

刘士铭晚年所做的大量雕塑多来自往事旧忆，是一种像速写一样对生活的印象。他像一匹伏枥的老骥，雄心犹在，追忆命运多舛的一生，有许多难以忘怀的人和事涌上心头，从他的手下汩汩而出。我有幸在中央电视台拍摄《东方之子》节目时，在他的家中静观他的创作过程，阳光从窗外进入室内，照在他那神态专注的脸上，他拿起一团泥，速度很快，像民间艺人捏面人似的，抓大形、动态和意味，形象在他的手下很快成型，非常生动。就中国传统雕塑来说，他最喜欢汉俑，他在中国历史博物馆长期观摩了那么多的汉俑、汉马并且做过临摹和复制工作，先人创造的艺术作品中的动作和神态美充满了力量，也深深地打动了刘士铭。他在自己的创作中吸取了中国传统艺术和民间艺术中那种天真流露直抒胸臆的诚挚精神，他的雕塑艺术继承和发展了中国民族民间艺术的伟大传统，在20世纪中国雕塑的发展过程中具有不可替代的独特地位。

如果要对刘士铭的雕塑艺术做一个最为鲜明的概括，我想可以用一副对联的形式来表述，这就是：有生活，有传统，有激情；有信念，有精神，有灵魂。横批是：率意而为。我以为，这是真正的艺术最为珍贵的核心，是艺术独创性的源泉。支撑刘士铭一生的，是他对于雕塑艺术那种发自内心的挚爱，雕塑对于他，就是生活，就是生命，就是信仰。看一个艺术家，品评其艺术作品，最重要的是看这个艺术家有没有信仰，作品中有没有精神。这种对于生活和艺术的信仰，在我们这个时代更显珍贵，正如梁启超所说："信仰即神圣。在一个人为一个人的元气，在一个社会为一个社会的元气。"

作于1988年的《自塑像》是我们所见的不多的一件艺术家自画像（这一题材在2000年和2002年再次重塑），也是他一生中不多见的具有自我反思意味的一件作品。从表现的内容来看，它应该是刘士铭对于早年北京四合院生活的记忆。局促的陋室，小炉上烧着一壶水，主人公孤独地靠在椅子上，像一尊佛像，凝神结想，只有一只小鸟陪伴在他身边。我们在他沉思的眼光中，看到的不是沮丧和无奈，而是一种不屈的信念，正是这种信念，支撑了他的艰苦人生，在挫折和磨难中练就了他那触及人心的雕塑艺术。刘士铭的作品大多数建立在对现实生活的深切感受上，因为他一生总是处于“基层”，其所思所塑无非所见所感，这看起来是经典的现实主义创作方法，但刘士铭的作品蕴含着对于人生的积极性理解，有许多人生的哲理就包含在无言的相视与一声叹息之中。而他对于生活的理想，也往往以浪漫主义的奇特构思表现出来，由此，刘士铭与那种单纯表达社会主义概念、有很强的政策说教性的写实主义艺术风格不同。他的作品，就像中国农村那些充满智慧的老人，在夏夜麦场上给孩子们讲讲历史、英雄和故事，就将人生的底蕴和做人的道理如春雨一般滋润了下一代的心灵，并且将中国的民间传统文化延续下去，保存了中华民族的精神底色与善良人性。

世界并不完美，但生活也不无令人留恋。对于自己的一生和雕塑艺术，刘士铭有一首诗这样总结：“似塑非塑火中情，曲折坎坷黄土晴。世事非非是是非，维摩三轮人中行。”人的一生尽管可以得到很多东西，但最终还是孤身一人离去。刘士铭在他的作品中，把自己的人生哲学融入其中。在中国社会大多数普通人的一生中，每天都会有一些小的变化，不可能重复大的事情。所以刘士铭的作品没有大起大落的风格变化，以一种缓慢的节奏，接近他所经历的生活原貌，其中有五味杂陈的细腻感情，使我们在品味他的作品时，为其中的小人物平凡的日常生活和挚爱亲情所打动，不知不觉中流露出会心的微笑，但其实是感受到了社会基层百姓的生活中所蕴含的烟火气。当我看到《开封架子车》（1980）、《后台演员》（1983）、《自塑像》（2002）这样的作品时，涌上心头的不仅有对老百姓面对艰难生活的坚韧意志的佩服，也有几丝苍凉感。

正因为如此，刘士铭将雕塑视为自己对生活所见所感的自然表达，从不把自己的雕塑视为多么重要的杰作，也没有靠这些作品去谋取人生的名利。他对于自己的作品虽然非常珍爱，但只要有人喜欢，他就很高兴地送给他人，不取分文。除了雕塑艺术，刘士铭一生别无所有也别无所求，雕塑艺术是他的最爱，所以他将自己的作品赠予他人，就是将自己的心捧出来献给知音。至今，他的作品大量地流散在那些喜欢他的艺术的朋友手中，已经难以统计。也因为他不想靠自己的作品获取世俗名利，所以他不关心流行的时尚与风格，我行我素，真诚而坦然地行走在自己的艺术之路上。可以说，生活在基层，远离都市文化中心，与世俗功名无缘，苦难与困顿，这一切造就了刘士铭的艺术，也赋予了他的艺术与主流艺术极为不同的独特品格，这是中国百姓的基层生活与中国传统艺术融合在一起所散发出来的浓郁气息，像在地下窖藏了多年的酒所散发出的香气，沁入我们的肺腑。

由于历史原因和创作条件的限制，刘士铭中年以后很少接到社会定件，他的雕塑大多不是纪念碑性的鸿篇巨制，体量不大，并不夺人眼目。他的作品需要静心细品，初看十分平淡，但你深入进去，反复观赏，就会感到其中的深长意味。既然他的艺术是倾其一生经历与心血的结晶，我们也应该用更多的时间去品味与感悟。

由刘士铭的雕塑及其中国美术馆的展出，我看到2006年在中国美术馆展开了一个雕塑艺术的活跃场面，先后有我国台湾的著名雕塑家朱铭先生、萧长正先生，我国香港的文楼先生和南京大学吴为山的几个大型雕塑个人展。考虑到雕塑家举办个展是非常不容易的，这几个雕塑展览的举办意义深远。这些大型的雕塑个展各有特点，实际上却有一种气息的相通，很值得回味。朱铭先生从中国的太极找到雕塑表达的意象，萧长正是在自然空间中的形体的展开，文楼先生用竹子表现中国的人文风骨，吴为山着重表现中国历史上的先哲大家与现代中国的著名学者与艺术家，而刘士铭的展览所表现的都是中国基层的老百姓，是无名的小人物与他们的平凡生活。这些展览都不同程度地涉及中国雕塑的独立发展，也与20世纪中国艺术在现代化的进程中如何寻找自己的文化根性，在世界艺坛上建立自己的民族艺术形象相关联。在20世纪我们的前辈留学、引进和创造的基础上，在前述这些雕塑大家的艺术探索的基础之上，我们终于可以在21世纪认真讨论“中国的现代雕塑”或是“中国雕塑的现代性”这样一个历史性的话题。

刘士铭的雕塑使我们反思中国当代雕塑的审美判断是否应该有自己的价值规范和标准。这个价值规范的内在底蕴是什么？它和传统的中国审美范畴和概念比方说骨、风、神、气、韵有什么关系？记得钱绍武先生曾经在《美术研究》上撰文讨论中国传统雕塑的艺术特点，特别是气、韵、风骨等方面，而这个问题涉及了中国的传统文化、传统艺术的借鉴和当代的转换。中国雕塑界的前辈如曾竹韶、滑田友、王临乙、刘开渠等先生对中国传统文化是非常重视的，并且也做了许多极具价值的探索。今天，我们应该如何延续继承他们的审美理念来发展当代中国雕塑呢？在这方面，半个多世纪以来中国雕塑家做了大量的工作，作为20世纪留法回国的第一代雕塑家的学生，刘士铭以自己的一生对这个课题做出了重要的贡献。他的雕塑回顾展使我们对这个历史使命看得更加清晰和鲜明。就刘士铭的雕塑艺术进行深入的研究可以使我们开阔眼界，认识到中国雕塑的发展之路应该有多样的途径，但从中国本土文化出发却是一条非常有价值的探索之路。

2006年7月31日

（编者注：全文9000字，发表于《中国当代雕塑家：刘士铭》，人民美术出版社，2006年9月第1版第1次印刷；《美术研究》2007年第2期。）

梁思成写给时任北京市市长彭真的信

彭市長：

都市計画委員會設計组最近所繪人民英雄紀念碑草图三種，因我在病中，未能先作慎重討論，就已匆匆送呈，至以為歉。現在發現那幾份圖缺點甚多，謹將管見補陳。

這次三份圖樣，除用幾種不同的方法處理碑的上端外，最顯著的部分就是將大平台加高，下面開三個门洞。

如此高大矗立的，石造的，有極大重量的大碑，底下不是脚踏实地的基座，而是空虚的三個大洞，大大违反了结構常理。雖然在技術上並不是不能做，但在視覺上太缺乏安定感，缺乏"永垂不朽"的品質，太不妥當了。我認為這是萬萬做不得的。這是這份圖樣最嚴重，最基本的缺點。

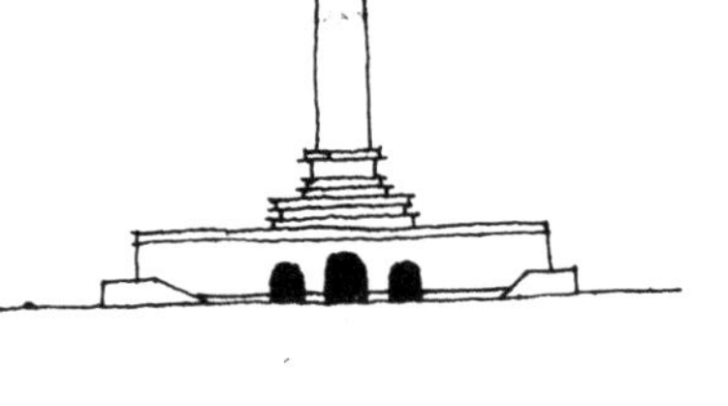

在這種問題上，我们古代的匠師是考慮得無微不

至的。北京的鼓楼和鐘楼就是两個卓越的例子。它们

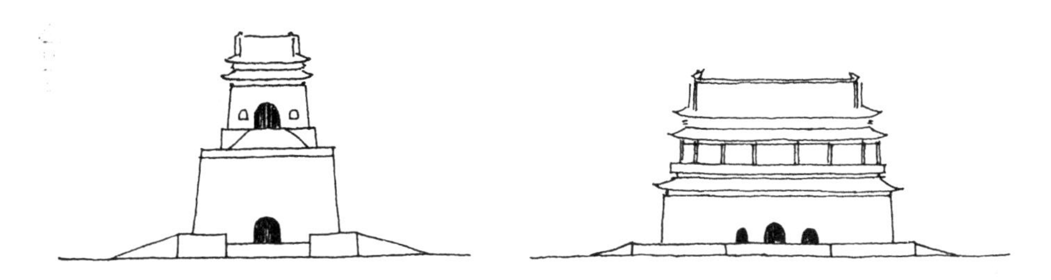

两個相距不遠，在南北中轴线上一前一後魚贯排列着。鼓楼是一個横放的形體，上部是木構楼屋，下部是雄厚的磚築。因为上部呈現輕巧，所以下面開圓券门洞。但在券洞之上，都有足夠的高度的"額頭"壓住，以保持安定感。鐘楼的上部是發券磚築，比較呈現沉重，所以下面用更高厚的台，高高舉起，下面只開一個比例上更小的券洞。它们一横一直，互相襯托出對方的優点，配合得恰到好處。

但是我们最近送上的圖樣，無論在整個形體上，臺的高度和開洞的做法上，与天安门及中華门的配合上，都有許多缺点。

(3) 天安门是廣場上最主要的建築物，但是人民

英雄纪念碑却是一座新的，同等重要的建築；它们兩個都是中華人民共和國第一重要的象徵性建築物。因此，兩者絕不宜用任何類似的

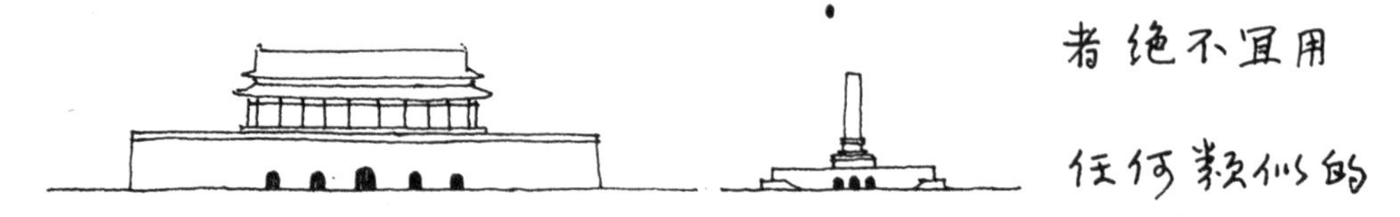

形體，又像是重複，而又沒有相互襯托的作用。天安門是在雄厚的横亘的台上横列着的，本身是玲瓏的木構殿樓。

所以英雄碑就必須用另一種完全不同的形體：矗立峋峙，石造堅實，根基穩固地立在地上。若把它浮放在有門洞的基台上，實在顯得不穩定，不自然。

由上面兩圖中可以看出，與天安門對比之下，上圖的英雄碑顯得十分渺小，纖弱，它的高台僅是天安門台座的具體而微，很不莊嚴。同时兩個相似的高台，相對地削減了天安門台座的莊嚴印象。而下圖的英雄碑，碑座高而不太大，碑身平地突出，挺拔而不纖弱，可以更好地與龐大，

龍盤虎踞，横列着的天安门互相輝映，襯托出對方和自身的偉大。

（2）天安门廣場現在僅寬100公尺，即使将来東西墙拆除，馬路加寬，在馬路以外建造樓房，其间寬度至多亦难超过一百五六十公尺左右。在这寬度之中，塞入長寬约四十餘公尺，高约六七公尺的大台子，就等於塞入了一座约略可容一千人的禮堂的體積，将使廣場窒息，使人觉到这大台子是被硬塞進這個空间的，有硬使廣場透不出氣的感觉。

（3）這個台的高度和體積使碑顯得瘦小了。碑是主題，台是襯托，襯托部分過大，主題就吃虧了。而且因透視的關係，在離台二三十公尺以内，只見大台上突出一個纖瘦的碑的上半段。所以在比例上，碑身之

下，直接承托碑身的部分只能用一個高而不大的碑座，外圍再加一個近於

扁平的台子，为瞻仰致敬而来的人们而设置的部分，使碑基向四週舒展出去，同广场上的石路面相衔接。

(4) 天安门台座下面开的门洞与一個普通的城门洞相似，是必要的交通孔道。比例上台大洞小，十分稳定。碑台四面空無阻碍，不惟可以绕行，而且我们所要的是人民大众在四週瞻仰。無端端开三個洞窟，在实用上既無必需；在结构上又不合理；比例上台小洞大，"额头"太单薄，在视觉上使碑身漂浮不稳定，实在没有存在的理由。

总之：人民英雄纪念碑是不宜放在高台上的，而高台之下尤不宜开洞。

至于碑身，改为一個没有顶的碑形，也有许多应考虑之点。传统的习惯，碑身总是一块整石。这個英雄碑因碑身之高大，必须用几百块石头砌成。它是一種类似塔型的纪念性建筑物，若做成碑形，它便成为一块拼

整石碑身

凑而成的"百衲碑"，很不莊嚴，给人
的印象很不舒服。関於此點，在一次
的討論会中我曾申述過，張奚若，老
舍，鍾靈，以及若干位先生都表示赞同。
所以我認為做成碑形不合適，而應該是老老实实的
多塊砌成的一種紀念性建築物的形體。因此，頂
部很重要。我很赞成注意頂部的交代。可惜這三
份草圖的上部樣式都不能令人满意。我願在這上面
努力一次，再草拟幾種圖樣奉呈。

薛子正秘书長曾談到碑的四面各用一塊整石，四
塊合成，這固然不是绝對辦不到，但我们不妨先打一下
算盤。前後兩塊，以長18公尺，宽6公尺，厚1公尺計算，每塊
重约215噸；兩側的兩塊，宽4公尺，各重约137噸。我们
没有適當的運輸工具，就是鉄路車皮也僅載重五十噸。到了
城區，四塊石頭要用上萬的人力獸力，每日移動數十公尺，
將長时间堵塞交通，經過的地方，街面全部損壞，必

无论如何，这次图样实太欠成熟，缺点太多，必须多予考虑。英雄碑本身之重要和它所在地点之冲要都非同小可。我以对国家和人民无限的忠心，对英雄们无限的景仰，不能不汗流浃背，战战兢兢地要它千妥万贴才敢呼气放胆做去。此致

敬礼。

梁思成 1951 八月廿九日

（编者注：本信件题目为编者所加，扫描件由北京画院吴洪亮先生提供。图片和全文刊载于北京画院编《开篇大作——人民英雄纪念碑落成五十周年纪念集》，文化艺术出版社，2010年版，第26–29页。）

后记

本书的写作，是在博士论文的基础上完成的，自始至终得到了我的导师邵大箴教授的关心和督促。从美术史研究的方法论到选题的确立、从资料收集的方法到全书写作的思路和文风，邵大箴先生都给予了详细的指导和严格的要求，这使得我在研究和写作中少走了许多弯路，得以尽快地进入到这一专题研究的学科前沿。作为跟随先生研究和工作 30 多年的学生，我对导师的感激无以言表，只能在以后的学术研究中更加尽心尽力，以报师晖。

本书的写作过程中，我采访了当年参与纪念碑画稿设计的 84 岁的画家彦涵先生，参与纪念碑浮雕创作的 91 岁的雕塑家张松鹤先生，以及滑田友先生的夫人刘育和女士，张松鹤先生的夫人陈淑光女士，钱绍武教授、王卓予教授、李桢祥先生、刘士铭先生，还有画家王式廓的夫人吴咸女士，董希文的女儿董一沙女士，吴作人先生的外孙女吴宁女士，从他们那里了解了许多当年的具体情况。彦涵、张松鹤两位先生虽届高龄，但思路清晰，侃侃而谈，使我如同置身当年。清华大学建筑学院吴良镛教授、林洙先生，中央美院雕塑家刘焕章先生、史超雄先生在百忙中回答了我的疑问。彦涵提供了他所创作的浮雕画稿《胜利渡长江》的复印件，王式廓的女儿王晓欣提供了王式廓的画稿《南昌起义》的草图照片，滑田友先生的女儿滑夏女士提供了滑先生的信函草稿。王卓予不仅详细回答了我的提问，还提供了珍藏的纪念碑工地干部的合影照片。李桢祥将其保存了近 50 年的《首都人民英雄纪念碑设计资料》惠赠予我，这本资料提供了许多有价值的图像与文字材料。张祖道先生（1922—2014）当年是《新观察》的记者，他在纪念碑现场拍下了许多珍贵的历史照片，并允许我在本书中使用。西安美院雕塑系陈云岗教授提供了他父亲陈天有关纪念碑的文稿与资料，张方先生带我参观了他的父亲张松鹤晚年的纪念碑作品。雕塑家朱尚熹教授协助我拍摄了王临乙先生的浮雕作品《民族大团结》，并帮我查询有关北京市建筑雕塑艺术工厂的资料。在此对以上各位先生深表谢意。

在本书写作过程中，我到北京市建筑雕塑艺术工厂查询资料，得知该厂保存的有关人民英雄纪念碑建设的档案已于 1965 年移交到北京市档案局（今北京市档案馆）。承蒙北京市档案馆的支持，我查阅了已开放的《首都人民英雄纪念碑兴建委员会档案》。该馆编辑出版的《北京档案史料》，也发表了许多有关人民英雄纪念碑兴建的史料，使得这一专题的学术研究得以深入，也让后人了解到50多年前人民英雄纪念碑的建设者们的丰功伟绩。北京市档案馆面向公众开放历史档案，让档案服务于人民、造福于社会，在此深表谢意。

本书的写作，还得到了中国美术家协会的李松教授、摄影家傅春芳、清华大学美术学院的杭间教授的帮助，他们为我推荐了有价值的研究线索。中国美术学院的孙振华教授、龙翔教授，杭州市雕塑院院长林岗提供了浙江美术学院（现中国美术学院）雕塑系的相关资料；中国艺术研究院建筑研究所的王明贤研究员将自己的藏书和资料让我自由选用；中央美院档案室的祝杰等同志协助我查阅了20世纪50年代的档案；中央美院图书馆副馆长沈敬东、馆员沈宁等同志在图书资料的查找借阅方面给予支持；我的同事吕品昌教授、孙伟教授、段海康教授、张伟教授、刘礼宾教授、初枢昊副教授、张涛副教授等对本书的写作给予了鼓励和支持；北京画院院长吴洪亮提供了梁思成先生的信函扫描件，刘士铭雕塑艺术馆负责人刘伟提供了刘士铭先生的相关资料；中央美院雕塑系的王伟教授提供了若干王临乙先生的珍贵资料，雕塑系公共艺术工作室的王中教授、孙毅助教以及好友夏德武教授对本书的图版编撰给予了技术上的支持，在此一并表示感谢。

最后，对于大力支持出版本书的河北美术出版社的田忠社长及本书责任编辑杨硕、杜丞轩、郑亚萍同志致以衷心的感谢！